풀어 쓴 통계학

허순영 지음

자유아카데미

Preface

머리말

우리는 지금 제4차 산업혁명 시대를 맞이하고 있다. 빅데이터는 4차 산업혁명의 핵심 구성요소로서 사람들은 빅데이터 분석을 통해 얻은 정보에 매우 관심이 높다. 더불어 통계학에 대한 관심과 위상 또한 높아지고 있다.

저자는 대학에서 약 20여 년간 통계학과 교수로 재직하면서 '통계학이 어렵고 힘들다'는 학생들을 만나면 '통계학이 어려운 것이 아니라 익숙하지 않은 것이다'라고 말해주곤 한다. 저자 역시 대학 1학년 때 한자가 군데군데 섞여 있는 통계학 교재로 기초통계학을 공부하면서 일부 개념들이 잘 이해되지 않아 힘들었던 기억이 있다. 지금도 새로운 학문분야를 접하면 그 분야의 개념들을 쉽게 풀어서 쓴 친절한 책이 있으면 좋겠다고 생각하곤 한다. 그래서 지난 1년간의 안식년 기간 동안 독자들과 공감할 수 있는 친절한 기초통계학 책을 집필하는 일에 집중하였다. 수식은 가능한 피하고 각 장의 주제와 관련된 기본적인 통계적 개념들을 강의하듯이 풀어 쓰려고 노력하였고, 이론적인 증명이 필요한 정의나 정리들은 시뮬레이션 결과를 표와 그래프로 제시함으로써 시각적이고 직관적으로 이해할 수 있도록 표현하였다.

이 책은 학부과정에서 자연과학 · 공학뿐만 아니라 인문 · 사회과학을 전공하는 학생들을 위해 한학기용 기초통계학 강의교재로 사용하기에 적당한 분량으로 구성되었다. 또한 석 · 박사학위 논문이나 연구를 위해 통계학적 지식을 필요로 하는 연구자들의 경우, 자신들의 전공분야에서 적용되는 고급 통계적 방법들을 학습 · 적용하기에 앞서 이 책을 통해 통계적 지식을 습득한다면 자신들의 전공분야의 통계적 방법들을 학습 · 적용할 때 훨씬 빠르고 쉽게 이해할 수 있을 것이다.

인문계고등학교 졸업 정도의 수학적 능력이 있으면 충분히 혼자서도 내용을 공부하고 이해할 수 있을 것이며 미적분학과 같은 수학적 개념이 없어도 이해할 수 있도록 기술하였다. 따라서 통계적 지식이 필요하지만 통계학 공부를 시작할 엄두가 나지 않아서 망설였던 분들이 처음 통계학을 시작하기에 적합한 책이라고 판단한다.

통계를 이해하고 사용할 줄 아는 능력을 통계 리터러시라고 한다. 대한민국 모든 국민이 통계맹(統計盲)을 벗어나 통계 리터러시를 갖추는 데 이 책이 기여하기를 희망한다.

이 책으로 공부할 때 참고할 내용은 다음과 같다.

첫째, 정의와 정리를 글상자 안에 두어 기본적인 개념을 쉽게 파악할 수 있도록 하였다. 정의는 파란색 바탕의 글상자를 사용했고, 정리는 회색 바탕의 글상자를 사용했다.

둘째, 정의나 정리에 대한 추가적인 설명이 필요한 경우에는 [예]로 제시하였고, 그 정의나 정리에 대한 응용문제는 [예제]로 제시하였다.

셋째, 각 장에서 다루어지는 내용에 대한 배경이나 역사를 기술할 때 직접 참고한 참고문헌들은 각 장의 마지막 부분에 기록했다.

넷째, 이 책에서 참고하였거나 이 책에서 직접 다루지는 않았지만 추가적인 내용들을 공부하고자 할 때 도움이 될 만한 통계학 관련문헌들은 부록에 있는 참고문헌에 수록해 두었다.

마지막으로 이 책의 편집과 출판을 위해 수고해주신 자유아카데미에 감사드린다.

2018년 12월

저자 씀

Contents

차례

제1장 자료의 정리와 요약

제2장 확률

제3장 확률변수와 확률분포

제4장 자주 사용되는 확률분포

제7장 가설검정

CHAPTER 1

자료의 정리와 요약

제 1 장 자료의 정리와 요약

수집할 수 있는 자료가 대량화되고 다양화되면서 자료를 정리하고 요약하는 통계적 분석의 중요성은 더욱 강조되고 있다. 자료의 많고 적음을 떠나서 아무런 정리 없이 축척해 놓은 자료는 단지 자료더미에 불과하다. 자료에서 의미 있는 정보를 얻으려면 우선 자료를 정리하고 요약하는 것이 필수적이다. 이 장에서는 먼저 통계적 자료분석의 기초가 되는 개념들을 설명하고, 그래프를 이용한 자료요약방법과 수치를 이용한 자료요약방법들을 소개한다.

1.1 서론

(1) 제4차 산업혁명과 통계학

2016월 3월 대한민국 국민들은 컴퓨터 대 인간의 바둑대국이라는 역사적인 대결을 지켜보았다. 서양의 체스와 달리 동양의 바둑은 하나의 게임에서 고려할 수 있는 경우의 수가 매우 많아서 프로그램 개발이 불가능하거나 가능하더라도 먼 미래의 일로 받아들여졌다. 그러나 이 대국에서 구글 딥마인드(Google DeepMind) 사가 개발한 바둑 프로그램인 알파고는 대한민국 프로바둑기사 이세돌 9단을 4대 1로 완파하였고 이 장면을 지켜보는 많은 사람들을 충격에 빠뜨렸다. 이 사건은 그때까지 대다수 일반인들이 거의 들어보지 못했던 인공지능, 기계학습, 딥러닝 등의 생소한 단어들에 대한 관심을 불러일으키게 되었고 대한민국 국민들에게 제4차 산업혁명 시대의 도래를 알리는 신호탄이 되었다.

제4차 산업혁명 시대에는 모바일 기기, 사물인터넷(IoT), 인공지능(AI), 클라우드 컴퓨팅, 빅데이터 등 첨단 정보통신기술(ICT)이 경제 · 사회 · 문화 전반에 걸쳐 발전을 주도하면서 개인의 삶 전체에 큰 영향을 미치게 될 것이다.[1)]

1) 사물인터넷(Internet of Things), 인공지능(Artificial Intelligence), 클라우드 컴퓨팅(cloud computing), 빅데이터(big data), 정보통신기술(Information and Communication Technology).

빅데이터(big data)는 제4차 산업혁명의 중요한 구성요소이다. 빅데이터라는 말의 기원에 대해서는 사람마다 조금씩 견해를 달리한다. 그러나 21세기에 접어들면서 컴퓨터 기술의 급속한 발전과 가격인하, 인터넷을 통한 정보량의 기하학적 증가, 소셜네트워크를 통한 개인들 간의 활발한 소통 등은 기존의 정형화된 데이터 개념을 뛰어넘는 빅데이터에 대한 관심을 불러일으키기에 충분한 여건을 제공하였다.

[출처] 이코노미스트지(The economist) 영국판 2010년 2월 25일자

위 그림은 2010년 2월 25일자 영국판 이코노미스트지(The economist)의 표지 그림이다. 이 날자 영국판 이코노미스트지는 데이터 홍수(The data deluge)라는 커버스토리와 함께 빅데이터를 집중적으로 다루었다. 커버스토리는 '홍콩에 본사를 둔 무역중개회사 리앤펑(Li & Fung)이 네트워크를 통해 주고받은 정보의 양이 2008 년 상반기에는 하루에 100 기가바이트(gigabyte)였고2) 2010 년에는 10 배가 늘어났으며, 이라

2) 풀 HD 영화 50 편 정도를 저장할 수 있는 정도의 용량이다.[2]

크와 아프가니스탄 상공을 비행하는 미국 무인전투기가 2009년 한 해 동안 전송한 비디오화면이 약 24년간 방영할 수 있는 양이었고 2010년에는 10배, 2011년에는 30배로 증가할 것'이라는 기사로 시작하고 있다.[1] 이 기사는 빅데이터의 특성을 잘 나타내고 있다. 일반적으로 빅데이터의 특성을 3V로 나타낸다. 3V는 데이터 형태의 다양성(Variety), 데이터 규모의 방대함(Volume), 데이터의 빠른 성장 속도(Velocity)이다. 기존에는 데이터를 정형화된 자료에 국한했지만, 빅데이터는 정형화된 자료뿐만 아니라 비디오화면, 음성녹음, 문서 등 비정형화된 자료들까지 포함한다.

빅데이터에 대한 관심이 집중되면서 데이터 과학자(data scientist), 데이터 분석가(data analyst)로 불리는 빅데이터 분석 전문가에 대한 관심과 수요도 증가되고 있다. 빅데이터 분석 전문가가 되기 위해서는 컴퓨터 관련 지식이나 해당 데이터의 관련분야에 대한 전문지식도 필요하지만 주어진 데이터에서 의미있는 정보를 요약·추출·예측하는 통계학적 지식이 필수적이다.

통계학은 자료를 과학적인 방법으로 수집하고 분석하여 관심의 대상이 되는 어떤 현상을 과학적으로 설명하거나 추측 또는 예측하는 것을 목적으로 하는 학문분야이다. 전통적으로 통계학은 크게 **기술통계학**(descriptive statistics)과 **추론통계학**(inferential statistics)으로 구분한다. 기술통계학은 자료를 정리·요약하여 자료의 특성을 파악하고 기술하는 것을 목적으로 한다. 추론통계학은 표본이라고 불리는 부분 자료의 분석을 통해 전체를 추측하거나, 현재 가지고 있는 자료를 분석해서 미래를 예측하는 등의 추정을 목적으로 한다.

(2) 자료의 유형

통계분석은 자료의 유형에 영향을 받는다. 전통적인 통계학의 분석대상은 정형화된 자료였다. 비정형화된 자료의 통계분석을 위해서는 정형화 과정을 거친다. 정형화된 자료는 그 특성에 따라 다음과 같이 구분한다.

1) 양적자료와 질적자료

자료는 양적인 크기를 갖는지의 여부에 따라 양적자료(quantitative data)와 질적자료(qualitative data)로 구분한다. 시간, 무게, 거리 등과 같이 양적인 크기를 갖는 자료를 **양적자료**라고 하고, 출신지역, 좋아하는 색 등 특성이나 성격을 나타내며 양적인 크기로 나타내기 곤란한 자료를 **질적자료**라고 한다.

2) 자료의 네 가지 유형

자료는 자료에 포함된 정보의 양과 질에 따라 네 가지 유형으로 구분하기도 한다.

명목자료(nominal data)

측정대상을 속성에 따라 분류한 자료로 순서나 크기의 의미는 없고 단지 분류를 목적으로 하는 자료이다. 인종, 성별, 출신지역, 종교 등이 이 유형에 속한다. 지지후보를 묻는 선거여론조사의 응답도 이 유형에 속한다.

순서자료(ordinal data)

측정대상의 속성을 대 · 소(大 · 小), 다 · 과(多 · 寡)에 따라 구분한 자료이다. 학력이나 선호도(좋음, 보통, 나쁨) 등이 이 유형에 속한다.

구간자료(interval data)

등간격화된 측정도구를 사용하여 측정된 자료로 두 관측값 간의 차이는 의미가 있으나 배수의 개념은 적용되지 않는다. 구간자료에서 0은 척도구성상의 위치일 뿐 '없다'의 의미는 아니다. 지능지수, 온도 등이 이 유형에 속한다.

예를 들어, 온도에서 섭씨 0 ℃는 물이 어는 지점일 뿐 온도가 없다는 뜻은 아니다. 또한, 50 ℃에서 2배 증가한 100 ℃는 물이 끓을 만큼 온도가 높아진 것이다. 한편, 20 ℃에서 5배 증가한 100 ℃는 여전히 물이 끓을 만큼 온도가 높아진 것일 뿐 어떤 배수의 의미는 없다.

비자료(ratio data)

구간자료에 배수의 의미와 '절대 0'의 의미가 추가된 자료이다. 비자료에서 0은 '없다'는 의미이다. 범죄의 발생건수, 동전 앞면의 출현횟수 등은 이산형 비자료이고 무게, 길이, 수명 등은 연속형 비자료이다.

자료에 포함된 정보량의 크기는 비자료가 가장 많고, 구간자료, 순서자료, 명목

자료의 순서이다.

1.2 모집단과 표본

(1) 모집단과 표본

관심대상 집단의 특성이나 정보를 알기 위해서는 관심대상 집단에 대한 조사 · 관측 · 실험 등을 통하여 자료를 수집하여야 한다. 자료수집은 수집대상의 범위에 따라 크게 두 가지로 구분한다. 하나는 관심대상 집단 전체를 대상으로 자료를 수집하는 방법이고, 다른 하나는 관심대상 집단의 일부분만을 대상으로 자료를 수집하는 방법이다. 전자를 **전수조사**(complete enumeration)라고 하고 후자를 **표본조사**(sample survey)라고 한다.

- **모집단**(population): 관심의 대상이 되는 자료 전체 또는 자료를 얻을 수 있는 모든 기본단위들의 집합
- **표본**(sample): 모집단의 부분집합

모집단은 관심대상이 되는 자료 전체가 될 수도 있고, 자료를 제공하는 모든 기본단위들의 집합이 될 수도 있다. 다음 예들을 살펴보자.

예 1

한 종합병원의 위암전문의가 최근 10년 동안 이 병원에서 위암수술을 받은 환자들 중 완치판정을 받은 환자들의 비율을 조사한다고 하자.

이때 환자들의 진료기록을 이용한다면, 모집단은 최근 10년 동안 이 병원에서 위암수술을 받은 모든 환자들의 진료기록이 될 것이고, 개별 환자의 진료기록은 기본단위가 된다.

한편, 최근 10년 동안 이 병원에서 위암수술을 받은 모든 환자들의 완치판정 여부가 정리된 목록이 있다면 이 목록이 모집단이 된다. ❑

예 2

한 고등학교 3학년 수학교사는 수능시험 직전에 치룬 전국 모의고사에서 이 고등학교 3학년 학생들의 수학점수의 평균을 이용한 입시전략을 세우려고 한다.

이때 모집단은 모의고사를 치룬 이 고등학교 3학년 학생 전체가 될 수도 있고, 전체 3학년 학생들의 모의고사 수학점수 목록이 될 수도 있다.

모의고사를 치룬 이 고등학교 3학년 학생 전체가 모집단이 될 때, 기본단위는 개별 학생이다.

❑

예 3

한 초등학교 교사는 재학생들의 체질량 지수(BMI, body mass index)를 산출하여 이 학교 학생들의 비만율을 조사하려고 한다.

이때 모집단은 이 학교 재학생 전체이고 기본단위는 개별 재학생이다. 한편 이 교사가 전체 재학생들의 몸무게와 키의 기록을 가지고 있다면 이 기록이 모집단이 된다. ❑

(2) 모집단의 종류

모집단은 모집단을 구성하는 자료수 또는 기본단위의 수가 유한개인지 또는 무한개인지에 따라 유한모집단(finite population)과 무한모집단(infinite population)으로 구분한다.

- **유한모집단**: 모집단의 자료수 또는 기본단위의 수가 유한개인 모집단
- **무한모집단**: 모집단의 자료수 또는 기본단위의 수가 무한개인 모집단

예 4

제19대 대통령선거에서 중앙선거관리위원회가 발표한 만19세 이상 선거인수는 42,479,710명이었다. 한 연구자가 이 선거인들 중 1000명을 추출하여 대통령중임제에 대한 찬반의견을 조사한다고 하자. 이때 모집단은 만19세 이상 선거인 42,479,710명이고, 선거인수는 유한(有限)하므로 유한모집단이다. 이 선거인들 중에서 추출된 1000명은 표본이 된다. ❑

예 5

한 공장의 공장장은 이 공장에서 생산되는 AAA배터리의 불량률을 조사하고자 한다. 이때 모집단은 이 공장에서 생산되는 모든 AAA배터리이다. 기본단위는 개별 배터리이고, 관측값은 개별 배터리의 불량 여부이다.

이 공장이 운영되는 동안 배터리는 계속 생산될 것이므로 얼마나 많이 생산될지 알 수가 없다. 그러므로 이 경우 모집단은 무한모집단이 된다. ❑

예 6

우리나라 통계청에서는 5년마다 0과 5로 끝나는 해의 11월 1일 0시를 기준으로 대한민국 영토 내에 상주하는 모든 내·외국인 및 대한민국 영토 내의 모든 거처를 대상으로 인구·가구·주택 총수 등을 조사하고 있다. 2015년 인구주택총조사에서는 20% 표본조사를 함께 실시하였다. 이때 모집단은 2015년 11월 1일 0시 현재 대한민국 영토 내에 상주하는 모든 내·외국인 및 대한민국 영토 내의 모든 거처로 유한하므로 유한모집단이고 조사된 모집단의 20%는 표본이 된다. ❑

(3) 복원추출과 비복원추출

모집단에서 표본을 추출하는 두 가지 기본적인 방법은 복원추출(sampling with replacement)과 비복원추출(sampling without replacement)이다.

- **복원추출**: 모집단에서 하나의 값 또는 단위를 추출하여 확인한 후, 다시 모집단에 포함시켜 처음과 동일한 조건에서 이어지는 추출을 진행하는 과정
- **비복원추출**: 모집단에서 하나의 값 또는 단위를 추출한 후, 이미 추출된 값(또는 단위)을 모집단에서 배제시킨 후 이어지는 추출을 진행하는 과정

(4) 모수

모수: 모집단의 특성을 수량적으로 나타낸 값

모집단의 분포특성을 나타내는 평균, 비율, 분산 등이 모수(parameter)이다. 모집단의

평균은 모평균(population mean), 비율은 모비율(population proportion), 분산은 모분산(population variance) 등과 같이 부른다. 이 모수들을 기호로 나타낼 때 보통 그리스문자를 사용하여 모평균은 μ(뮤), 모비율은 p, 모분산은 σ^2(시그마제곱) 등으로 표현한다.

1.3 자료의 정리와 요약

자료의 많고 적음이나 자료의 유형을 막론하고 아무런 정리 없이 단지 축척해 놓기만 한 것은 숫자더미나 자료더미에 불과하다. 그러므로 자료에 내재된 유용한 정보를 추출하여 활용하기 위해서는 자료를 정리하고 요약하는 과정이 필수적이다. 이것은 기술통계학의 영역이다.

전통적으로, 통계학계는 기술통계학보다는 추론통계학의 중요성이 강조되어 왔다. 그러나 빅데이터 분석에 관심이 높아지면서 기술통계학의 중요성이 새롭게 강조되고 있다. 기술통계학을 강조하는 최초의 저서는 1977년 튜키[3]의 '탐색적 자료분석(exploratory data analysis, EDA)'이다. EDA는 튜키가 저술한 책이름이었으나 최근에는 자료에 내재해 있는 정보를 탐색하고 표면에 들어나지 않은 구조적 관계를 파악하는 분석방법을 통칭하는 말로 사용되고 있다.[3-5]

이 절에서는 자료의 정리와 요약에서 가장 기본적이고 필수적인 표와 그래프를 사용한 자료의 정리와, 대푯값 및 산포도를 이용한 수치적 정리를 살펴보자.

(1) 표와 그래프를 사용한 요약

자료를 표와 그래프로 정리하면 자료의 분포상태, 중심위치, 산포도(자료들의 흩어진 정도) 등을 한눈에 파악할 수 있다. 자료를 정리하여 그래프로 표현하는 방법 중 가장 일반적이고 자주 사용되는 것으로 막대그래프와 히스토그램이 있다. 이것들은 주로 도수분포표(frequency table)에 기초해서 작성된다. 엑셀이나 R을 포함한 많은 통계분석 프로그램들은 일일이 도수분포표를 작성하지 않아도 스스로 최적의 구간

3) John W. Tukey, 1915–2000, 미국, 통계학자.

수를 결정하여 막대그래프 또는 히스토그램을 그려주기도 한다.

1) 도수분포표

먼저 도수분포표의 용어를 간단히 정리하면 다음과 같다.

- **계급**(class): 자료의 범위를 몇 개의 구간으로 나눈 구간
- **계급값**: 각 계급의 중앙값
- **도수**(frequency): 각 계급에 포함되는 자료의 개수
- **상대도수**(relative frequency): 각 계급의 도수를 전체 자료수(n)로 나눈 값
- **누적도수**(cumulative frequency): 각 계급까지 이전 도수들의 합
- **누적상대도수**(cumulative relative frequency): 각 계급까지 누적도수를 전체 자료수(n)로 나눈 값

각 계급에 도수를 대응시킨 표를 **도수분포표**라고 한다. 하나의 도수분포표에 상대도수와 누적상대도수를 함께 나타내기도 한다.

양적자료는 도수분포표를 작성하기 위해 계급을 나누는 과정이 필요하지만, 질적자료는 각 자료값에 해당되는 도수만 제시하면 되므로 양적자료에 비해 도수분포표 작성이 쉽다.

2) 막대그래프

막대그래프는 주로 질적자료인 경우에 사용한다. 가로축은 자료의 각 값(또는 범주), 세로축은 도수 또는 상대도수에 해당하는 막대높이로 나타낸 것을 **막대그래프**(bar graph) 또는 **상대도수 막대그래프**(relative frequency bar graph)라고 한다. 막대그래프에서는 막대와 막대 사이를 떼어 놓는다.

두 개 이상인 자료집단들의 분포를 비교할 때는 상대도수 막대그래프를 사용하는 것이 효과적이다. 막대그래프의 막대높이는 자료수가 많으면 높아진다. 그러나 상대도수 막대그래프의 막대높이는 자료수가 아니 상대도수에 영향을 받는다. 따라서 두 개 이상인 자료집단들을 하나의 그래프에 나타내어 분포를 비교할 때 상대도수 막대

그래프가 그 분포의 차이를 보다 명확하게 보여준다.

예 7

다음은 C 대학 신입생들의 모집유형별 고등학교 출신계열을 도수분포표와 막대그래프로 나타낸 것이다.

상대도수는 도수를 전체 자료수로 나눈 값이다. 예를 들어, 정시모집의 인문계 출신의 상대도수는 $834/1257 = 0.66\,(66\%)$ 이다.

▎정시모집

출신계열	도수	상대도수
인문계	834	0.66
자연계	360	0.28
기타	73	0.06
합계	1257	1.00

▎수시모집

출신계열	도수	상대도수
인문계	161	0.53
자연계	85	0.28
기타	56	0.19
합계	302	1.00

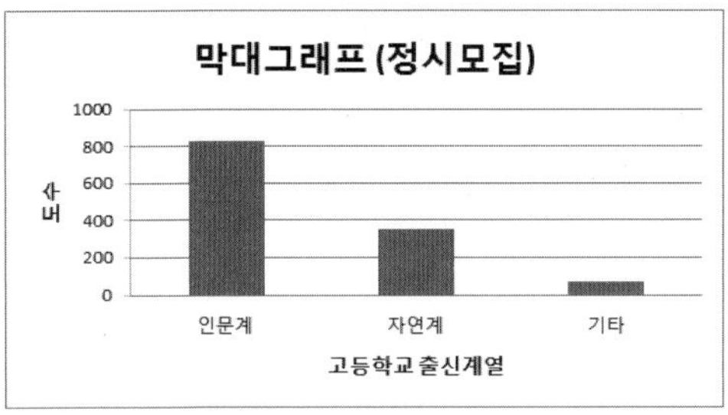

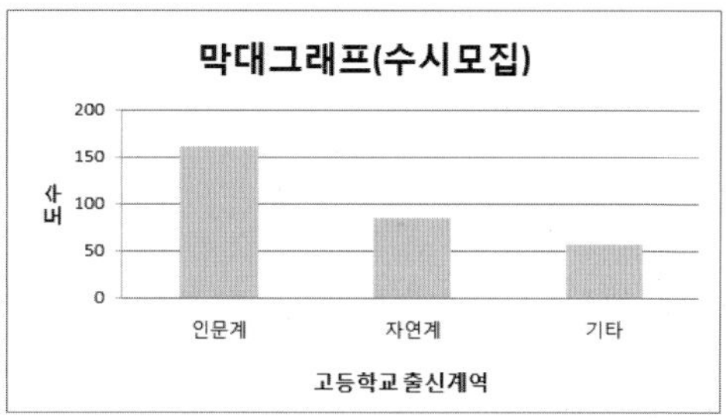

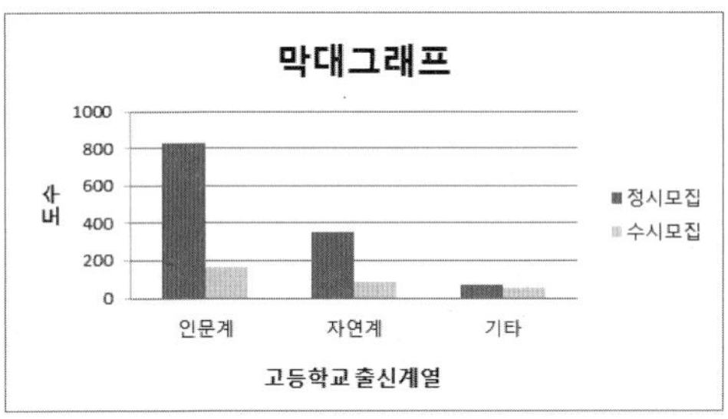

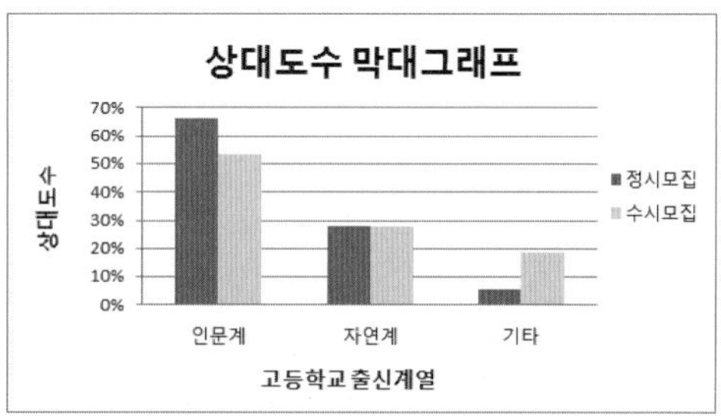

위의 두 그래프는 정시모집과 수시모집 각각에 대해서 막대그래프를 그린 것이고, 아래의 두 그래프는 두 그룹을 하나의 막대그래프(왼쪽)와 상대도수 막대그래프(오른쪽)에 나타낸 것이다. 상대도수는 백분율(%)로 나타내었다. 오른쪽의 상대도수 막대그래프에서 두 그룹 간의 분포의 차이를 더 명확히 보여준다는 것을 확인할 수 있다. □

3) 히스토그램

막대그래프를 질적자료에 사용한다면 **히스토그램**(histogram)은 양적자료에 사용한다. 계급의 도수 또는 상대도수를 막대높이로 나타낸다는 점에서 두 그래프는 동일하다. 그러나 막대그래프는 막대들 간에 공간이 있고 히스토그램은 막대들 간에 공간을 두지 않는다. 막대높이를 도수로 하면 **히스토그램**, 막대면적을 상대도수로 하면 **상대도수 히스토그램**(relative frequency histogram)이라고 한다.

히스토그램은 양적자료에 대해 사용하기 때문에 자료가 취하는 전체 범위를 몇 개의 구간으로 나누어야 한다. 이때 구간수가 너무 많으면 분포의 대략적인 형태 파악이 어렵고, 너무 적으면 정보의 손실이 많다. 그러므로 자료의 분포형태를 가장 잘 나타낼 수 있는 구간수(계급수)를 결정해야 한다. 컴퓨터를 사용하여 히스토그램을 직접 작성하는 경우에는 서로 다른 구간수에 대해 여러 번 반복해서 히스토그램을 그려본 후에 분포를 가장 잘 표현하는 그림을 찾으면 된다. 그렇지 않은 경우에는 먼저 도수분포표를 작성하고 작성된 도수분포표에 기초해서 히스토그램을 그려주면 된다.

양적자료의 도수분포표 작성절차

① **계급수(k)의 결정**: 계급수 결정에 대해 정해진 규칙은 없다. 대체로, 자료수가 n일 때 $\sqrt{n} \pm 3$으로 정하기도 하지만 $5 \sim 20$개의 범위에서 자료의 전반적인 분포를 가장 잘 나타내는 값을 선택하는 것이 일반적이다.

② **계급크기(계급너비)의 결정**: 계급크기(w)는 자료의 범위(R)를 계급수로 나눈 값을 기준으로 하되, 계급 아래쪽 경곗값(下限)과 위쪽 경곗값(上限)을 고려하여 결정한다. 계급 경곗값은 가급적 익숙한 단위와 자릿수의 값을 선택한다. 일반적으로 계급들은 동일한 크기이고 서로 중복되지 않아야 한다.

③ **계급의 결정**: 첫 번째 계급에 최솟값이 포함되도록 계급크기 w의 계급을 결정한 후, 연속적으로 동일한 계급크기의 계급들 기록해 나간다. 마지막 계급에는 최댓값이 포함되어야 한다.

④ **도수분포표의 작성**: 각 계급에 속하는 관측값의 개수를 집계한다. 상대도수는 각 계급의 도수를 자료수(n)로 나눈 값이다. ◢

예 8

다음은 C 대학 재학생 97명을 대상으로 통학시간(단위: 분)을 조사한 결과이다. 도수분포표를 작성하고 히스토그램과 상대도수 히스토그램을 그려보자.

60	25	70	25	30	60	10	60	40	30
70	35	30	60	40	45	30	35	120	90
40	20	20	70	25	50	35	35	70	30
30	60	15	60	50	45	35	70	60	60
60	60	120	30	10	45	20	40	45	40
60	25	10	40	50	10	20	20	35	10
20	35	35	45	30	40	45	70	25	45
70	40	20	25	15	20	50	25	30	60
40	15	45	15	25	90	100	60	90	60
20	60	60	35	100	30	20			

먼저 도수분포표를 작성한다.

① 계급수의 결정:
자료의 수 $n = 97$ 이므로 $\sqrt{n} \fallingdotseq 10$ 이고 $\sqrt{n} \pm 3$ 은 $7 \sim 13$ 이다. 자료의 최솟값이 10, 최댓값은 120 이므로, 자료의 범위 $R = 120 - 10 = 110$ 이다. 그러므로 계급수를 8 로 하자.

② 계급크기의 결정:
범위/계급수 $= 110/8 \fallingdotseq 13.75$ 이므로 계급크기를 15 로 하자.

③ 계급의 결정:
최솟값이 10 이고 관측값들이 5 의 배수로 이루어져 있으므로, 첫 번째 계급을 '0 초과 15 이하'로 하자. 두 번째 계급은 '15 초과 30 이하'가 된다. 마지막 계급은 최댓값 120 을 포함하는 '105 초과 120 이하'이다.

④ 도수분포표 작성:
각 계급의 도수와 상대도수를 계산해서 다음과 같이 표로 정리하면 통학시간에 대한 도수분포표를 얻는다. 이때 계급들은 서로 중복되는 부분이 없어야 하므로 표 하단에 각 계급이 포함하는 영역에 대한 설명을 추가하였다.

계급	도수	상대도수
0 ~ 15	9	0.09
15 ~ 30	28	0.29
30 ~ 45	26	0.27
45 ~ 60	20	0.21
60 ~ 75	7	0.07
75 ~ 90	3	0.03
90 ~ 105	2	0.02
105 ~ 120	2	0.02
합계	97	1.00

* 각 계급에서 A~B는 A 초과 B 이하이다.

이제, 이 도수분포표를 사용해서 히스토그램과 상대도수 히스토그램을 그리자.

히스토그램의 막대높이는 도수이다. 상대도수 히스토그램에서는 각 막대면적이 상대도수가 되고, 막대면적들의 합은 1 이어야 하므로 상대도수 히스토그램에서 각 계급의

$$\text{막대높이} = \frac{\text{계급의 상대도수}}{\text{계급크기}}$$

이다.

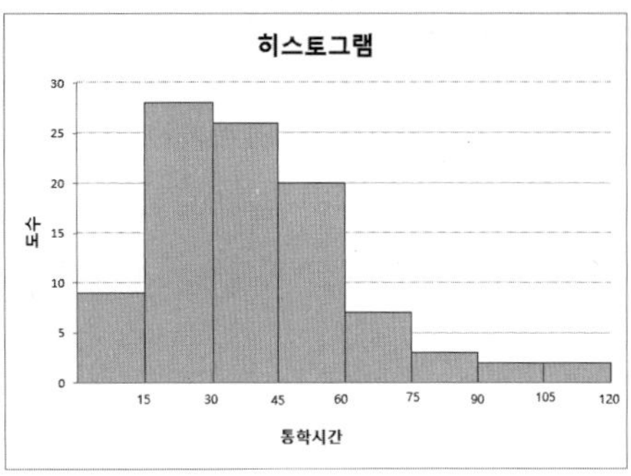

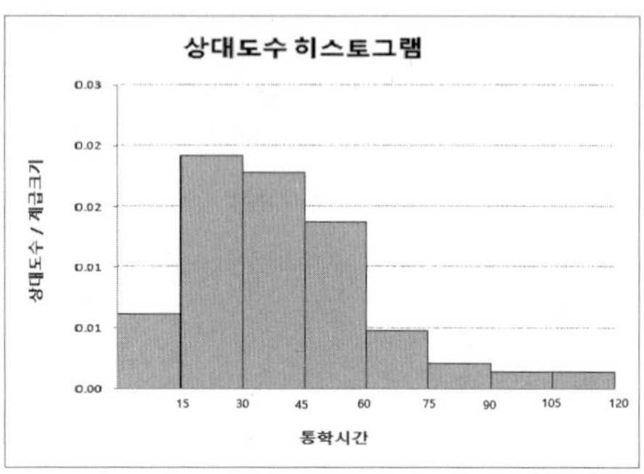

❑

예제 1 [예 8]의 통학시간 자료에서 계급수를 12, 계급크기를 10으로 하여 도수분포표를 작성하고 상대도수 히스토그램을 그려라.

풀이 최솟값과 계급크기가 모두 10이므로 첫 번째 계급을 '0초과 10이하'로 하면 도수분포표는 다음과 같다(왼쪽). 이때 일부 계급들의 도수가 작거나 0이 되므로 오

른쪽과 같이 계급들을 병합시켜 보자.

계급	도수	상대도수
0 ~ 10	5	0.05
10 ~ 20	14	0.14
20 ~ 30	18	0.19
30 ~ 40	18	0.19
40 ~ 50	12	0.12
50 ~ 60	16	0.16
60 ~ 70	7	0.07
70 ~ 80	0	0.00
80 ~ 90	3	0.03
90 ~ 100	2	0.02
100 ~ 110	0	0.00
110 ~ 120	2	0.02
합계	97	1.00

* 각 계급에서 A~B는 A 초과 B 이하이다.

계급	도수	상대도수
0 ~ 10	5	0.05
10 ~ 20	14	0.14
20 ~ 30	18	0.19
30 ~ 40	18	0.19
40 ~ 50	12	0.12
50 ~ 60	16	0.16
60 ~ 70	7	0.07
70 ~ 90	3	0.03
90 ~ 120	4	0.04
합계	97	1.00

* 각 계급에서 A~B는 A 초과 B 이하이다.

병합한 오른쪽의 도수분포표를 사용해서 상대도수 히스토그램을 그리면 아래의 그림과 같다. 계급 '70 초과 90 이하'는 2개의 계급을 병합하였으므로 막대높이는 '상대도수/(2× 계급크기)' 이고, '90 초과 120 이하' 계급의 막대높이는 '상대도수/(3× 계급크기)' 이다. 이때 막대면적은 각 계급의 상대도수이고 막대면적들의 합은 1이다.

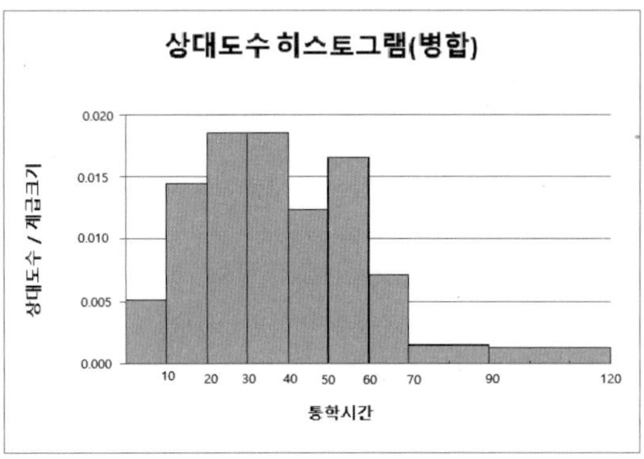

4) 줄기-잎 그림

줄기-잎 그림은 '탐색적 자료분석(EDA)'의 저자 존 튜키(John Tukey)에 의해 개발되었다. 줄기-잎 그림은 도수분포표와 히스토그램을 하나의 도표에 나타낸 것과 같다. 도수분포표와 히스토그램이 자료를 그룹화함으로써 정보의 손실을 초래하는 것과 달리, 줄기-잎 그림(stem-and-leaf diagram)은 원자료(raw data)를 그대로 사용하므로 정보의 손실이 발생하지 않는다. 그러나 자료의 크기가 큰 경우에는 작성하기 어렵다. 대체로 자료수가 최대 100개 내외인 경우에 사용한다.

양적자료에 대한 줄기-잎 그림 작성절차

① 잎과 줄기 값을 정한다. 대개, 자료의 마지막 자릿수가 잎이 되고 나머지는 줄기가 된다.

② 줄기값을 크기순으로 세로로 나열하고, 줄기값 오른쪽에 세로선을 긋는다. 줄기값을 나열할 때 빠지는 숫자가 없어야 한다.

③ 세로선 오른편에 각 줄기에 해당하는 잎을 나열한다. 이때 중복되는 잎도 모두 빠짐없이 기록한다.

④ 각 줄기별로 잎을 크기순으로 재배열한다.

⑤ 자료수가 클 때 줄기 왼쪽에 도수를 기록하는 것도 좋다.

예 9

[예 8]의 통학시간 자료를 줄기-잎 그림으로 나타내자.

① 잎과 줄기를 정한다.
통학시간 자료의 최솟값은 10이고 최댓값은 120이므로, 1의 자릿수를 잎으로 하고 나머지는 줄기가 된다. 예를 들어, 통학시간 95분은 5가 잎이고 9가 줄기이다.

② 줄기값을 크기순에 따라 빠짐없이 세로로 나열하고, 줄기값 오른쪽에 세로선을 긋는다. 80대와 110대는 관측값이 없어도 8과 11을 줄기에 포함시킨다.

줄기	잎
1	
2	
3	
4	
5	
6	
7	
8	
9	
10	
11	
12	

③ 세로선 오른쪽에 각 줄기에 해당하는 잎을 나열한다. 이때 중복되는 잎을 하나도 빠짐없이 모두 기록한다.

줄기	잎
1	0 5 0 0 0 0 5 5 5
2	5 5 0 0 5 0 5 0 0 0 5 0 5 0 5 5 0 0
3	0 0 5 0 0 5 5 5 0 0 5 0 5 5 5 0 0 5 0
4	0 0 5 0 5 5 0 5 0 0 5 0 5 5 0 0 5
5	0 0 0 0
6	0 0 0 0 0 0 0 0 0 0 0 0 0 0 0 0
7	0 0 0 0 0 0 0
8	
9	0 0 0
10	0 0
11	
12	0 0

④ 각 줄기별로 잎을 작은 값부터 크기순으로 재배열한다. 아래 그림은 통학시간 자료에 대한 줄기-잎 그림이다.

⑤ 줄기의 왼편에 줄기별 잎의 개수(도수)를 기록하였다.

도수	줄기	잎
(9)	1	0 0 0 0 0 5 5 5 5
(18)	2	0 0 0 0 0 0 0 0 0 0 5 5 5 5 5 5 5 5
(19)	3	0 0 0 0 0 0 0 0 0 0 5 5 5 5 5 5 5 5 5
(17)	4	0 0 0 0 0 0 0 0 0 5 5 5 5 5 5 5 5
(4)	5	0 0 0 0
(16)	6	0 0 0 0 0 0 0 0 0 0 0 0 0 0 0 0
(7)	7	0 0 0 0 0 0 0
(0)	8	
(3)	9	0 0 0
(2)	10	0 0
(0)	11	
(2)	12	0 0

❑

예제 2 다음 자료를 줄기-잎 그림으로 나타내어라.

−21.3457, −10.75, −9.2, −4.3, 3.34, 5.7, 6.789, 12.34, 25.9, 63.4, 67.0

풀이 이 자료는 양수와 음수가 섞여 있고, 소수점 아래의 자릿수가 서로 다르다. 그러므로 먼저 반올림하여 자릿수를 일치시킨다.

① 모든 자료를 소수 첫째자리에서 반올림해서 정수로 나타내면 다음과 같다.

$$-21,\quad -11,\quad -9,\quad -4,\quad 3,\quad 6,\quad 7,\quad 12,\quad 25,\quad 63,\quad 67$$

② '1'의 자리를 잎, '10'의 자리를 줄기로 한다.

③ 줄기를 크기순으로 −2부터 6까지 빠짐없이 크기순으로 나열한다.

④ 줄기 옆에 세로선을 긋고 잎을 나열한다.

줄기	잎
−2	1
−1	1
−0	9 4
0	3 6 7
1	2
2	5
3	
4	
5	
6	3 7

■

관측값의 자릿수가 커서 줄기-잎 그림으로 나타내기 곤란한 경우에는 [예제 2]에서와 같이 적당한 자릿수에서 반올림한 후, 줄기-잎 그림으로 나타낼 수 있다.

지금까지 표와 그래프를 사용한 자료요약 방법들을 살펴보았다. 이 표와 그래프들을 통해 우리는 자료의 전반적인 형태를 파악할 수 있었다. 이 외에도 양적자료의 그래프적 요약방법으로 자주 사용되는 것으로 상자그림(box plot)이 있다. 상자그림은 자료의 수치적 요약에서 다루는 지식을 필요로 하므로 이 장의 끝부분에서 살펴보기로 하고, 먼저 자료의 수치적 요약방법을 살펴보자.

(2) 대푯값

연설문, 소설, 신문사설 등과 같은 글들은 그 내용을 요약하는 중심 문장이 있다. 비슷한 맥락에서, 자료를 분석하는 사람들은 그 자료를 잘 대표할 수 있는 대푯값에 관심을 가지게 된다. 자료집단 전체를 대표하는 대표적인 대푯값으로는 **평균**(mean 또는 average), **중앙값**(median), **최빈값**(mode) 등이 있다. 이 값들은 대체로 자료 분포의 중심에 위치해 있어 **중심경향**(central tendency)을 나타내는 값이라고 한다.

1) 합의 기호

대푯값을 살펴보기에 앞서, 숫자들에 대한 '합의 기호(Σ)'를 표현하는 방법을 살펴보자. 이 합의 기호는 대부분의 통계학 서적에서 매우 빈번히 사용되는 기호이다.

x_i를 i번째 관측값

이라고 하자. 이때 크기가 n인 자료는

$$x_1,\ x_2,\ x_3,\ \cdots,\ x_n$$

으로 나타낼 수 있다. 이 자료들의

① 합: $x_1 + x_2 + x_3 + \cdots + x_n = \sum_{i=1}^{n} x_i$

② 제곱합: $x_1^2 + x_2^2 + x_3^2 + \cdots + x_n^2 = \sum_{i=1}^{n} x_i^2$

③ 각 관측값에서 상수 a를 뺀 후 합한 값:

$$(x_1 - a) + (x_2 - a) + (x_3 - a) + \cdots + (x_n - a) = \sum_{i=1}^{n} (x_i - a)$$

④ 각 관측값에서 상수 a를 뺀 후 제곱해서 합한 값:

$$(x_1 - a)^2 + (x_2 - a)^2 + (x_3 - a)^2 + \cdots + (x_n - a)^2 = \sum_{i=1}^{n} (x_i - a)^2$$

으로 나타낸다. 이때 $\sum_{i=1}^{n}$에서 첨자 i 대신 j나 k 등 다른 문자를 사용할 수 있다. 예를 들어 첨자 j를 사용하는 경우, 크기 n인 자료의 합은 $\sum_{j=1}^{n} x_j$가 된다.

2) 평균

평균은 가장 대표적인 대푯값으로 산술평균을 말한다. 영어로 평균은 'mean' 또는 'average'이다.

크기가 n인 자료 x_1, x_2, x_3, $\cdots$, x_n의 평균은

$$\frac{x_1 + x_2 + x_3 + \cdots + x_n}{n} = \frac{\sum_{i=1}^{n} x_i}{n}$$

이다.

이 자료가 모집단 전체의 자료라면 이 평균은 모평균이 되고, 표본자료라면 표본평균이 된다. 일반적으로 모평균은 주로 μ(뮤), 표본평균은 $\bar{x}$(엑스바)로 나타낸다.

예제 3 다음은 통계학을 수강한 10명의 기말성적이다. 기말성적의 평균을 구하라.

60, 93, 65, 45, 84, 94, 93, 85, 70, 45

풀이 기말성적의 합이 734이므로, 평균은 $734 \div 10 = 73.4$이다. ■

예제 4 다음은 근로자 10명의 하루 평균수입이다(단위: 만 원). 이 자료의 평균을 구하라.

1, 1, 2, 2, 3, 4, 5, 5, 6, 100

풀이 자료의 합이 129이므로 평균은 $129 \div 10 = 12.9$(만 원)이다. ■

[예제 4]는 평균이 가지는 한계를 잘 보여준다. [예제 4]의 자료에서 10명 중 9명의 하루 평균수입이 6만 원 이하이다. 그러나 상대적으로 수입이 월등이 큰 나머지 한 명의 영향으로 평균은 12.9(만 원)로 매우 커졌다. 이 자료에서 관측값 100처럼 대부분의 자료로부터 동떨어져 매우 크거나 작은 관측값을 이상값(outlier)이라고 한다.

이상값: 대부분의 자료로부터 동떨어져 매우 크거나 작은 값

평균은 이상값에 민감하다. [예제 4]에서 평균은 이상값 100의 영향으로 10개 관측값 중 9개보다 크게 되는 현상이 나타났다. 이처럼 자료에 이상값이 존재하면 평균은 이상값에 영향을 크게 받아 자료의 대푯값으로서의 기능을 하지 못할 가능성이 높아진다. 이런 경우의 대안이 중앙값이다.

3) 중앙값

관측값을 작은 값부터 크기순으로 나열할 때 중앙에 위치하는 값을 중앙값(median, 또는 중위수)이라고 한다. 중앙값은 자료를 동일한 크기(자료수)의 작은 값 집단과 큰 값 집단으로 이분(二分)하는 값이다.

n개의 관측값 $x_1, x_2, x_3, \cdots, x_n$을 작은 값부터 크기순으로 나열할 때 i번째 값을 $x_{(i)}$로 나타내면, $x_{(1)} \le x_{(2)} \le x_{(3)} \le \cdots \le x_{(n)}$의 관계가 성립한다. 이때 중앙값의 위치는 $\dfrac{n+1}{2}$이다.

중앙값: 자료 전체를 작은값부터 크기순으로 나열할 때

(n이 홀수이면) $\dfrac{n+1}{2}$번째 위치한 값

(n이 짝수이면) $\dfrac{n}{2}$번째와 $\left(\dfrac{n}{2}+1\right)$번째 위치한 값들의 평균

자료의 수가 짝수인 경우에는 자료집단에 포함되지 않은 값이 중앙값이 될 수도 있다.

예제 5 [예제 3]의 통계학 기말성적 자료에서 중앙값을 구하라.

풀이 먼저 통계학 기말성적을 작은 값부터 크기순으로 나열하면 다음과 같다.

$x_{(1)}$	$x_{(2)}$	$x_{(3)}$	$x_{(4)}$	$x_{(5)}$	$x_{(6)}$	$x_{(7)}$	$x_{(8)}$	$x_{(9)}$	$x_{(10)}$
45	45	60	65	70	84	85	93	93	94

자료수 $n=10$이므로 중앙값의 위치는 $(10+1)/2=5.5$이고, 중앙값은 중앙값

위치에 인접한 두 값, 즉 5 번째와 6 번째에 위치한 값들의 평균이다. $x_{(5)} = 70$ 이고 $x_{(6)} = 84$ 이므로 중앙값은 이 두 값의 평균인 $(70 + 84)/2 = 77$ 이다. 참고로, 이 자료의 평균은 73.4 이다. ■

예제 6 [예제 4]의 근로자 하루평균수입 자료

1, 1, 2, 2, 3, 4, 5, 5, 6, 100

의 중앙값을 구하라.

풀이 자료수 $n = 10$, 중앙값의 위치는 $(10+1)/2 = 5.5$ 이며, 자료는 이미 크기순으로 나열되어 있다. 따라서 중앙값은 $x_{(5)} = 3$ 과 $x_{(6)} = 4$ 의 평균인 3.5 이다. 참고로, [예제 4]에서 이 자료의 평균은 12.9 였다. ■

앞의 예제들에서 보는 바와 같이 자료에 이상값이 존재하지 않으면 평균과 중앙값 간에 큰 차이가 없다. 그러나 이상값이 존재하면 평균과 중앙값은 크게 차이가 난다. 이상값이 존재할 때는 평균보다 중앙값이 대푯값으로서 더 적절하다.

4) 최빈값

자료의 관측값들 중에서 출현도수가 가장 높은 관측값을 최빈값(mode)이라고 한다. 앞의 평균과 중앙값은 양적자료에만 사용할 수 있다. 그러나 최빈값은 양적자료뿐만 아니라 질적자료에도 사용할 수 있다. 단, 자료에 따라서는 최빈값이 없을 수도 있고, 한 개만 존재할 수도 있고, 2 개 이상 존재할 수도 있다.

최빈값: 출현도수가 가장 높은 관측값

예제 7 다음은 학생식당에 대한 재학생들의 만족도를 조사결과이다. 5 는 '매우 만족'이고, 1 은 '매우 불만족'을 나타낸다. 이 자료의 최빈값을 구하라.

3, 2, 3, 4, 2, 4, 5, 4, 3, 3, 1, 1, 4, 5, 4

풀이 이 자료를 도수분포표로 나타내면 다음과 같다.

만족도	1 (매우 불만족)	2 (불만족)	3 (보통)	4 (만족)	5 (매우 만족)	합계
도수	2	2	4	5	2	15

여기서 출현도수가 가장 높은 값은 4(만족)이므로 최빈값은 4이다. ■

예제 8 다음 각 자료의 최빈값을 구하라.

① 1, 2, 3, 4, 5, 6, 7, 8, 9

② 1, 1, 1, 5, 5, 5, 6, 7, 9

③ 1, 1, 1, 5, 5, 5, 5, 7, 9

풀이

①은 각 값이 모두 1회씩만 출현하므로 최빈값이 존재하지 않는다.

②에서는 1과 5가 각각 3회씩 출현하므로 최빈값은 1과 5이다.

③의 최빈값은 5이다. ■

5) 분포형태와 대푯값의 위치

대푯값들의 상대적 위치는 분포형태에 따라 달라진다. 세 가지 대표적인 분포형태와 대푯값의 위치를 정리하면 다음과 같다.

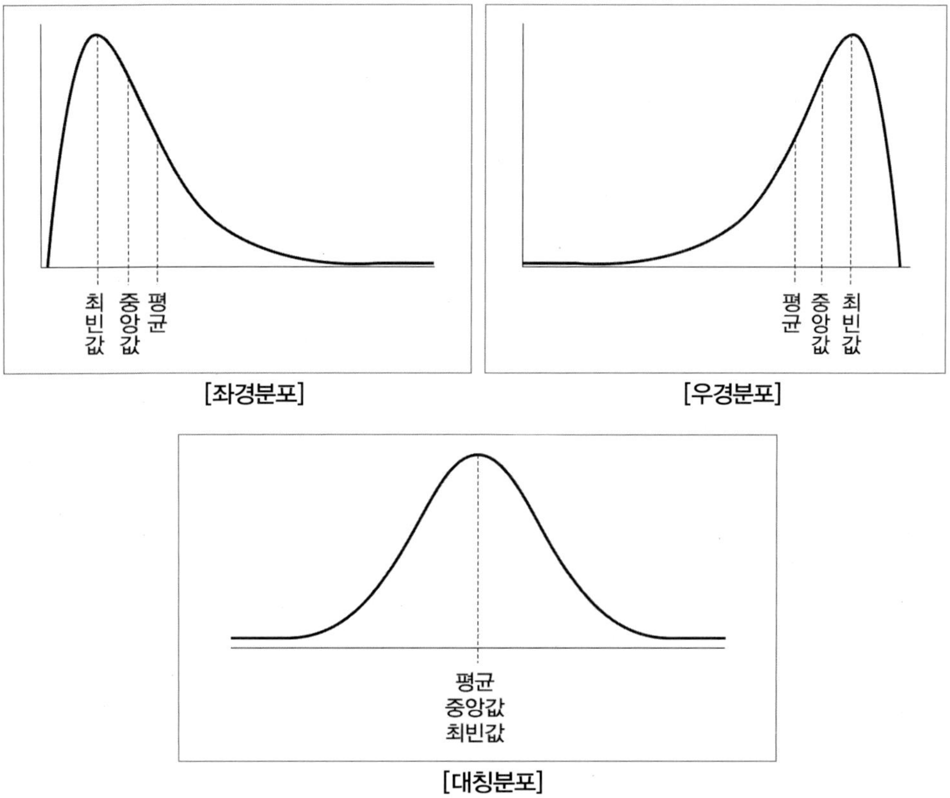

[그림 1.1] 자료의 분포형태에 따른 대푯값의 위치

이 분포형태들에 대한 영어표현을 알아두면 종종 도움이 된다.

- **좌경분포(左傾分布)**: positively skewed distribution
  또는 distribution skewed to the right
- **우경분포(右傾分布)**: negatively skewed distribution
  또는 distribution skewed to the left
- **대칭분포(對稱分布)**: symmetric distribution

(3) 산포도

1) 대푯값과 산포도

지금까지 자료의 특성을 파악하기 위해 표와 그래프를 작성하고 대푯값을 구했다. 그러나 대푯값만으로는 여전히 설명되지 못하는 부분이 남아있다. 다음 예를 살펴보자.

예 10

다음은 두 학급 A와 B의 점수별 학생수를 도수분포표와 막대그래프로 나타낸 것이다. 이 두 학급의 평균, 중앙값, 최빈값을 구해보자.

점수	45	50	55	60	65	70	75	80	85	90	95	합계
학급A	0	0	0	3	4	6	4	3	0	0	0	20
학급B	1	1	1	2	3	4	3	2	1	1	1	20

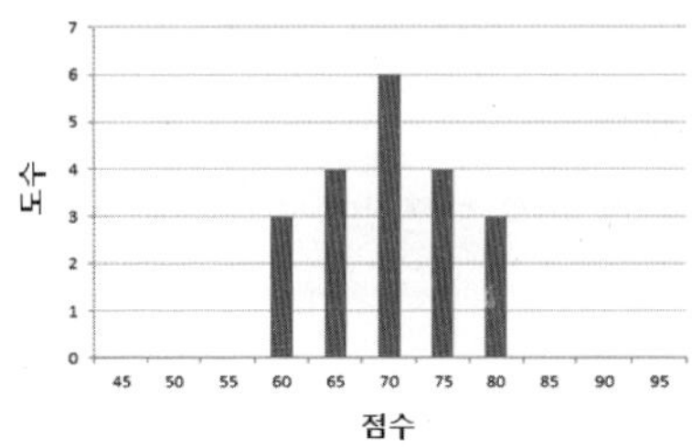

[학급A]

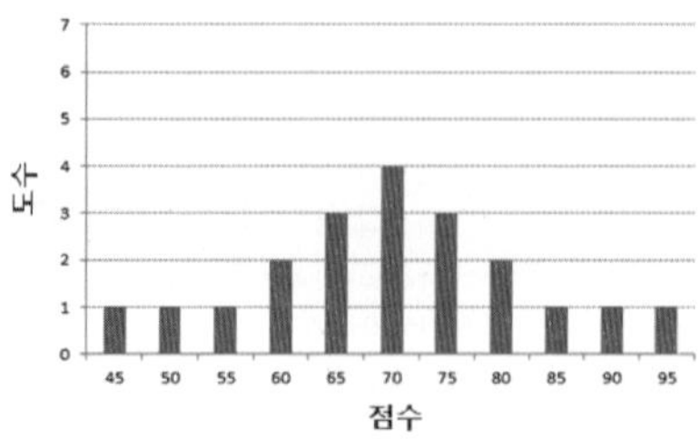

[학급B]

학급A의

- 평균 $= \dfrac{(60\times 3)+(65\times 4)+\cdots+(80\times 3)}{20} = \dfrac{1400}{20} = 70$이고,
- 자료수 $n=20$이므로 중앙값의 위치는 $(20+1)/2=10.5$이다.
  따라서 중앙값은 $x_{(10)}=70$과 $x_{(11)}=70$의 평균인 70이다. 또,
- 최빈값은 출현도수가 6으로 가장 높은 70이다.

동일한 계산과정을 따르면 학급B의 평균, 중앙값, 최빈값 역시 모두 70이다. 그러므로 두 학급의 대푯값이 모두 동일하다.

그러나 도수분포표와 막대그래프에서 파악할 수 있듯이, 이 두 학급의 성적은 분포가 다르고 학급A보다 학급B의 성적이 더 넓게 분포하는 것을 알 수 있다. ❑

이와 같이 자료의 특성을 제대로 파악하기 위해서는 대푯값과 함께 산포도를 측정할 필요가 있다. **산포도**는 자료의 흩어진 정도를 나타내는 값이다. 대표적인 산포도로 범위, 분산과 표준편차, 사분위범위 등이 있다.

2) 범위

통계학에서 범위(range)는 자료의 최댓값에서 최솟값을 뺀 값으로 정의한다. 범위는 계산이 간단하지만 극단값에 크게 영향을 받는다. 또, 자료의 최댓값과 최솟값만 사용하므로 정보의 손실이 크다.

범위: 자료의 최댓값에서 최솟값을 뺀 값

예 11

다음 두 자료의 평균, 중앙값, 범위를 구해보자.

① $1, 3, 5, 7, 9$

② $1, 2, 5, 8, 9$

두 자료 모두 자료수 $n = 5$이고 자료합은 25이다. 따라서 두 자료의 평균은 $25/5 = 5$이고 중앙값도 5로 동일하다. 한편, 두 자료 모두 최댓값이 9이고 최솟값이 1이므로 범위도 $9 - 1 = 8$로 동일하다. 그러나 두 자료의 나머지 자료는 같지 않다. ❑

3) 분산과 표준편차

분산과 표준편차는 가장 널리 사용되는 산포도이다. 분산은 편차제곱들의 평균이고, 표준편차는 분산의 양의 제곱근이다.

편차

편차(deviation)는 개별 관찰치에서 평균을 뺀 값이다.

관찰치 x_i의 편차: $d_i = x_i -$ 평균

이때 평균이 모평균이면 d_i는 **모편차**(population deviation), 표본평균이면 **표본편차**(sample deviation)라고 한다. 주어진 자료의 편차들의 합은 자료의 산포도와 상관없이 항상 0이다.

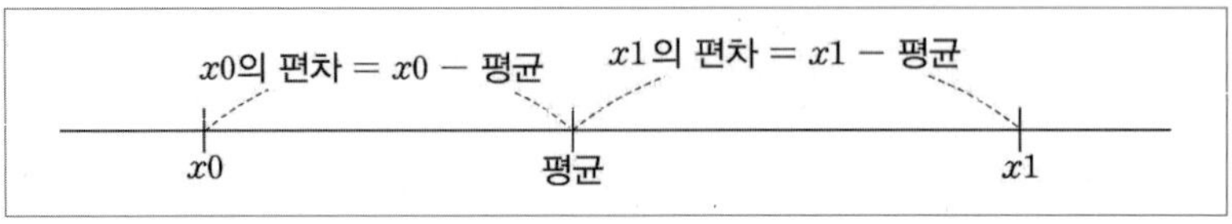

[그림 1.2] 편차

예제 9 다음 두 자료의 편차들과 편차들의 합을 구하라.

① 0, 2, 4, 6, 8, 10, 12, 14, 16, 18, 20

② 5, 6, 7, 8, 9, 10, 11, 12, 13, 14, 15

풀이 두 자료의 평균은 모두 10이므로 편차들은

① −10, −8, −6, −4, −2, 0, 2, 4, 6, 8, 10

② −5, −4, −3, −2, −1, 0, 1, 2, 3, 4, 5

이고, 각 편차들의 합은 모두 0이다. 자료 ①이 자료 ②보다 더 넓게 분포되어 있지만 두 자료의 편차들의 합은 모두 0이다. ■

분산

편차들의 합은 항상 0이므로 편차들의 평균도 0이다. 따라서 편차를 제곱한 후 평균한 값을 산포도로 사용하기도 하는데 이것을 분산(variance)이라고 한다. 자료들이 평균 주위에 집중될수록 분산은 작아진다.

> **분산**: 편차들의 제곱을 평균한 값(편차들의 제곱평균)

모편차들의 제곱평균을 **모분산**(population variance), 표본편차들의 제곱평균을 **표본분산**(sample variance)이라고 한다. 단, 표본분산은 편차제곱들의 합을 자료수가 아

닌 (자료수 − 1)로 나눈다. 모분산은 주로 σ^2 (시그마제곱)으로, 표본분산은 s^2 (에스제곱)으로 나타낸다.

크기가 n 인 자료 $x_1, x_2, x_3, \cdots, x_n$ 의 **표본분산은**

$$s^2 = \frac{1}{n-1}\sum_{i=1}^{n}(x_i - \overline{x})^2$$

이다. 여기서 $\overline{x}$ 는 표본평균이다.

표본분산에서 편차제곱합을 $n-1$로 나누는 근거에 대한 이론적 설명을 여기에서는 생략한다. 관심 있는 독자는 참고문헌의 수리통계학 서적을 참고하기 바란다.

예제 10 [예제 9]에 제시된 두 자료의 표본분산을 구하라.

① 0, 2, 4, 6, 8, 10, 12, 14, 16, 18, 20

② 5, 6, 7, 8, 9, 10, 11, 12, 13, 14, 15

풀이 두 자료의 편차들은

① −10, −8, −6, −4, −2, 0, 2, 4, 6, 8, 10

② −5, −4, −3, −2, −1, 0, 1, 2, 3, 4, 5

이므로, 표본분산은 다음과 같다.

$$\text{자료 ①: } s^2 = \frac{(-10)^2 + (-8)^2 + \cdots + 8^2 + 10^2}{11-1} = \frac{440}{10} = 44$$

$$\text{자료 ②: } s^2 = \frac{(-5)^2 + (-4)^2 + \cdots + 4^2 + 5^2}{11-1} = \frac{110}{10} = 11$$ ■

표준편차

분산은 편차들을 제곱한 후 평균한 값이므로 분산의 단위는 관측값 단위의 제곱이다. 예를 들어, 관측값 단위가 cm라면 분산의 단위는 cm^2이 된다. 표준편차(standard deviation)는 분산의 제곱근을 취한 값으로 산포도의 단위를 관측값의 단위와 일치시킬 필요가 있을 때 주로 사용한다.

표준편차: 분산의 양의 제곱근 값

모표준편차는 $\sigma = \sqrt{\sigma^2}$, 표본표준편차는 $s = \sqrt{s^2}$ 이다.

4) 변동계수

분산과 표준편차는 자료의 측정단위가 바뀌면 분산과 표준편차의 계산결과가 달라진다. 변동계수(coefficient of variation)는 자료의 표준편차를 자료의 평균으로 나누어 측정단위에 영향을 받지 않도록 정의한 산포도이다. 변동계수는 측정단위나 평균이 서로 다르거나 속성이 다른 자료들의 산포도를 비교하는 데 주로 사용된다.

$$\textbf{변동계수} = \frac{\text{표준편차}}{\text{평균}} (\times 100\,(\%))$$

표준편차와 평균이 모집단의 값(μ, σ)이면 **모변동계수**가 되고, 표본의 값($\bar{x}, s$)이면 **표본변동계수**가 된다.

예 12

다음은 동일 교과목을 수강하는 두 학급 학생들의 기말성적이다. 기말성적의 산포도를 비교해 보자.

학급	A	B
학생수	34	21
평균	60.7	69.3
표준편차	25.0	26.7

두 학급의 평균차이가 비교적 크므로 두 학급의 변동계수를 구한다.

학급 A: $\frac{25.0}{60.7} \fallingdotseq 0.41\ (41\%)$

학급 B: $\frac{26.7}{69.3} \fallingdotseq 0.39\ (39\%)$

표준편차는 학급 B가 더 크지만, 표준편차에서 평균차이에 의한 효과를 배제한 변동계수는 학급A가 더 크다. 그러므로 기말성적의 산포도는 학급 B보다 학급 A가 더 크다고 할 수 있다. ❑

5) 사분위수와 사분위범위

대푯값의 평균에 대응하는 산포도를 분산과 표준편차라고 하면, 중앙값에 대응하는 산포도는 사분위범위(interquartile range: IQR)이다. 평균과 마찬가지로 분산과 표준편차는 이상값에 크게 영향을 받는다. 그러나 사분위범위는 이상값에 크게 영향을 받지 않으므로 이상값이 존재할 때 분산과 표준편차의 대안으로 사용한다.

사분위수

자료를 작은 값부터 크기순으로 나열할 때, 자료를 4등분하는 위치의 값을 사분위수(quartile)라고 한다.

제1 사분위수(Q_1) = 누적도수가 25%에 해당하는 값
제2 사분위수(Q_2) = 누적도수가 50%에 해당하는 값 (= 중앙값)
제3 사분위수(Q_3) = 누적도수가 75%에 해당하는 값

사분위범위는 자료를 작은값부터 크기순으로 나열할 때, 가운데 위치한 50%의 자료가 차지하는 범위로 제3 사분위수와 제1 사분위수의 차이를 말한다.

사분위범위: $IQR = Q_3 - Q_1$

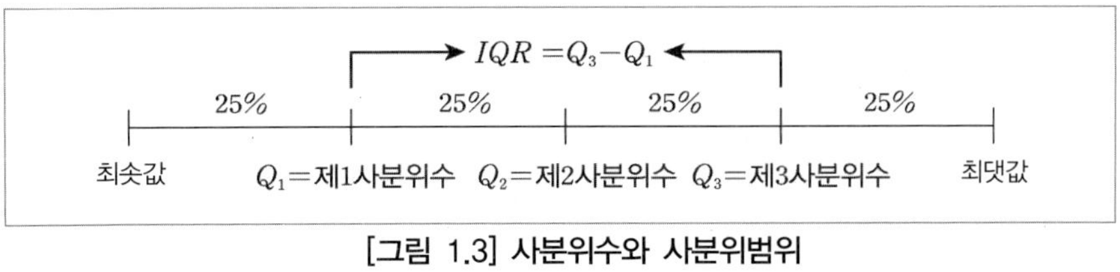

[그림 1.3] 사분위수와 사분위범위

사분위수와 사분위범위를 구하는 절차

① 중앙값 Q_2를 구한다.

② 중앙값 Q_2를 기준으로 자료를 작은값 그룹과 큰값 그룹으로 나눈다. 이때 자료수(n)가 홀수이면, 중앙값을 작은값과 큰값 그룹에 각각 포함시킨다. n이 짝수이면 중앙값 위치에서 두 그룹을 나눈다.

③ 작은값 그룹과 큰값 그룹에서 각각 중앙값을 구한다. 이때

- 제1 사분위수(Q_1)는 작은값 그룹의 중앙값
- 제3 사분위수(Q_3)는 큰값 그룹의 중앙값

④ 사분위범위($Q_3 - Q_1$)를 계산한다. ◢

예제 11 다음 두 자료의 표본분산과 사분위범위를 구하라.

① 0, 1, 2, 3, 4, 5, 6, 7, 8, 9, 10

② 0, 1, 2, 3, 4, 5, 6, 7, 8, 9, 120

풀이 두 자료 모두 $n=11$이고, 자료 ①의 표본평균 $\bar{x}=5$, 자료 ②의 표본평균 $\bar{x}=15$이므로

자료 ①의 편차: −5, −4, −3, −2, −1, 0, 1, 2, 3, 4, 5

자료 ②의 편차: −15, −14, −13, −12, −11, −10, −9, −8, −7, −6, 105

이다. 그러므로 표본분산은

$$\text{자료 ①: } s^2 = \frac{(-5)^2+(-4)^2+\ \cdots\ +4^2+5^2}{11-1} = \frac{110}{10} = 11$$

$$\text{자료 ②: } s^2 = \frac{(-15)^2+(-14)^2+\ \cdots\ +(-6)^2+105^2}{11-1} = \frac{12210}{10} = 1221$$

이다.

한편, 중앙값의 위치는 두 자료 모두 $(n+1)/2 = 6$이므로 두 자료 모두 중앙값 $Q_2 = 5$이다. 자료수(n)가 홀수이므로 작은값과 큰값 그룹에 각각 중앙값을 포함시

킨다. 그러므로

자료 ①: 작은값 그룹 {0, 1, 2, 3, 4, 5}, 큰값 그룹: {5, 6, 7, 8, 9, 10}
자료 ②: 작은값 그룹 {0, 1, 2, 3, 4, 5}, 큰값 그룹: {5, 6, 7, 8, 9, 120}

이다. 이때 각 그룹의 자료수는 모두 6이고, 중앙값의 위치는 $(6+1)/2=3.5$로 각 그룹의 중앙값은 3번째와 4번째 값의 평균이다.

자료 ①: $Q_1=(2+3)/2=2.5$, $Q_3=(7+8)/2=7.5$, $IQR=7.5-2.5=5$
자료 ②: $Q_1=(2+3)/2=2.5$, $Q_3=(7+8)/2=7.5$, $IQR=7.5-2.5=5$

이 자료 ①과 자료 ②는 마지막 관측값이 10에서 120으로 증가한 것만 다르고 나머지 관측값들은 모두 같다. 그 결과 표본평균은 5에서 15로 증가했고 표본분산도 11에서 1221로 크게 증가했지만, 두 자료의 사분위수들과 사분위범위는 변하지 않고 동일하다. ■

(4) 상자그림

이제 이 장의 마지막 주제인 상자그림을 살펴보자. 상자그림(box plot)은 '탐색적 자료분석'의 저자 튜키가 자료탐색을 위해 개발한 방법으로, 사분위수와 사분위범위를 사용하여 작성한다.

상자그림을 그리는 절차

① 사분위수 Q_1, Q_2, Q_3와 사분위범위를 구한다.

② 가로축에 자료의 범위에 해당하는 직선을 그리고 그 위에 적절한 눈금을 표시한다.

③ ②의 가로축에서 조금 떨어진 위쪽에, Q_1 위치에서 시작하는 길이가 IQR인 상자를 그리고, 상자 안의 중앙값 위치에서 세로 선을 긋는다.

④ $1.5\times IQR$을 계산한다.

⑤ $w_l = Q_1 - (1.5 \times IQR)$ 보다 크면서 w_l 에 가장 가까운 관측값까지 아래쪽 수염을 그린다. 이때 수염은 상자 중간 위치에서 가로축과 평행하게 긋는다. 이 w_l 을 아래쪽 울타리(lower fence)라고 한다.

⑥ $w_u = Q_3 + (1.5 \times IQR)$ 보다 작으면서 w_u 에 가장 가까운 관측값까지 위쪽 수염을 그린다. 이 w_u 를 위쪽 울타리(upper fence)라고 한다.

⑦ 이상값을 점으로 나타낸다. 위쪽 수염과 아래쪽 수염과 동일한 높이에 w_l 보다 작거나 w_u 보다 큰 관측값들을 그 대응하는 위치에 점으로 나타낸다. (w_l, w_u) 범위 밖에 위치한 이 점들이 이상값이다. ◢

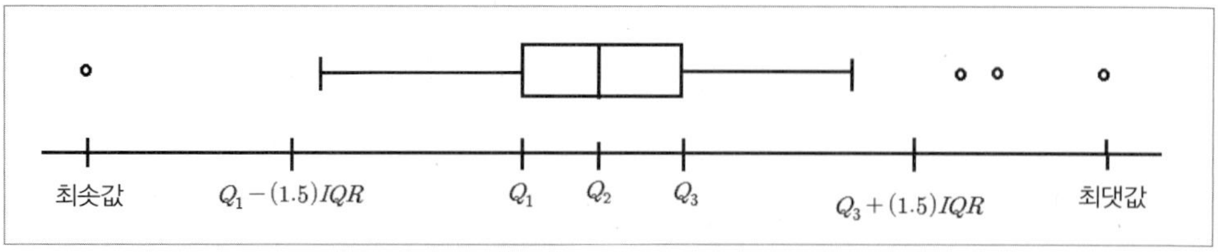

[그림 1.4] 상자그림

예제 12 다음 자료에 대해 상자그림을 그려라.

0, 1, 2, 3, 4, 5, 6, 7, 8, 9, 10

풀이 앞의 [예제 11]에서 $Q_1 = 2.5$, $Q_2 = 5$, $Q_3 = 7.5$, $IQR = 5$ 였다. 그러므로 $1.5 \times IQR = 7.5$이고, $Q_1 - (1.5 \times IQR) = 2.5 - 7.5 = -5.0$, $Q_3 + (1.5 \times IQR) = 7.5 + 7.5 = 15$ 이다. 따라서 완성된 상자그림은 다음과 같다. 이 상자그림을 통해서 이 자료에는 이상값이 없음을 파악할 수 있다.

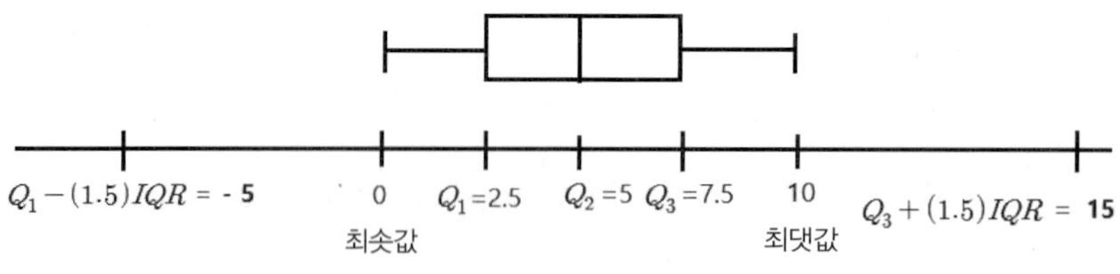

■

참고문헌

1. The economist (2010.02.25.). The data deluge, United Kingdom.
2. http://it.chosun.com/site/data/html_dir/2018/04/10/2018041085018.html
3. Tukey, J. W. (1977). Exploratory Data Analysis, Addison-Wesley publishing company, Inc.
4. 허명회, 문승호 (1980). 탐색적 자료분석, 자유아카데미, 1-2.
5. 허명회 (2011). R을 활용한 탐색적 자료분석, 자유아카데미, 37-38.

연습문제

1. 다음을 합의 기호로 나타내어라.

① 자료 $z_1, z_2, \cdots, z_m$ 의 합

② 자료 $z_1, z_2, \cdots, z_m$ 의 각 값에 10을 뺀 후, 합한 값

③ n개의 자료 y_j의 제곱합 $(j = 1, 2, \cdots, n)$

④ n개의 자료 $y_j - 10$의 제곱합 $(j = 1, 2, \cdots, n)$

2. 다음은 2010년 서울시 구별 인구수 자료(단위: 명)이다.

행정구역	인구수	행정구역	인구수	행정구역	인구수
종로구	151,069	도봉구	347,220	금천구	230,447
중구	117,253	노원구	584,906	영등포구	374,543
용산구	217,228	은평구	448,112	동작구	390,197
성동구	290,277	서대문구	307,562	관악구	511,185
광진구	358,319	마포구	363,343	서초구	388,220
동대문구	339,599	양천구	466,456	강남구	522,198
중랑구	400,027	강서구	543,559	송파구	640,732
성북구	452,704	구로구	401,239	강동구	462,500
강북구	322,587				

참고로, x_i를 i번째 구의 인구수라고 할 때

$$\sum_{i=1}^{25} x_i = 9{,}631{,}482, \qquad \sum_{i=1}^{25} (x_i - \bar{x})^2 = 389{,}071{,}210{,}237$$

이다.

① 구별 인구수에 대한 평균, 모분산, 모표준편차를 구하라.

② 구별 인구수에 대한 중앙값, 사분위수, 사분위범위를 구하라.

③ 도수분포표를 작성하고, 히스토그램과 상대도수 히스토그램을 그려라.

④ 상자그림을 그려라.

3. [연습문제 2]의 2010년 서울시 구별 인구수 자료를 천의 자리에서 반올림한 후 줄기-잎 그림을 작성하라.

4. 다음은 1.3절의 [예 8] 통학시간(단위: 분) 자료이다. 아래 제시한 평균, 중앙값 등을 구한 뒤 상자그림을 그려라.

60	25	70	25	30	60	10	60	40	30
70	35	30	60	40	45	30	35	120	90
40	20	20	70	25	50	35	35	70	30
30	60	15	60	50	45	35	70	60	60
60	60	120	30	10	45	20	40	45	40
60	25	10	40	50	10	20	20	35	10
20	35	35	45	30	40	45	70	25	45
70	40	20	25	15	20	50	25	30	60
40	15	45	15	25	90	100	60	90	60
20	60	60	35	100	30	20			

① 평균 ② 중앙값 ③ 최빈값 ④ 범위
⑤ 표본분산 ⑥ 표본표준편차 ⑦ 사분위수 ⑧ 사분위범위

5. 다음 자료에 대한 상자그림을 그리고 [예제 12]의 상자그림과 비교하라.

0, 1, 2, 3, 4, 5, 6, 7, 8, 9, 120

CHAPTER 2

확률

제2장 확률

내일 비가 올 확률, 새로 개발된 치료제가 기존 치료제보다 더 효과적일 확률, 특정 기업에 투자한 주식에서 이익이 날 확률 등 확률은 우리 일상생활과 밀접하게 연결되어 있다. 확률이란 어떤 사건이 발생할 가능성을 0과 1사이의 값으로 나타낸 것이다. 확률에 대한 수리적 접근인 확률론은 통계이론에서 매우 중요한 역할을 한다. 이 장에서는 이 책의 통계이론을 이해하는 데 필요한 기초적인 확률 개념을 소개한다.

2.1 확률의 정의

(1) 확률과 게임

확률과 주사위, 주사위와 게임은 항상 동행하는 단어이다. 사람들은 무엇인가를 결정해야 할 때 주사위를 던지거나 제비를 뽑거나 사다리를 타는 등 확률에 의한 우연한 결과에 의지해서 결정하는 경우가 많다.

주사위는 오랜 역사를 가지고 점을 치거나, 놀이 또는 게임 등에 사용되어 왔다. 주사위의 기원에 대해서는 정확히 알려진 것이 없다. 고대 이집트에서는 주사위의 전신인 동물 뼈를 가지고 점을 치거나 놀이를 했다는 기록이 있고, 기원전 15세기경에 기록된 성경 출애굽기에 나오는 '우림과 둠밈'은 신의 뜻을 묻기 위해 사용한 주사위 모양의 물건으로 추정되고 있다.[1] 또, 기원전 14세기경 중동이나 인도 유적지에서는 오늘날과 같은 주사위가 출토되어 놀이에 사용된 것으로 추정된다.[2-4]

우리나라에서는, 통일신라시대 유적지에서 오늘날과 같은 주사위가 출토되었는데 당시 사람들이 이것을 이용해 게임을 즐겼음을 알 수 있다. 또한 같은 시기 경주 유적지에서 출토된 통일신라시대 주령구(酒令具)는 정육면체가 아닌 14면체 주사위로,

정사각형 6면과 육각형 8면으로 구성되어 있다. 이 주령구는 두 종류의 다각형으로 이루어져 있음에도 불구하고 각 면의 면적이 거의 똑같다. 각 면에는 숫자가 아닌 '잔을 비우고 크게 웃기(음진대소, 飮盡大笑)', '스스로 노래 부르고 술 마시기(자창자음, 自唱自飮)' 등의 한자문구가 새겨져 있어 당시 귀족들의 술자리 놀이문화를 짐작하게 한다.

[그림 2.1] 1970년대 경주 월지에서 출토된 통일신라시대 주령구
[사진출처: 국립경주박물관]

확률에 대한 수리적 접근인 확률론은 도박에서 출발한다. 17세기 중반 프랑스 귀족사회에는 확률게임이 널리 유행하였는데, 시간과 돈이 많았던 귀족들 중에는 확률게임에 돈을 거는 도박이 성행하였다. 16세기 이탈리아 수학자 겸 의사이자 도박사였던 카르다노[4]는 〈확률게임에 관한 책(The book of Games of Chance)〉을 집필하여 확률론의 발전에 크게 기여하기도 하였다. 그러나 확률론의 본격적인 시작은 17세기 중반, 프랑스 수학자 파스칼[5]과 페르마[6]의 점수문제에서 출발한다.[3],[5-6] 이 파스칼은 유명한 명상록 '팡세'의 저자이기도 하다.

4) Gerolamo Cardano, 1501~1576, 이탈리아, 의사 · 수학자.
5) Blaise Pascal, 1623~1662, 프랑스, 수학자 · 철학자.
6) Pierre de Ferma, 1601~1665, 프랑스, 수학자.

파스칼의 친구인 도박사 드 메레7)는 두 가지 어려운 문제에 직면하였다. 하나는 '점수문제'라고 알려진 것으로 실력이 비슷한 두 사람이 게임을 하다가 중단되었을 때 상금을 어떻게 나누는지의 문제였고, 다른 하나는 '슈발리에 드 메레의 모순(Paradox of the Chevalier de Mere)'이라고 불리는 것으로 아래 두 종류 게임의 승률에 관한 문제였다.[5-6]

- 첫 번째 게임: 하나의 주사위를 4번 던질 때 적어도 한 번 1의 눈이 나오면 이기는 게임
- 두 번째 게임: 두 개의 주사위를 24번 던질 때 적어도 한 번 두 주사위 모두 1의 눈이 나오면 이기는 게임

여기서, 드 메레는 다음과 같이 계산하여 두 게임의 승률이 같다고 생각하는 오류를 범했다. 즉,

첫 번째 게임의 경우, 하나의 주사위를 한 번 던질 때 1의 눈이 나올 가능성은 1/6이므로 4회 던질 때 적어도 한 번 1의 눈이 나올 가능성은 $4 \times (1/6) = 2/3$라고 생각했다.

두 번째 게임의 경우도 두 개의 주사위를 동시에 던질 때 둘 다 1의 눈이 나올 가능성은 1/36이므로 24회 던지면 $24 \times (1/36) = 2/3$가 된다고 생각했다.

따라서 그는 두 게임에서 이길 가능성은 같다고 생각했다. 그러나 실제 게임에서 그는 두 번째 게임에서 돈을 잃는 경우가 더 많았다. 드 메레는 친구인 파스칼에게 이 문제들을 의뢰하였고, 요청을 받은 파스칼은 그의 또 다른 친구인 수학자 페르마와 몇 번의 서신을 주고받으면서 도박사 드 메레가 제시한 문제들을 해결하게 되는데 이것이 확률론의 시작이다.

(2) 표본공간과 사상

표본공간(sample space)과 사상(event)은 확률을 정의하는 기초가 된다.

---

7) Chevalier de Mere, 1501～1576, 프랑스, 작가.

표본공간: 어떤 실험이나 관측에서 모든 실현 가능한 결과들의 집합

어떤 실험이나 관측에 의해 얻어진 개개의 결과를 **표본점**(sample point)이라고 한다. 표본공간은 영어 'sample space'의 첫 자를 따서 주로 대문자 S로 나타낸다.

표본공간은 실험이나 관측 유형에 따라 이산값들로 이루어진 유한집합이 될 수도 있고, 무한집합이 될 수도 있다. 또, 실수 전체집합이 될 수도 있고, 실수의 부분집합이 될 수도 있다.

사상: 표본공간의 부분집합

사상은 '사건'이라고도 한다. 하나의 표본점으로 이루어진 사상을 **단순사상**(simple event) 또는 **근원사상**(elementary event)이라고 한다.

실험 또는 관측 결과가 사상 A에 포함되어 있을 때 '사상 A가 일어났다'라고 한다.

예 1

공정한 동전을 두 번 던지는 실험에서 표본공간(S_1)과 앞면이 한 번 이상 나오는 사상(A)은

$$S_1 = \{HH, HT, TH, TT\}, \quad A = \{HH, HT, TH\}$$

이다. 여기서 H는 동전의 앞면(그림면), T는 뒷면(숫자면)을 의미한다. HT는 첫 번째는 앞면, 두 번째는 뒷면이 나온 경우를 나타낸다. 이 표본공간 S_1은 이산값들로 이루어진 유한집합이다. 동전을 두 번 던져서 HT가 나오면 '사상 A가 일어났다'라고 한다. ❑

예 2

공정한 주사위를 한 번 던지는 실험에서 표본공간(S_2)과 홀수 눈이 나오는 사상(B)은

$$S_2 = \{1, 2, 3, 4, 5, 6\}, \quad B = \{1, 3, 5\}$$

이다. 이 표본공간 S_2는 이산값들로 이루어진 유한집합이다. ❑

예 3

10개의 불량품이 나올 때까지 제품을 검사하는 실험에서 검사한 제품의 수에 대한 표본공간(S_3)과 검사한 제품의 수가 100개 이상인 사상(C)은

$$S_3 = \{10, 11, 12, \cdots\}, \quad C = \{100, 101, 102, \cdots\}$$

이다. 이 표본공간 S_3은 이산값들로 이루어진 무한집합이다. 실제 검사 결과, 99번째 제품에서 10번째 불량품이 나왔다면 사상 C가 일어났다고 할 수 없다. ❑

예 4

전구의 수명을 측정하는 실험에서 표본공간(S_4)과 수명이 100시간 미만일 사상(D)은

$$S_4 = \{0 \text{ 이상인 실수}\}, \quad D = \{0 \text{ 이상이고 } 100 \text{ 미만인 실수}\}$$

이다. 이때 표본공간 S_4는 무한집합이다. ❑

앞의 [예 1]과 [예 2]의 공정한 동전 또는 공정한 주사위라는 표현에서의 '**공정한**(fair)'은 주사위 또는 동전의 각 면이 나타날 가능성이 동일함을 의미한다.

(3) 확률의 고전적 정의

확률론은 파스칼과 페르마에 의해 시작되어 18세기 말에는 많은 유럽 수학자들이 확률론 연구에 참여하였다. 그 중 프랑스 수학자 라플라스[8]가 확률론 발전에 기여한 공헌은 지대하다. 스위스 수학자 야곱 베르누이[9]부터 라플라스까지를 고전적 확률론자라고 한다.[7]

라플라스는 확률의 정의에서 모든 가능한 실험결과는 유한개이고 각 실험결과가 출현할 가능성은 동일하다고 가정했다.

8) Pierre Simon Laplace, 1749~1827, 프랑스, 수학자.

9) Jacob Bernoulli, 1655–1705, 스위스, 수학자.

확률의 고전적 정의

어떤 실험의 모든 실현 가능한 결과는 $\{e_1, e_2, \dots, e_N\}$이고 각 실험결과가 출현할 가능성이 동일하다면, N개의 가능한 결과 중 m개의 실험결과로 구성된 사상 A가 발생할 확률 $P(A)$는

$$P(A) = \frac{\text{사상 } A\text{에 포함된 실험결과의 개수}}{\text{모든 가능한 실험결과의 개수}} = \frac{m}{N}$$

이다.

어떤 사상이 발생할 확률은 영어 'probability(확률)'의 첫 자를 따서 주로 $P(\cdot)$ 또는 $Pr(\cdot)$ 등으로 표현된다. 이 책에서는 기호 $P(\cdot)$를 사용하여, 사상 A의 확률은 $P(A)$, 사상 $A \cap B$의 확률은 $P(A \cap B)$ 등으로 나타내기로 한다.

예제 1 공정한 주사위를 한 번 던질 때 홀수 눈이 나타날 확률을 구하라.

풀이 ① 이 실험의 표본공간은 $S = \{1, 2, 3, 4, 5, 6\}$

② 각 눈의 수가 나타날 가능성은 모두 동일하게 1/6

③ 홀수 눈이 나타날 사상 $A = \{1, 3, 5\}$

이다. 그러므로 홀수 눈이 나타날 확률은 $\frac{3}{6} = \frac{1}{2}$ 이다. ■

예제 2 공정한 주사위 두 개(빨간색과 파란색)를 동시에 던질 때 빨간색 주사위는 홀수 눈, 파란색 주사위는 짝수 눈이 나올 확률을 구하라.

풀이 ① 공정한 두 개의 주사위를 동시에 던질 때 표본공간은

$$\begin{aligned} S = \{ & (1,1),(1,2),(1,3),(1,4),(1,5),(1,6),\\ & (2,1),(2,2),(2,3),(2,4),(2,5),(2,6),\\ & (3,1),(3,2),(3,3),(3,4),(3,5),(3,6),\\ & (4,1),(4,2),(4,3),(4,4),(4,5),(4,6),\\ & (5,1),(5,2),(5,3),(5,4),(5,5),(5,6), \end{aligned}$$

$$(6,1),(6,2),(6,3),(6,4),(6,5),(6,6)\}$$

또는

$$S=\{(x,y)|x=1,2,3,4,5,6;\ y=1,2,3,4,5,6\}$$

이다. 여기서 x는 빨간색 주사위 눈의 수, y는 파란색 주사위 눈의 수이다.

② 각 결과가 나올 가능성은 모두 동일하게 1/36

③ 빨간색 주사위는 홀수, 파란색 주사위는 짝수가 나올 사상을 A라 하면

$$A=\{(1,2),(1,4),(1,6),(3,2),(3,4),(3,6),(5,2),(5,4),(5,6)\}$$

이다. 그러므로 사상 A가 일어날 확률은 $9/36=1/4$이다. ■

예제 3 카드 한 벌(52장)에서 임의로 한 장을 뽑을 때, 킹(King)이 뽑힐 확률을 구하라.

풀이 ① 카드 한 벌은 4종류의 그림(♠, ♡, ◇, ♣)과 각 그림당 13장의 카드(King, Queen, Jack, 10, 10, 9, 8, 7, 6, 5, 4, 3, 2, Ace)의 조합으로 구성되어 있다. 따라서 표본공간은

S = { King ♠, Queen ♠, Jack ♠, 10 ♠, ⋯ , 2 ♠, Ace ♠,
King ♡, Queen ♡, Jack ♡, 10 ♡, ⋯ , 2 ♡, Ace ♡,
King ◇, Queen ◇, Jack ◇, 10 ◇, ⋯ , 2 ◇, Ace ◇,
King ♣, Queen ♣, Jack ♣, 10 ♣, ⋯ , 2 ♣, Ace ♣}

② 각 카드가 뽑힐 가능성은 모두 동일하게 1/52

③ 킹이 뽑힐 사상을 A라 하면

A = {King ♠, King ♡, King ◇, King ♣}

이다. 그러므로 킹이 뽑힐 확률은 $\frac{4}{52}=\frac{1}{13}$이다. ■

위 [예제 3]에서 사용된 '**임의로**'는 영어의 'randomly'로 특정 카드를 추출하겠다는 '의도나 주관이 전혀 개입되지 않고 완전히 우연에 의한'이라는 의미로 통계학에서는 매우 중요한 용어이다. 이 표현은 '**무작위로**' 또는 '**랜덤하게**' 등으로 표현되기도 한다.

(4) 확률의 경험적 정의

고전적 확률은 ‘어떤 실험의 모든 가능한 결과가 유한개이고 각 실험결과가 출현할 가능성이 동일하다’는 조건을 만족해야 한다. 공정한 동전 던지기, 공정한 주사위 던지기, 카드 한 벌에서 하나의 카드를 뽑기 등은 이 조건을 만족하는 예들이다. 그러나 이 조건은 확률계산을 크게 제한한다.

예 5

손으로 깎아서 만든 주사위가 있는데 이 주사위는 완전한 정육면체에서 조금 벗어난다고 하자. 이 주사위를 던져서 윗면에 나타나는 눈의 수를 관찰하는 실험에서 표본공간은 $S=\{1,2,3,4,5,6\}$이다. 그러나 각 면이 나올 가능성이 동일하지 않기 때문에, 고전적 확률정의에 기초한다면 이 표본공간에서 정의되는 사상들의 확률을 계산할 수 없다. ❑

예제 4 공정한 주사위의 여섯 면에 있는 숫자들을 수정하여 1의 눈이 한 면, 2의 눈이 두 면, 3의 눈이 세 면이 되도록 만들었다. 고전적 확률정의에 의해 이 주사위를 한 번 던질 때 윗면에 나타나는 눈의 수가 2이하일 확률을 구하라.

풀이 ① 표본공간은 $S=\{1,2,3\}$

② 2이하가 나타날 사상 $A=\{1,2\}$

③ 이 주사위는 각 눈의 수가 나타날 가능성이 동일하지 않다. 따라서 고전적 확률정의의 조건을 만족하지 못하므로 고전적 확률정의에 기초한 확률 $P(A)$는 계산할 수 없다. ■

위 [예제 4]에서, 고전적 확률정의에 기초한다면 1 또는 2의 눈이 나타날 확률은 $P(A)=2/3$이다. 그러나 각 눈의 수가 나타날 가능성이 동일하지 않고 1 또는 2의 눈은 6면 중에서 3면이므로 그 확률은 1/2이어야 할 것이다.

고전적 확률정의에 대해 제기되는 또 다른 의문은 이론적 확률과 실제 확률이 동일한가 하는 것이다. 고전적 확률에 의하면 공정한 동전 한 개를 던질 때 앞면이 나올 확률과 뒷면이 나올 확률은 각각 $1/2$이다. 그렇다면 실제로는 어떨까? 예를 들어, 공정한 동전을 10회 던진다면 앞면과 뒷면이 규칙적으로 한 번씩 교대로 나오는지, 아니면 처음 5번은 앞면이 나오고 나머지 5번은 뒷면이 나오는지, 그도 아니면 앞면과 뒷면이 각각 5번씩 나오기는 하는 것인지 등의 의문이 생길 수 있다.

아래 표와 그림은 공정한 동전 한 개를 동일한 조건에서 반복해서 던지는 실험에서 앞면이 나온 횟수와 상대도수를 나타낸 것이다. [표 2.1]을 보면, 동전을 4회 던질 때 앞면이 세 번, 뒷면 한 번 나왔다. 그러나 던지는 횟수가 증가할수록 앞면이 나오는 경우의 상대도수는 이론적 확률인 $1/2$에 가까와지는 것을 알 수 있다.

표 2.1 공정한 동전을 n회 던질 때 앞면이 나온 횟수와 상대도수

던진 횟수(n)	앞면이 나온 횟수(k)	상대도수(k/n)
1	1	1.00
2	2	1.00
3	3	1.00
4	3	0.75
5	3	0.60
6	4	0.67
7	4	0.57
8	4	0.50
9	4	0.44
10	5	0.50
20	10	0.50
50	23	0.46
100	51	0.51
200	100	0.50
300	146	0.49
400	194	0.49
500	248	0.50

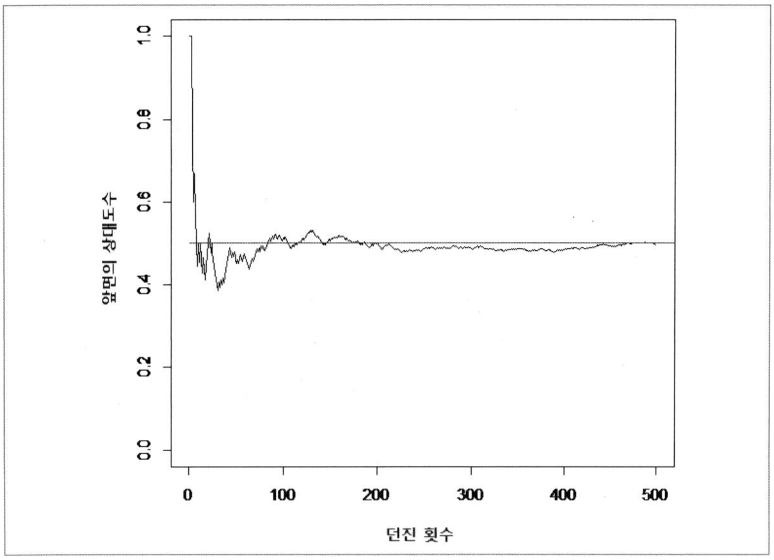

[그림 2.2] 공정한 동전을 반복해서 던질 때 앞면이 나온 상대도수의 변화

확률의 경험적 정의는 이러한 사실에 기초해서 확률을 상대도수의 극한값으로 정의한다. 경험적 정의는 통계적 정의라고도 하는데, 주로 피셔[10]와 미세스[11]에 의해 개발되었다.[8]

확률의 경험적 정의

어떤 실험을 동일한 조건에서 n번 반복했을 때 사상 A가 f번 일어난다고 하자. n이 증가할 때 상대도수 f/n가 수렴하는 극한값을 사상 A의 경험적 확률이라고 한다. 즉,

$$P(A) = \lim_{n \to \infty} \frac{f}{n}$$

일 때, $P(A)$를 사상 A의 경험적 확률이라고 한다.

이때 실험을 무한대로 반복하는 것은 현실적으로 불가능하다. 따라서 n을 매우 큰 수로 대체할 수 있다. 즉, n이 매우 큰 수라면

10) Ronald Aylmer Fisher, 1890–1962, 영국, 통계학자.

11) Richard Edler von Mises, 1883–1953, 독일, 수학자.

$$P(A) = \frac{f}{n}$$

라고 할 수 있다. 그러나 이것은 어디까지나 $P(A)$의 예측값이지 실제 확률은 아니다.

경험적 확률은 고전적 확률의 '어떤 실험의 가능한 결과가 유한개이고 각 실험결과의 출현 가능성이 동일하다'는 가정을 필요로 하지 않는다. 따라서 고전적 확률이 적용되지 못하는 많은 상황에도 유용하게 적용될 수 있다.

예를 들어 40세 암보험 가입자가 만기 때까지 암에 걸리지 않을 확률, 10년 무사고 운전자가 다음 해에 사고를 낼 확률 등은 고전적 확률의 조건을 만족하지 못한다. 왜냐하면 같은 40세라고 하더라도 암에 걸릴 가능성은 사람마다 다르고, 같은 10년 무사고 운전자라고 해도 다음 해의 상황은 개인마다 다르므로 사고를 낼 가능성도 운전자마다 다를 것이기 때문이다. 그러나 보험회사에게는 이러한 확률이 절대적으로 필요하고 유용한 정보일 것이다. 확률의 경험적 정의는 이러한 경우의 확률계산을 가능하게 한다.

예 6

앞의 공정한 동전을 던지는 예에서 앞면이 나오는 사상의 상대도수는 $1/2$로 접근한다. 따라서 앞면이 나올 경험적 확률은 $1/2$이다. ❑

예 7

한 보험회사는 40세 암보험 가입자가 만기 때까지 암에 걸리지 않을 확률을 예측하려고 한다. 이 회사는 보유하고 있는 과거 자료를 분석한 결과,

n = 40세 때 암보험에 가입하고 만기가 경과한 가입자수

f = 40세에 암보험을 가입한 가입자들 중 만기 때까지 암에 걸리지 않은 가입자수

를 파악할 수 있었다. 따라서 이 보험회사는 40세 암보험 가입자가 만기 때까지 암에 걸리지 않을 경험적 확률을 f/n라고 예측할 것이다. ❑

(5) 확률의 공리적 정의

확률론에 대한 연구가 활발해지면서 확률에 대한 정의도 진보하여 고전적 정의, 경험적 정의를 거처 공리적 정의에서 완성된다.

1) 배반사상

확률의 공리적 정의에 앞서 배반사상을 정의하는 것은 공리적 정의를 이해하는 데 유용하다.

상호배반사상

두 사상 A, B에 대해, A이면서 동시에 B인 원소가 존재하지 않을 때(즉 $A \cap B = \varnothing$ 일 때), 두 사상 A, B는 상호배반사상(mutually exclusive events) 또는 간단히 배반사상이라고 한다.

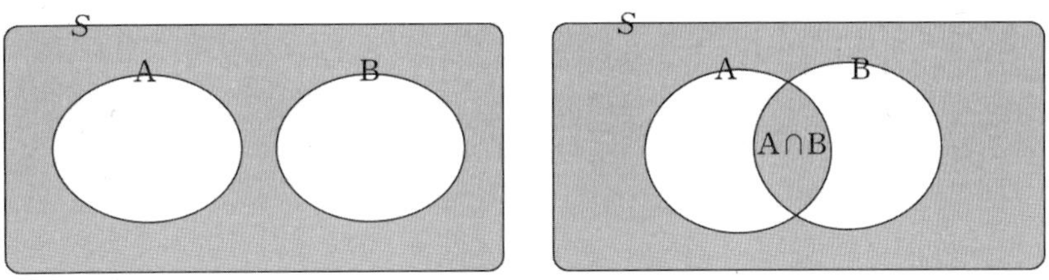

[그림 2.3] 두 사상 A, B가 배반인 경우(왼쪽)와 배반이 아닌 경우(오른쪽)

이 정의를 세 개 이상인 사상들의 경우로 확장할 수 있다. 예를 들어 네 사상 A, B, C, D가 있을 때, 네 개의 사상들을 둘씩 짝지으면 여섯 개의 서로 다른 쌍이 있다. 이 쌍들의 공통부분이 모두 각각 공집합($\varnothing$)일 때 사상 A, B, C, D는 상호배반사상이라 한다.

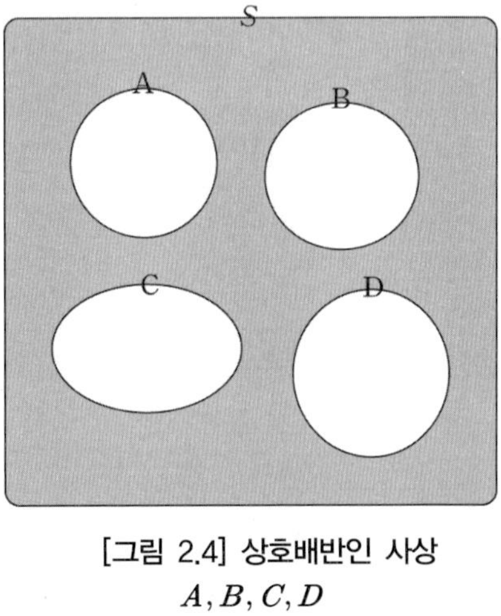

[그림 2.4] 상호배반인 사상 A, B, C, D

2) 확률의 공리적 정의

고전적 확률과 마찬가지로 경험적 확률에도 한계가 존재한다. 경험적 확률은 반복되는 매 실험이 '동일한 조건에서 이루어진다'는 것을 가정한다. 그러나 실제 많은 상황들은 이 조건을 만족하지 못한다. 예를 들어, 크리스마스에 눈이 올지를 단순히 과거의 사례 수에 기초하여 확률을 구한다면 지구온난화로 기후가 변하고 있는 상황에서는 잘못된 확률을 얻을 수 있다.

따라서 좀 더 포괄적이고 일반적인 확률의 정의가 필요하다. 20세기 러시아의 수학자 콜모고로프[12]는 이러한 필요에 부합한 공리적 확률을[13] 정의하였다.

확률의 공리적 정의

S는 어떤 실험의 표본공간이고, A는 S의 부분집합(사상)일 때, 다음 세 조건을 만족하는 $P(A)$를 사상 A의 확률이라고 한다.

(1) $0 \le P(A) \le 1$

(2) $P(S) = 1$

(3) S에서 정의된 상호배반인 사상 $A_1, A_2, A_3, \cdots, A_k$에 대해

$$P(A_1 \cup A_2 \cup A_3 \cup \cdots \cup A_k) = P(A_1) + P(A_2) + P(A_3) + \cdots + P(A_k)$$

위 정의에서 조건 (3)의 기호 '$\cup$'는 합집합을 나타낸다. 조건 (3)은 k가 무한대인 경우를 포함한다.

확률의 공리적 정의는 앞의 두 확률 정의를 포함하는 보다 일반적이고 포괄적인 확률의 개념이다. 고전적 확률과 경험적 확률은 공리적 확률의 특별한 경우로 볼 수 있다. 따라서 확률의 고전적 정의의 조건을 만족하는 경우 고전적 확률을 계산하고, 확률의 경험적 정의의 조건을 만족하는 경우 경험적 확률을 계산하면 된다.

---

12) Andrei Nikolaevich Kolmogorov, 1903~1987, 러시아, 수학자.

13) 공리(公理): 그 내용이 너무 자명해서 증명이 필요 없는 명제.

예 8

손으로 직접 깎아서 만든 주사위를 1000번 던져 나온 각 눈의 경험적 확률이 다음과 같다고 하자.

눈의 수	1	2	3	4	5	6	합계
경험적 확률	0.16	0.14	0.16	0.17	0.18	0.19	1

이때 표본공간과 짝수 눈이 나오는 사상 A는 다음과 같다.

$S=\{1,2,3,4,5,6\}$,　　$A=\{2,4,6\}$

이때

① $P(A)$는 1000회 던져서 짝수 눈$(2,4,6)$이 나올 확률이다. 그러므로
$P(A)=0.14+0.17+0.19=0.5$

② $P(S)=1$

③ A_i는 나타난 눈의 수가 i인 근원사상이라 하자. 즉, $A_i=\{i\}$이다$(i=1,\cdots,6)$. A_i들은 상호배반사상이고 $S=\{A_1\cup\cdots\cup A_6\}$이다. 또한, $P(A_1)+\cdots+P(A_6)=1$이므로

$$P(A_1\cup\cdots\cup A_6)=P(A_1)+\cdots+P(A_6)$$

이다.

이와 같이 $P(A)$는 경험적 확률이지만 공리적 확률의 세 가지 조건을 모두 만족한다. 이 표본공간 $S=\{1,2,3,4,5,6\}$에서 정의되는 모든 사상은 공리적 확률의 조건 (1)을 만족한다. 또한, 표본공간 S에서 정의할 수 있는 모든 상호배반사상들에 대해서 조건 (3)도 만족한다. ❑

2.2 확률의 연산

(1) 확률의 기본 법칙

앞에서 정의한 공리적 확률에 기초하여 몇 가지 확률의 기본 법칙을 정리하자.

1) 덧셈정리

덧셈정리: 합사상의 확률

표본공간 S에서 정의된 두 사상 A, B에 대해, A 또는 B가 일어날 합사상 $(A\cup B)$의 확률은 다음과 같다.

① $P(A\cup B)=P(A)+P(B)-P(A\cap B)$

② $P(A\cup B)=P(A)+P(B)$: 사상 A, B가 상호배반일 때

이 정리는 앞의 [그림 2.3]의 밴다이어그램을 통해서 쉽게 이해할 수 있다.

예제 5 주머니에 1부터 10까지의 숫자가 적힌 똑같이 생긴 공 10개가 들어있다. 이 주머니에서 임의로 한 개의 공을 추출할 때,

$A=2$의 배수가 뽑힐 사상

$B=3$의 배수가 뽑힐 사상

$C=4$의 배수가 뽑힐 사상

이라 하자. 이때,

① 2 또는 3의 배수가 뽑힐 확률

② 3 또는 4의 배수가 뽑힐 확률

을 구하라.

풀이 이 실험의

표본공간 $S=\{1,2,3,\cdots,9,10\}$이고,

사상 $A=\{2,4,6,8,10\}$

사상 $B=\{3,6,9\}$

사상 $C=\{4,8\}$

이다. 따라서 $A\cap B=\{6\}\neq 0$으로 사상 A, B는 배반사상이 아니고, $B\cap C=\varnothing$이므로 사상 B, C는 배반사상이다. 각 숫자가 뽑힐 가능성은 모두 동일하게 1/10이므로

$$P(A)=\frac{5}{10},\ P(B)=\frac{3}{10},\ P(C)=\frac{2}{10},\ P(A\cap B)=\frac{1}{10}$$

이다. 그러므로

① 2 또는 3의 배수가 뽑힐 사상($A \cup B$)의 확률은, 사상 A, B가 배반사상이 아니므로

$$P(A \cup B) = P(A) + P(B) - P(A \cap B) = \frac{5}{10} + \frac{3}{10} - \frac{1}{10} = \frac{7}{10}$$

② 3 또는 4의 배수가 뽑힐 사상($B \cup C$)의 확률은, 사상 B, C가 배반사상이므로

$$P(B \cup C) = P(B) + P(C) = \frac{3}{10} + \frac{2}{10} = \frac{5}{10}.$$

■

2) 공사상의 확률

공집합($\varnothing$)인 사상을 **공사상**이라고 한다.

공사상의 확률: $P(\varnothing) = 0$

3) 여사상의 확률

표본공간 S에서 정의된 사상 A에 대해, '사상 A가 일어나지 않을 사상'을 사상 A의 **여사상**(complementary event)이라 하고, 보통 A^c로 표기한다.

여사상의 확률

표본공간 S에서 정의된 사상 A의 여사상의 확률은

$$P(A^c) = 1 - P(A)$$

이다.

이 정리는 다음 [그림 2.5]를 참고하면 명확하다.

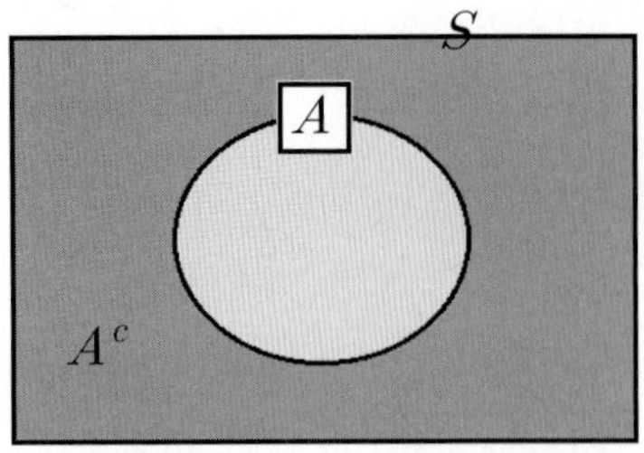

[그림 2.5] 사상 A와 여사상 A^c

복잡한 확률계산에서 여사상의 확률을 이용하면 확률계산이 더 간단해지는 경우가 종종 있다.

예제 6 앞면이 한 번 나올 때까지 공정한 동전을 계속 던지는 실험에서 적어도 두 번 이상 던질 확률을 구하라.

풀이 이 실험의 표본공간

$S = \{H, TH, TTH, TTTH, \cdots\}$

$A =$ 두 번 이상 던질 사상 $= \{TH, TTH, TTTH, \cdots\}$

이다.

① $A^c =$ 한 번 만에 앞면이 나오는 사상 $= \{H\}$이므로 $P(A^c) = 1/2$

② $P(A) = 1 - P(A^c) = 1 - 1/2 = 1/2$. ■

(2) 조건부확률

1) 조건부확률

어떤 사상의 확률을 말할 때, 표본공간 또는 전체집합에 대한 언급이 없으면 그 확률을 명확히 이해하기 어려운 경우가 종종 있다. 예를 들어, 누군가가 '대졸초임 평균연봉이 3,000만 원 이상일 확률이 0.3(30%)이다'라고 말한다고 하자. 이때, 전체집합이 전국 모든 사업체(S_1)에 입사한 대졸자인지, 대기업(S_2)에 입사한 대졸자인지, 중견기업 이상(S_3)에 입사한 대졸자인지에 따라 해석은 달라질 수밖에 없다.

사상 A가 '대졸초임 평균연봉이 3,000만 원 이상인 기업'이라 할 때, 관심 대상인 전체기업이

① 전국의 모든 사업체라면 $P(A|S_1) = 0.3$

② 대기업이라면 $P(A|S_2) = 0.3$

③ 중견기업 이상이라면 $P(A|S_3) = 0.3$

이 된다. 이때, $P(A|S_i)$는 표본공간(전체집합)이 S_i일 때 사상 A의 **조건부확률**(conditional probability)이다.

하나의 표본공간에서 정의된 두 사상 A, B에 대한 조건부확률은 다음과 같이 정의한다.

조건부확률

표본공간 S에서 정의된 사상 A, B에 대해,

① A가 일어난다는 조건하에서 B도 일어날 확률 $P(B|A)$는

$$P(B|A) = \frac{P(A \cap B)}{P(A)}, \quad 단,\ P(A) \neq 0$$

② B가 일어난다는 조건하에서 A도 일어날 확률 $P(A|B)$는

$$P(A|B) = \frac{P(A \cap B)}{P(B)}, \quad 단,\ P(B) \neq 0$$

이다.

표본공간에서 정의된 사상 A의 확률 $P(A)$는 표본공간 S가 일어난다는 조건하에 사상 A가 발생할 확률이므로 $P(A) = P(A|S)$이다.

예제 7 주머니에 1부터 10까지의 숫자가 적힌 똑같이 생긴 공 10개가 들어있다. 이 주머니에서 임의로 한 개의 공을 추출할 때,

A = 2의 배수가 뽑힐 사상

B = 3의 배수가 뽑힐 사상

이라고 하자.

① 3의 배수가 뽑힐 확률

② 2의 배수 중에서 3의 배수가 뽑힐 확률

③ 2의 배수이고 동시에 3의 배수가 뽑힐 확률

을 구하라.

풀이 이 실험의

표본공간 $S = \{1, 2, 3, \cdots, 9, 10\}$

사상 $A = \{2, 4, 6, 8, 10\}$

사상 $B = \{3, 6, 9\}$

이고, $A \cap B = \{6\}$이다. 그러므로

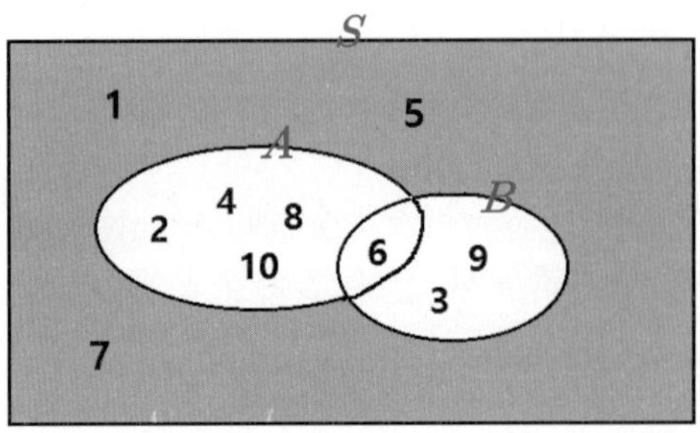

① 2의 배수가 뽑힐 확률은 관심대상이 되는 전체집합이 표본공간이므로

$$P(B) = P(B \mid S) = \frac{3}{10}$$

② 2의 배수 중에서 3의 배수가 뽑힐 확률은 관심대상이 되는 전체집합이 2의 배수로 축소되었으므로 $A = \{2, 4, 6, 8, 10\}$ 중에서 3의 배수는 $\{6\}$뿐이므로

$$P(B \mid A) = \frac{1}{5}$$

③ 2의 배수이고 동시에 3의 배수인 사상 $A \cap B = \{6\}$이므로

$$P(A \cap B) = P(A \cap B \mid S) = \frac{1}{10}.$$ ■

[예제 7]에서 보듯이 $P(B|A)$와 $P(A \cap B)$는 명백히 다르다. $P(A \cap B) = P(A \cap B \mid S)$로 표본공간에서 두 사상이 동시에 일어날 사상의 확률이고, $P(B \mid A)$는 사상 A가 전체집합이 된다는 조건하에 사상 B가 일어날 확률이다.

2) 곱셈정리

곱셈정리: 곱사상의 확률

표본공간 S에서 정의된 사상 A, B에 대해 두 사상이 동시에 일어날 확률 $P(A \cap B)$는

$$P(A \cap B) = P(A)\, P(B|A) = P(B)\, P(A|B)$$

이다.

곱사상의 확률은 조건부확률의 정의로부터 직접 유도된다.

예제 8 카드 한 벌(52장)에서 두 장을 비복원추출한다고 하자. 즉, 처음 뽑은 카드를 다시 넣지 않고 두 번째 카드를 뽑는다. 이때 두 번 다 킹(King)이 뽑힐 확률을 구하라.

풀이 카드 한 벌에서 임의로 한 장을 추출할 때

① 표본공간은

$$\begin{aligned} S = \{ & \text{King } \spadesuit,\ \text{Queen } \spadesuit,\ \text{Jack } \spadesuit,\ 10\ \spadesuit,\ \cdots,\ 2\ \spadesuit,\ \text{Ace } \spadesuit, \\ & \text{King } \heartsuit,\ \text{Queen } \heartsuit,\ \text{Jack } \heartsuit,\ 10\ \heartsuit,\ \cdots,\ 2\ \heartsuit,\ \text{Ace } \heartsuit, \\ & \text{King } \diamondsuit,\ \text{Queen } \diamondsuit,\ \text{Jack } \diamondsuit,\ 10\ \diamondsuit,\ \cdots,\ 2\ \diamondsuit,\ \text{Ace } \diamondsuit, \\ & \text{King } \clubsuit,\ \text{Queen } \clubsuit,\ \text{Jack } \clubsuit,\ 10\ \clubsuit,\ \cdots,\ 2\ \clubsuit,\ \text{Ace } \clubsuit \} \end{aligned}$$

으로 킹은 52장 중 4장이 있다.

$A =$ 첫 번째 추출에서 킹이 추출될 사상

$B =$ 두 번째 추출에서 킹이 추출될 사상

이라 하자.

② 첫 번째 추출한 카드를 다시 넣지 않고 두 번째 카드를 추출하므로 두 번째 추출은 첫 번째 추출의 결과에 영향을 받는다. 그러므로

$$P(A) = 4/52$$

이고, 첫 번째 추출에서 킹이 이미 하나 추출되었으므로 남은 킹 카드와 전체 카드 수는 각각 3장과 51장이다. 따라서 두 번째 추출에서도 킹이 추출될 확률은

$$P(B \mid A) = \frac{3}{51}$$

이다. 그러므로 두 번 모두 킹이 추출될 확률

$$P(A \cap B) = P(A)\, P(A \mid B) = \frac{4}{52} \times \frac{3}{51} = \frac{1}{221} \text{ 이다.}$$ ■

(3) 독립사상의 확률

1) 독립사상

표본공간 S에서 정의된 두 사상 A, B에 대해, 한 사상이 일어나는지의 여부가 다른 사상이 일어날 확률에 전혀 영향을 미치지 않을 때 두 사상 A, B는 **독립**(independent)이라고 하고 다음과 같이 정의한다.

독립사상

표본공간 S에서 정의된 두 사상 A, B에 대해,
두 사상이 독립일 때만

$$P(A \cap B) = P(A)\, P(B)$$
$$P(A \mid B) = P(A)$$
$$P(B \mid A) = P(B)$$

이다.

독립인 두 사상을 **독립사상**(independent events)이라고 하고, 독립이 아닌 두 사상을 **종속사상**(dependent events)이라고 한다.

예제 9 10원, 100원, 500원짜리 동전 세 개를 동시에 던지는 실험에서

$A =$ 10원과 100원 동전이 앞면이 나오는 사상

$B =$ 500원이 뒷면이 나오는 사상

$C =$ 세 개의 동전 중 두 개만 뒷면이 나오는 사상

이라 하자. 다음 사상들이 독립인지를 판단하라.

① 사상 A, B ② 사상 B, C ③ 사상 A, C

풀이 이 실험의 표본공간은

$S = \{HHH, HHT, HTH, HTT, THH, THT, TTH, TTT\}$

$A = \{HHH, HHT\}$

$B = \{HHT, HTT, THT, TTT\}$

$C = \{HTT, TTH, THT\}$

이다. 여기서, HTT의 첫 H는 10원짜리 동전의 앞면, 가운데 T는 100원짜리 동전의 뒷면, 마지막 T는 500원짜리 동전의 뒷면을 나타낸다. 이때,

$$A \cap B = \{HHT\}, \quad B \cap C = \{HTT, THT\}, \quad A \cap C = \varnothing$$

이고,

$$P(A) = \frac{2}{8} = \frac{1}{4}, \quad P(B) = \frac{4}{8} = \frac{1}{2}, \quad P(C) = \frac{3}{8}$$

$$P(A \cap B) = \frac{1}{8}, \quad P(B \cap C) = \frac{2}{8} = \frac{1}{4}, \quad P(A \cap C) = 0$$

이다. 따라서

① $P(A)\,P(B) = \frac{1}{4} \times \frac{1}{2} = \frac{1}{8}$로

$P(A \cap B) = P(A)\,P(B)$이므로 두 사상 A, B는 독립이다.

② $P(B \cap C) = \frac{1}{4} \neq P(B)\,P(C)$이므로 두 사상 B, C는 종속이다.

③ $P(A \cap C) = 0 \neq P(A)\,P(C)$이므로 두 사상 A, C는 종속이다. ■

여러 사상들의 독립

표본공간 S에서 정의된 사상 $A_1, A_2, \cdots, A_k$에 대해,

둘씩 짝지은 모든 쌍 $P(A_i \cap A_j) = P(A_i)\,P(A_j),\ i \neq j$

셋씩 짝지은 모든 쌍 $P(A_i \cap A_j \cap A_l) = P(A_i)\,P(A_j)\,P(A_l),\ i \neq j \neq l$

$\cdots$

k개 사상들에 대해 $P(A_1 \cap A_2 \cap \cdots \cap A_k) = P(A_1)\,P(A_2) \cdots P(A_k)$

을 모두 만족할 때에만 사상 $A_1, A_2, \cdots, A_k$가 독립이다.

예를 들어, 세 개의 사상 A, B, C가 독립일 때

$$P(A \cap B) = P(A)\,P(B)$$
$$P(A \cap C) = P(A)\,P(C)$$
$$P(B \cap C) = P(B)\,P(C)$$
$$P(A \cap B \cap C) = P(A)\,P(B)\,P(C)$$

가 성립한다. 역으로 위 네 가지의 곱확률들이 모두 참일 때만 세 사상 A, B, C는 독립이다. 확장하여 3개 이상의 사상들이 독립이기 위해서는 둘씩 짝지은 곱사상, 셋씩 짝지은 곱사상, 넷씩 짝지은 곱사상 $\cdots$ 등의 확률이 모두 각 근원사상들의 확률 곱과 같아야 한다.[9]

2) 배반사상과 독립사상의 차이

배반사상과 독립사상을 혼동하는 경우가 종종 있다. 여기서, 두 개념의 차이를 정리하자.

두 사상 A, B가 배반이라면 $A \cap B = \varnothing$이다. 즉, 사상 A이면서 동시에 사상 B인 사건이 일어나지 않는다. 따라서 두 사상이 동시에 일어날 확률 $P(A \cap B) = 0$이다.

한편, 두 사상 A, B가 독립이라면 $P(A \cap B) = P(A)\,P(B)$이다. 따라서 $P(A) \neq 0$이고 $P(B) \neq 0$이면, 사상이 A이면서 동시에 B일 확률이 존재한다. 그러나 사상 A가 일어나는 것과 사상 B가 일어나는 것은 완전히 별개의 문제로 서로 영향을 미치지 않는다.

예제 10 [예제 9]에서 정의된 세 사상 A, B, C에 대해, 다음 사상들이 독립사상인지 또는 배반사상인지를 판단하라.

① 사상 A, B ② 사상 B, C ③ 사상 A, C

풀이 이 실험의 표본공간은

$S = \{HHH, HHT, HTH, HTT, THH, THT, TTH, TTT\}$

$A = \{HHH, HHT\}$

$B = \{HHT, HTT, THT, TTT\}$

$C = \{HTT, TTH, THT\}$

이다.

① $A \cap B = \{HHT\}$이고 $P(A \cap B) = P(A)\,P(B)$이다. 따라서 두 사상 A, B는 독립사상이지만 배반사상은 아니다.

② $B \cap C = \{HTT, THT\}$이고 $P(B \cap C) \neq P(B)\,P(C)$이다. 따라서 두 사상 B, C는 독립사상도 배반사상도 아니다.

③ $A \cap C = \varnothing$이고 $P(A \cap C) \neq P(A)\,P(C)$이다. 따라서 두 사상 A, C는 배반사상이지만 독립사상은 아니다. ■

3) 덧셈정리와 곱셈정리

확률의 계산에서 합사상의 확률(덧셈정리)을 사용해야 할지 곱사상의 확률(곱셈정리)을 사용해야 할지 판단이 서지 않는 경우도 종종 있다.

합사상의 확률은 두 개 이상의 사상에 대해 '적어도 한 개의 사상이 일어날 확률'이다. 예를 들어, 두 사상 A, B 중 '적어도 한 사상에서 발생할 확률'을 구한다면 덧셈정리를 이용해 합사상의 확률을 구한다.

곱사상의 확률은 두 개 이상의 사상에 대해 '모든 사상에서 동시에 발행할 확률'이다. 예를 들어, 두 사상 A, B에 대해 '사상 A도 발생하고 동시에 사상 B도 발생할 확률'을 구한다면 곱셈정리를 이용해 곱사상의 확률을 구한다.

참고문헌

1. 톰슨성경 편찬위원회 (1990). 톰슨 II 주석성경, 기독지혜사, 126.
2. 이명석 (2012). 논다는 것, 너머학교, 서울, 45-47.
3. Gonick, L., and Smith, W. (1993). The Cartoon Guide to Staitistics, HarperPerennial, U.S.A., 27-29.
4. Tijms, H. (2007). Understanding Probability(2nd ed.), 1-2.
5. Freedman, D., Pisani, R. and Purves, R. (1998). Statistics(3rd ed.), Norton & Company, Inc., New York, 247-249.
6. 박미경 (2013). 수학콘서트 플러스, 동아시아, 2장.
7. 조재근 (2005). 통계학의 역사, 한길사, 30.
8. Feller, W. (1957). An Introduction to Proability Theory and Its Applications, Vol. 1(3rd ed.), John Wiley & Sons, New York, 6.
9. Freund, J. E. and Walpole, R. E. (1980). Mathematical Statistics, 3rd, Prentice-Hall International, Englewood Cliffs, New Jersey, 57.
10. Guenther, W. C. (1968). Concepts of Probability, McGraw-Hill, Inc., 1-17.
11. Derman, C. Gleser, L. J. and Olkin, I. (1973). A Guide to Probability Theory and Application, New York, 1-64.

연습문제

1. 표본공간 $S=\{1,2,3,\cdots,9\}$에서 정의된 사상 $A=\{1,3,5,9\}$, $B=\{2,4,6,8\}$, $C=\{7,8,9\}$, $D=\{1,3,9\}$일 때 다음 사상을 구하라.

① $B\cap C$　　② $A^c\cap C$

③ $B\cup C^c$　　④ $(B\cap C)\cup D$

2. 주머니에 1부터 10까지의 숫자가 적힌 똑같이 생긴 공 10개가 들어있다. 이 주머니에서 임의로 한 개의 공을 추출할 때,

$A=$ 홀수가 뽑힐 사상 $B=$ 짝수가 뽑힐 사상 $C=$ 4의 배수가 뽑힐 사상

이라 하자. 다음 사상들이 독립사상인지 또는 배반사상인지를 판단하라.

① 사상 A, B　　② 사상 A, C

③ 사상 B, C　　④ 사상 A, B, C

3. 공정한 주사위를 두 번 던지는 실험에서 첫 번째 나온 눈의 수를 x, 두 번째 나온 눈의 수를 y라 하자.

① 나온 두 눈의 합의 표본공간을 구하라.

② 나온 두 눈의 곱의 표본공간을 구하라.

③ 다음 두 종류의 게임에서 어느 게임이 더 유리한가?

• 게임 1: 합이 10 이상이면 만 원을 따고 3 이하면 만 원을 잃는다. • 게임 2: 곱이 25 이상이면 만 원을 따고 3 이하면 만 원을 잃는다.

4. 2.1절의 도박사 드 메레가 직면한 `슈발리에 드 메레의 모순(Paradox of the Chevalier de Mere)의 두 게임에서 드 메레가 이길 확률을 각각 구하라.

5. 100개의 전구가 담겨진 상자에 불량품이 5개 들어있다. 이 상자에서 3개의 전구를 비복원추출할 때, 3개가 모두 불량품일 확률을 구하라.

CHAPTER 3

확률변수와 확률분포

제3장 확률변수와 확률분포

통계학에서의 확률변수는 수학에서의 변수에 대응하는 개념이다. 확률변수의 분포를 확률분포라고 한다. 확률변수와 확률분포는 통계학의 추정과 검정 이론에서 매우 중요한 이론적 토대가 된다. 이 장에서는 먼저 확률변수와 확률분포를 정의하고, 확률변수와 확률분포의 유형, 확률변수의 평균과 분산 및 확률변수의 평균과 분산의 주요 성질들을 소개한다.

3.1 확률변수

수학에서의 함수는 주로 상수(常數)와 변수(變數)의 결합으로 표현된다. 예를 들어, $y = x + 10$에서 10은 상수이고 x와 y는 변수이다. 영어로 상수는 constant로 '함께' 또는 '완전히'라는 의미의 con과 '서다'라는 의미의 stant의 복합어로 '함께 서다' 또는 '완전히 서다'로부터 '변함없는' 또는 '지속적인'의 의미를 갖는다. 변수의 영어표현 variable은 '다양하다' 또는 '변하기 쉽다'라는 의미의 vari와 '할 수 있다'라는 의미의 접미사 able의 복합어이다. 표현 그대로 상수는 언제나 일정하게 고정된 수이고 변수는 변할 수 있는 수이다.

통계학에서의 함수는 주로 '모형(model)'으로 표현되고, 변수 대신 확률변수(random variable)라는 표현을 사용한다.

(1) 확률변수의 정의

확률변수: 표본공간의 각 표본점에 값을 부여하는 규칙

이 규칙은 표본점 하나에 두 개 이상의 값을 부여하는 것이어서는 안 된다. 즉,

하나의 표본점에는 오직 한 개의 값이 부여되어야만 한다. 이 '규칙'에 대한 수학적 표현은 '함수'이고 대부분의 통계학 서적에서 '규칙'이라는 표현 대신 '함수'라고 표현한다.

키나 몸무게 등과 같이 어떤 속성을 측정하는 실험은 따로 확률변수를 정의할 필요 없이 측정대상인 속성(키 또는 몸무게 등) 그 자체가 확률변수가 되기도 한다. 이때 확률변수가 취할 수 있는 모든 값들의 집합과 표본공간은 일치한다.

그러나 동일한 실험이라고 해도 확률변수를 어떻게 정의하는가에 따라 확률변수가 취할 수 있는 값들의 집합과 표본공간은 전혀 달라질 수도 있다.

예 1

주사위를 한 번 던지는 실험을 생각해보자. 이 실험의 표본공간은 $S=\{1,2,3,4,5,6\}$ 이다. 이때 확률변수를 '주사위를 한 번 던져서 나오는 눈의 수'라고 정의하면 이 확률변수가 취할 수 있는 모든 값들은 $\{1,2,3,4,5,6\}$ 이다. 그러나 확률변수를 '주사위를 한 번 던져서 나오는 눈의 수가 짝수면 1, 홀수면 0'이라는 규칙을 정의한다면 이 확률변수가 취할 수 있는 모든 값은 $\{0,1\}$ 이다. ❑

예 2

한 연구자가 초등학생들의 키와 몸무게를 알기 위하여 초등학생들의 키와 몸무게를 측정한다고 하자. 이때 측정 대상이 되는 '초등학생들의 키와 몸무게'라는 두 개의 속성들은 각각 확률변수가 된다. 즉, '초등학생의 키'라는 확률변수와 '초등학생의 몸무게'라는 확률변수이다. ❑

예제 1 100원짜리 동전을 20회 던지는 실험에서 앞면(그림면)이 나오는 횟수에 관심이 있다. 확률변수를 정의하고 이 확률변수가 취할 수 있는 값들을 모두 나열하라.

풀이 확률변수는 '100원짜리 동전을 20회 던져서 앞면이 나온 횟수'이고 이 확률변수가 취할 수 있는 값은 $0, 1, 2, \cdots, 19, 20$ 이다. ■

예제 2 전구를 생산하는 공장의 공장장은 생산되는 전구의 수명(시간)을 측정하려 한다. 확률변수를 정의하고 이 확률변수가 취할 수 있는 모든 값을 기술하라.

풀이 확률변수는 이 공장에서 생산되는 '전구의 수명'이고 확률변수가 취할 수 있는 값은 0부터 임의의 큰 수까지이다. ■

(2) 확률변수의 표현

여기에서는 많은 통계학 서적들에서 확률변수와 확률변수가 취할 수 있는 값들을 기호로 나타내기 위해 사용하는 일반적인 표현방식에 대해 살펴보자. 여기서 설명되는 표현방식이 모든 통계학 서적에서 반드시 적용되는 규칙은 아니다. 일반적으로 통용되는 관례와 같은 것으로, 이 책에서도 가능한 한 이 관례를 따라 기술할 것이다.

지금까지의 예나 예제들에서 확률변수는 모두 문장형태로 표현되었다. 모형이나 수식 안에서 확률변수를 문장 그대로 사용하는 것은 매우 번거로운 일이다. 그러므로 확률변수를 대신하는 기호를 사용하는데, 많은 경우 영어 알파벳의 대문자 $X, Y, Z, \cdots$ 등을 사용한다.

우리는 통계학 서적에서 '확률변수 X는 주사위를 한 번 던져 나오는 눈의 수라고 하자'라는 식의 표현을 종종 발견한다. 이것은 '주사위를 한 번 던져서 나온 눈의 수'가 확률변수인데, 이 확률변수를 나타내는 기호로 X를 사용하겠다는 뜻이다. 즉,

$$X = \text{주사위를 한 번 던져 나온 눈의 수}$$

의 의미이다.

표현할 확률변수가 너무 많아서 영어 알파벳으로 모두 다 표현할 수 없을 때는 첨자를 사용하기도 한다. 예를 들어, 30개의 서로 다른 확률변수를 표현하고자 할 때 영어 알파벳 26자를 모두 사용해도 다 표현할 수 없다. 이런 경우 30개의 서로 다른 확률변수들을 $X_1, X_2, \cdots, X_{30}$ 또는 $Y_1, Y_2, \cdots, Y_{30}$ 등으로 표현하는데, 이때 각각의 X들과 Y들은 별개의 서로 다른 확률변수들이다.

경우에 따라서 확률변수들을 아래와 같이 사각형으로 배열하기도 한다. 이때 X_{12}는 첫 번째 행의 두 번째 열에 있는 확률변수이고, 9개의 서로 다른 확률변수들을 한 줄에 3개씩 사각형으로 배열해 놓은 것이다. 여기서 행(row)은 가로줄을 나타내고 열(column)은 세로줄을 나타낸다.

$$\begin{bmatrix} X_{11} & X_{12} & X_{13} \\ X_{21} & X_{22} & X_{23} \\ X_{31} & X_{32} & X_{33} \end{bmatrix}$$

확률변수에는 영어 알파벳 대문자를 사용하는 한편, 확률변수가 취할 수 있는 값들 중 임의의 한 값을 나타낼 때는 주로 소문자를 사용한다. 예를 들어, [예 1]의 주사위 예에서 확률변수 X를 '주사위를 한 번 던져 나오는 눈의 수'라고 할 때, X가 취할 수 있는 값은 $\{1, 2, 3, 4, 5, 6\}$ 중의 하나이다. 이 중의 임의의 한 값을 나타낼 때, 우리는 $X = x$로 표현한다. 이때 이 x는 $\{1, 2, 3, 4, 5, 6\}$ 중의 한 값이지만 구체적으로 어떤 한 값을 지정하지 않는다. 즉, 이 x는 1이 될 수도 있고, 2가 될 수도 있고, 나머지 3, 4, 5, 6 중에서 하나가 될 수도 있다. 이 $X = x$는 'X가 취할 수 있는 값들 중 임의의 한 값을 x라고 하자'라는 의미이다.

(3) 확률변수의 유형

확률변수가 취할 수 있는 모든 값들의 개수가 유한개인지 또는 무한개인지, 하나 둘 셋 등으로 셀 수 있는지 또는 어떤 실수 구간 내의 모든 값인지에 따라 이산확률변수와 연속확률변수로 구분한다.

1) 이산확률변수

확률변수가 취할 수 있는 모든 값들의 개수가 유한개이거나, 또는 무한히 많지만 하나 둘 셋과 같이 셀 수 있는 경우에 그 확률변수를 **이산확률변수**(discrete random variable)라고 한다. 수학적으로 표현하면, 확률변수가 취할 수 있는 모든 값과 자연수가 일대일 대응이 가능하다면 그 확률변수를 이산확률변수라고 한다.

예 3

확률변수 X는 '100 원짜리 동전을 20 회 던져 앞면이 나온 횟수'라고 하자. 확률변수 X가 취할 수 있는 모든 값은 $0, 1, 2, \cdots, 19, 20$ 이고 모두 21 개로 유한하다. 이는 자연수 1 부터 21 까지 일대일 대응이 가능하다.

자연수	1	2	3	⋯	20	21
x	0	1	2	⋯	19	20

따라서 확률변수 X는 이산확률변수이다. ❑

예 4

확률변수 Y는 '일주일 동안 112 콜센터에 걸려온 신고전화 횟수'라고 하자. 확률변수 Y가 취할 수 있는 모든 값은 $0, 1, 2, \cdots$ 이다. 이때 가장 큰 값이 얼마인지 딱히 정해서 말할 수 없다. 그렇다하더라도 하나, 둘, 셋, ⋯ 과 같이 셀 수 있고 무한개의 자연수와 일대일 대응이 가능하다.

자연수	1	2	3	⋯
y	0	1	2	⋯

따라서 확률변수 Y는 이산확률변수이다. ❑

예 5

확률변수 Z는 '10 개의 불량품이 나올 때까지 검사한 제품수'라고 하자. 확률변수 Z가 취할 수 있는 값들은 $10, 11, 12, \cdots$ 이다. 이 경우도 역시 가장 큰 값이 얼마인지 알 수 없다. 그러나 이 값들은 하나, 둘, 셋, ⋯ 과 같이 셀 수 있고 무한개의 자연수와 일대일 대응이 가능하다.

자연수	1	2	3	⋯
z	10	11	12	⋯

따라서 확률변수 Z는 이산확률변수이다. ❑

2) 연속확률변수

확률변수가 취할 수 있는 값이 실수 전체이거나 또는 임의의 실수 구간 내의 모든 값일 때, **연속확률변수**(continuous random variable)라고 한다.

예 6

확률변수 X는 '전구의 수명(시간)'이라 할 때, 확률변수 X가 취할 수 있는 값은 0부터 임의의 큰 수까지의 모든 실수로 아래 그림에서 음영으로 표시된 영역이고, 집합기호 $\{x \mid x \geq 0\}$로 표현한다. 이 확률변수 X는 연속확률변수이다.

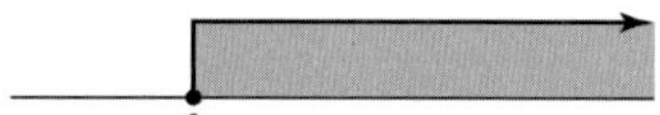

❑

예 7

어떤 공장에서 생산되는 모든 연필의 길이는 19.05 cm와 20.05 cm 사이에 있고, 확률변수 Y는 이 공장에서 생산되는 '연필의 길이'라고 하자. 확률변수 Y가 취할 수 있는 값은 19.05 cm와 20.05 cm 사이의 모든 실수로 $\{y \mid 19.05 \leq y \leq 20.05\}$로 표현한다. 아래 그림에서 음영으로 표시된 영역이다. 이 확률변수 Y는 연속확률변수이다.

❑

3.2 확률분포

이 절에서는 확률변수가 취할 수 있는 각 값이 얼마나 자주 출현하는지를 나타내는 확률분포에 대해 살펴보자.

(1) 확률분포

확률분포(probability distribution)

확률변수의 각 값에 그 값이 출현할 확률을 대응시킨 것

예 8

공정한 동전을 2번 던질 때 앞면이 나오는 횟수를 관찰하는 실험을 생각해보자. 이 실험의

모든 가능한 결과는 $\{TT, TH, HT, HH\}$ 이고, 각 결과가 나올 확률은 모두 $1/4$로 동일하다. 확률변수 X를 이 실험에서 '앞면이 나온 횟수'라고 정의하면 [표 3.1]과 같다.

▌표 3.1 공정한 동전을 2번 던질 때 앞면이 나온 횟수

실험결과	TT	TH	HT	HH
x	0	1	1	2

이때 확률변수 X가 취할 수 있는 값은 $0, 1, 2$이다. 모두 4가지 결과가 가능하지만 정의된 확률변수에 의하면 확률변수가 취할 수 있는 값은 3가지이다. 왜냐하면 4가지 경우 중 TH와 HT는 모두 $X=1$의 값이 대응되기 때문이다. 따라서 이 실험에서 확률변수의 각 값에 그 값이 주어질 확률을 대응시키면 아래 [표 3.2]와 같다.

▌표 3.2 공정한 동전을 2번 던질 때 앞면이 나온 횟수의 확률분포표

x	0	1	2	합계
확률	$\frac{1}{4}$	$\frac{2}{4}$	$\frac{1}{4}$	1

❑

확률변수가 취할 수 있는 모든 값의 개수가 [예 8]에서와 같이 많지 않을 때는 확률분포를 표로 쉽게 나타낼 수 있다. 그러나 확률변수가 취할 수 있는 값이 매우 많거나 무수히 많은 경우는 [표 3.2]와 같은 확률분포표로 나타내는 것이 용이하지 않거나 불가능하다. 이 경우, 확률변수가 취할 수 있는 각 값에 그 값이 출현할 확률을 수식으로 나타낼 수 있으면 비교적 간단하게 확률분포를 표현할 수 있을 것이다. 이 수식을 **확률함수**(probability function)라고 한다.

(2) 이산확률분포

이산확률변수의 확률분포를 **이산확률분포**(discrete probability distribution)라고 한다.

1) 확률질량함수

이산확률변수가 취할 수 있는 각 값에 확률을 대응시켜주는 수식(함수)을 확률질량함수(probability mass function: pmf)라고 한다.

확률질량함수

이산확률변수가 취할 수 있는 각 값에 확률을 대응시켜주는 함수

예를 들어, 이산확률변수 X가 취할 수 있는 값이 $x_1, x_2, \cdots, x_n$이고, 각 x_i $(i = 1, 2, \cdots, n)$에 확률을 대응시키는 함수를 $f(x)$라 할 때, 이 $f(x)$를 이산확률변수 X의 확률질량함수라고 한다. 이때 $f(x_i) = P(X = x_i)$로 '확률변수 X가 x_i라는 값을 갖게 되는 확률'이다. 즉,

$$f(x) = \begin{cases} P(X = x) & , \quad x = x_1, x_2, \cdots, x_n \\ 0 & , \quad \text{그 외에서} \end{cases}$$

이다.

어떤 함수가 확률질량함수가 되기 위해서는 2장에서 정의한 공리적 확률의 조건을 만족해야 한다. 따라서 다음 조건을 만족해야 한다.

확률질량함수의 조건

이산확률변수 X가 취할 수 있는 값이 $x_1, x_2, \cdots, x_n$라 하자. 다음 조건을 만족하는 함수 $f(x)$를 X의 확률질량함수라고 한다.

① $0 \le f(x_i) \le 1 \ (i = 1, 2, \cdots, n)$

② $x \ne x_i$일 때, $f(x) = 0 \ (i = 1, 2, \cdots, n)$

③ $f(x_1) + f(x_2) + \cdots + f(x_n) = 1$

확률질량함수의 조건 ②는 확률변수 X가 취할 수 있는 값 $x_1, x_2, \cdots, x_n$을 제외한 나머지 값들에 대해서는 확률이 0임을 의미한다.

이산확률변수가 취할 수 있는 값이 무한히 많아서 n이 무한대일 때 확률질량함수의 조건 ③은

$$f(x_1) + f(x_2) + \cdots = 1$$

이 된다.

예 9

공정한 동전을 4회 던질 때 나타난 앞면의 수를 관찰하는 실험을 생각해보자. 이때 확률변수 X는 '공정한 동전을 4회 던질 때 나타난 앞면의 수'이다. 이 실험의 표본공간과 각 실험결과(표본점)에 확률변수의 정의를 적용한 결과가 다음 표에 주어져 있다. 이때 각 실험결과가 나타날 확률은 모두 동일하게 $1/16$이다.

실험결과	확률	x	실험결과	확률	x
$TTTT$	$1/16$	0	$HTTT$	$1/16$	1
$TTTH$	$1/16$	1	$HTTH$	$1/16$	2
$TTHT$	$1/16$	1	$HTHT$	$1/16$	2
$TTHH$	$1/16$	2	$HTHH$	$1/16$	3
$THTT$	$1/16$	1	$HHTT$	$1/16$	2
$THTH$	$1/16$	2	$HHTH$	$1/16$	3
$THHT$	$1/16$	2	$HHHT$	$1/16$	3
$THHH$	$1/16$	3	$HHHH$	$1/16$	4

위 표에서와 같이 확률변수 X가 취할 수 있는 값은 $\{0,1,2,3,4\}$이다. 이 표를 정리해서 X의 확률분포로 나타내면 다음 [표 3.3]과 같다.

▮표 3.3 공정한 동전을 4회 던질 때 앞면이 나타난 횟수의 확률분포표

x	0	1	2	3	4	합계
확률	1/16	4/16	6/16	4/16	1/16	1

이 확률분포는 다음과 같이 함수형태로 나타낼 수 있다.

$$f(x) = \frac{{}_4C_x}{16}, \qquad x = 0, 1, 2, 3, 4$$

여기서 $f(x) = P(X = x)$이고, ${}_4C_x$는 조합(combination)을 나타내는 것으로 동전을 4번 던질 때 던진 순서와 상관없이 앞면이 x번 나타날 경우의 수이다.

이 $f(x)$는 확률질량함수의 세 가지 조건을 모두 만족한다. 즉, ① $x = 0,1,2,3,4$의 각 값에서 확률은 모두 0보다 크고 1보다 작다. ② $x = 0,1,2,3,4$ 이외의 값에서는 $f(x)$가 정의되지 않았으므로 확률은 0이다. ③ $x = 0,1,2,3,4$에서의 확률을 모두 합하면 1이다.

그러므로 확률변수 X를 '공정한 동전을 4회 던질 때 나온 앞면의 수'라고 정의할 때, 이 $f(x)$는 X의 확률질량함수이다. ❑

2) 구간의 확률

이산확률변수가 특정구간의 값을 취할 확률은 그 구간에 속한 값들에 대한 확률들의 합이다. 예를 들어, 이산확률변수 X가 취할 수 있는 값이 $x_1, x_2, \cdots, , x_7$이라 하자([그림 3.1] 참고). 두 값 a, b $(a < b)$에 대하여 $a \le X \le b$인 확률 $P(a \le X \le b)$는 이 구간에 속한 값들의 확률 합이 된다. [그림 3.1]에서 구간 $a \le X \le b$에 속하는 x_i는 x_3, x_4, x_5 이므로

$$P(a \le X \le b) = f(x_3) + f(x_4) + f(x_5)$$

이다.

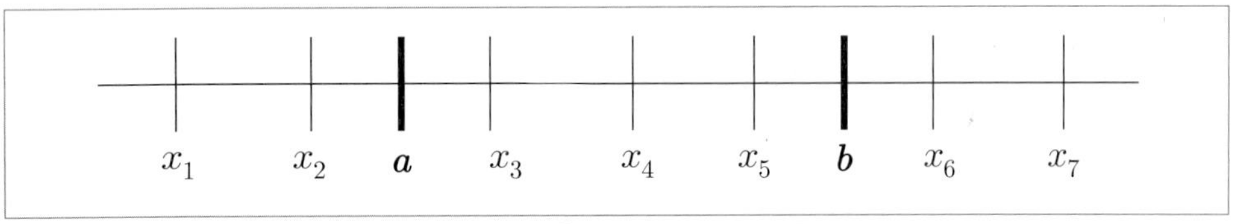

[그림 3.1] 이산확률변수의 확률

구간의 양 끝에 등호가 포함되지 않은 경우에는 양 끝 값을 제외하고 주어진 구간에 포함된 값들의 확률을 더한다.

3) 이산확률변수의 평균과 분산

공정한 주사위 두 개를 동시에 던져서 나온 눈의 합에 따라 상금이 주어지는 게임을 생각해보자.

이때 게임 주최자는 게임 참가비를 얼마로 할지를 미리 결정해야 한다. 그러기 위해서는 게임 참가자들이 게임에서 이길 가능성이 얼마나 되는지, 게임 참가비에 따라 게임 주최자와 참가자 중 어느 쪽이 더 유리한지 등을 미리 파악할 필요가 있다. 이러한 계산을 위해서는 양측 모두 두 개의 주사위를 동시에 던져 나온 눈의 합에 대한 여러 가지 정보가 필요하다. 예를 들어, 눈의 합의 최솟값과 최댓값이 얼마인지, 눈의 합의 각 값이 얼마나 자주 출현하는지, 나온 눈의 합의 평균이 얼마인지, 평균을 중심으로 각 눈의 합이 얼마나 떨어져 있는지 등이 필요할 것이다. 여기서

확률변수 X를 '공정한 주사위 두 개를 동시에 던져서 나온 두 눈의 합'으로 정의할 때 이러한 정보들은 확률변수 X의 특성을 나타내는 값들이다.

이와 같이 하나의 확률변수가 정의되면 그 확률변수에 대한 여러 특성값들을 정의할 수 있다. 그런 특성값들 중 대표적인 것이 평균과 분산이다. 확률변수의 평균을 **기댓값**(expected value)이라고도 한다.

평균(기댓값)

예 10

다음 그림은 공정한 두 개의 주사위(빨강과 파랑)를 동시에 던질 때 나올 수 있는 눈의 수의 조합을 보여준다.

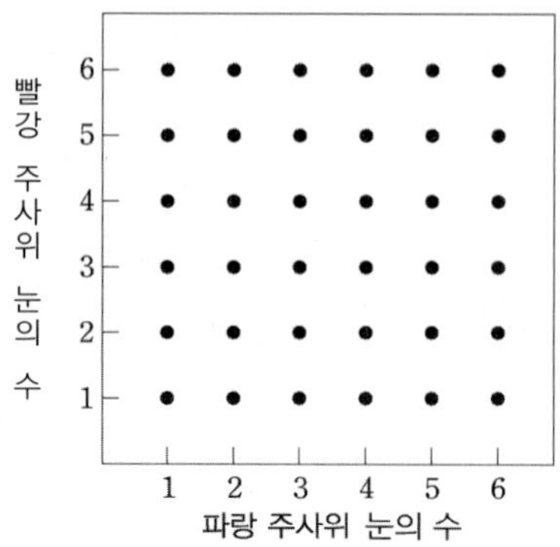

확률변수 X를 '두 눈의 합'이라고 정의하면 X가 취할 수 있는 값은 2부터 12까지이고, 각 합의 출현 도수를 표로 나타내면 다음과 같다.

x	2	3	4	5	6	7	8	9	10	11	12	합계
도수	1	2	3	4	5	6	5	4	3	2	1	36

나온 눈의 합에 만 원을 곱한 값만큼 상금을 주는 게임을 한다면, 게임 참가비를 결정하기 위해서 가장 우선적으로 '두 눈의 합'의 평균이 얼마인지를 알고자 할 것이다.

이 경우, 나타날 수 있는 표본점의 수는 36이고 각 표본점에 대응하는 상금의 합은 252이므로 평균은 $252/36 = 7$이다. 따라서 이 게임에서 게임비가 7만 원을 초과하면 게임 주최자에게, 7만 원 미만이면 게임 참가자들에게 유리한 게임이 될 것이다. ❑

예 11

앞의 [예 10]에서 평균(기댓값)을 구하는 과정을 살펴보자. 먼저, 확률변수 X의 분포는

x	2	3	4	5	6	7	8	9	10	11	12	합계
$f(x)$	$\frac{1}{36}$	$\frac{2}{36}$	$\frac{3}{36}$	$\frac{4}{36}$	$\frac{5}{36}$	$\frac{6}{36}$	$\frac{5}{36}$	$\frac{4}{36}$	$\frac{3}{36}$	$\frac{2}{36}$	$\frac{1}{36}$	1

이다. 왜냐하면, 두 개의 주사위를 동시에 던질 때 모두 36가지의 서로 다른 조합이 가능하고 각 조합이 출현할 가능성은 모두 1/36로 동일하기 때문이다.

평균은 그 정의에 의해,

$$
\begin{aligned}
\text{평균} &= \frac{\text{자료의 합}}{\text{자료의 수}} \\
&= \frac{(2\times 1)+(3\times 2)+\cdots+(12\times 1)}{36} \\
&= (2\times \frac{1}{36})+(3\times \frac{2}{36})+\cdots+(12\times \frac{1}{36}) \\
&= (2\times f(2))+(3\times f(3))+\cdots+(12\times f(12))=7
\end{aligned}
$$

이다. ❑

위 [예 11]의 평균 계산과정의 마지막 줄은 확률변수의 각 값에 그 값의 확률을 곱한 후 모두 더한 것으로, 이것이 이산확률변수의 평균을 구하는 식이다.

이산확률변수의 평균(기댓값)

이산확률변수 X가 취할 수 있는 값이 $x_1, x_2, \cdots, x_n$이고 각 x_i의 확률이 $f(x_i)$일 때, 확률변수 X의 평균은

$$E(X)=x_1 f(x_1)+x_2 f(x_2)+\cdots+x_n f(x_n)=\sum_{i=1}^{n} x_i f(x_i)$$

확률변수의 평균을 기호로 나타낼 때, $E(X)$ 또는 그리스 소문자 μ로 표기하고 '뮤'라고 읽는다. μ로 표기할 때 어떤 확률변수의 기댓값인지를 명시할 필요가 있으면 그 확률변수를 첨자로 표현하여 μ_X(뮤엑스)와 같이 표기하기도 한다.

1장에서 모집단의 모평균을 μ로 나타낸 것을 기억할 것이다. 확률변수가 취할 수 있는 모든 값들의 집합이 모집단이고 따라서 확률변수의 평균(기댓값)도 모평균이다.

이산확률변수가 취할 수 있는 값의 개수가 무한히 많아서 n이 무한대일 때의 평균(기댓값)은 다음과 같다.

$$E(X) = x_1 f(x_1) + x_2 f(x_2) + \cdots = \sum_{i=1}^{\infty} x_i f(x_i)$$

분산

1장에서 분산은 관측값들의 편차제곱들의 평균이었다. 확률변수의 분산도 마찬가지다. 따라서 확률변수의 분산은 평균의 정의로부터 직접 유도된다.

예 12

[예 10]의 두 주사위에서 나온 눈의 합에 대한 예에서 확률변수 X의 평균은 7이었다. 따라서 각 x에서의 편차는 $x-7$이고, 확률변수 X의 분산은 이 $(x-7)^2$들의 평균이다.

x	편차 $(x-7)$	편차제곱 $(x-7)^2$	도수	$f(x)$
2	–5	25	1	1/36
3	–4	16	2	2/36
4	–3	9	3	3/36
5	–2	4	4	4/36
6	–1	1	5	5/36
7	0	0	6	6/36
8	1	1	5	5/36
9	2	4	4	4/36
10	3	9	3	3/36
11	4	16	2	2/36
12	5	25	1	1/36
합계	0	110	36	1

즉,

$$분산 = \frac{편차제곱들의\ 합}{자료의\ 수}$$

$$= \frac{\{(-5)^2 \times 1\} + \{(-4)^2 \times 2\} + \cdots + \{5^2 \times 1\}}{36}$$

$$= \left(25 \times \frac{1}{36}\right) + \left(16 \times \frac{2}{36}\right) + \cdots + \left(25 \times \frac{1}{36}\right)$$

$$= \{25 \times f(2)\} + \{16 \times f(3)\} + \cdots + \{25 \times f(12)\} = \frac{100}{36}$$

이다. ❑

위 분산의 계산과정 중 마지막 줄은 확률변수의 각 편차제곱값에 그 값이 출현할 확률을 곱한 후 모두 더한 것으로, 이것이 이산확률변수의 분산을 구하는 식이다.

이산확률변수의 분산

이산확률변수 X가 취할 수 있는 값이 $x_1, x_2, \cdots, x_n$이고 각 x_i의 확률이 $f(x_i)$일 때, 확률변수 X의 분산은 다음과 같다.

$$V(X) = (x_1 - \mu)^2 f(x_1) + (x_2 - \mu)^2 f(x_2) + \cdots + (x_n - \mu)^2 f(x_n)$$

$$= \sum_{i=1}^{n} (x_i - \mu)^2 f(x_i)$$

여기서 μ는 확률변수 X의 평균이다.

확률변수 X의 분산은 편차제곱들의 평균이므로 $E[(X-\mu)^2]$이다. 분산은 $V(X)$ 또는 $Var(X)$로 나타내거나, 그리스 소문자 σ에 제곱을 붙여 σ^2으로 표현하고 '시그마제곱'으로 읽는다. 이때도 그 확률변수를 명시할 필요가 있으면 σ_X^2(시그마엑스제곱)으로 표기하기도 한다.

기댓값과 마찬가지로 확률변수의 분산 σ^2은 모분산이다.

이산확률변수가 취할 수 있는 값의 개수가 무한히 많아서 n이 무한대일 때의 분산은 다음과 같다.

$$V(X) = (x_1 - \mu)^2 f(x_1) + (x_2 - \mu)^2 f(x_2) + \cdots = \sum_{i=1}^{\infty} (x_i - \mu)^2 f(x_i)$$

평균에 소수점이 있으면 편차제곱과 분산 계산과정이 번거로워질 수도 있다. 이때 아래의 간편식을 사용하면 분산의 계산이 간단해진다.

분산의 간편 계산식: $V(X) = \sum_{i=1}^{n} x_i^2 f(x_i) - \mu^2$

위 간편 계산식의 오른쪽 첫 번째 항 $\sum_{i=1}^{n} x_i^2 f(x_i)$는 x_i들을 제곱한 값들의 평균이다. 따라서 평균의 정의에 의해서

$$E(X^2) = \sum_{i=1}^{n} x_i^2 f(x_i)$$

이다. 이때 위 분산의 간편 계산식을 다음과 같이 나타낼 수 있다.

$$V(X) = E(X^2) - \mu^2$$

표준편차

확률변수의 표준편차

확률변수 X의 표준편차는

$$SD(X) = \sqrt{V(X)} = \sqrt{E[(X-\mu)^2]}$$

확률변수 X의 표준편차는 σ나 σ_X 또는 $SD(X)$로 나타낸다.

하나의 확률변수에 대한 평균은 단 하나만 존재한다. 분산이나 표준편차도 마찬가지로 하나씩만 존재한다. 그러므로 어떤 확률변수에 대한 평균, 분산, 표준편차는 상수(常數, constant)이다.

예제 3 한 자선단체에서 기금 모금을 위해 발행한 10,000장의 복권에는 200만 원 상당의 TV가 주어지는 1등이 1명, 50만 원 상당의 로봇청소기가 3명, 10만 원

상품권 5명, 1만 원 상품권 10장, 나머지는 상금이 없다. 확률변수 X를 '이 복권의 상금(단위: 만 원)'이라 할 때, X의 확률분포를 표로 작성하고, X의 평균, 분산, 표준편차를 구하라.

풀이 당첨복권의 수를 f라 하면 당첨될 확률은 $f/10,000$이다. 1등이 1명이므로 1등에 당첨될 확률은 $1/10,000$이다. 따라서 확률변수 X의 확률분포는 다음 [표 3.4]와 같다.

표 3.4 복권상금의 확률분포표

상금(x)	200	50	10	1	0	합계
$P(X=x)$	0.0001	0.0003	0.0005	0.001	0.9981	1.0

이 확률변수는 이산확률변수이므로

평균: $E(X)=\sum_{i=1}^{5} x_i f(x_i)$

$$= 200\times0.0001+50\times0.0003+10\times0.0005+1\times0.001+0\times0.9981$$

$$= 0.0410$$

분산: $V(X)=\sum_{i=1}^{5} x_i^2 f(x_i)-\mu^2$

$$= (200^2\times0.0001+50^2\times0.0003+\cdots+0^2\times0.9981)-0.041^2$$

$$\fallingdotseq 4.7993$$

표준편차: $SD(X)=\sqrt{V(X)}\fallingdotseq\sqrt{4.7993}$

$$\fallingdotseq 2.1907.$$

■

예제 4 [예제 3]에서 복권 한 장당 발행비가 100원이라면 이 자선단체가 복권발행으로 인한 손해를 보지 않으려면 복권 한 장의 가격을 최소 얼마로 해야 하는지를 구하라. (단, 발행한 복권은 모두 판매되었음을 가정하라.)

풀이 이 복권 한 장당 평균비용은

평균 상금 + 복권 한 장당 발행비 = 410원 + 100원 = 510원

이므로 복권가격은 적어도 510원 이상이어야 한다. ■

(3) 연속확률분포

연속확률변수의 확률분포를 **연속확률분포**(continuous probability distribution)라고 하고, 확률함수를 **확률밀도함수**(probability density function; pdf)라고 한다.

1) 확률밀도함수

이산확률변수는 확률변수가 취할 수 있는 값들을 하나 둘 셋 … 등과 같이 셀 수 있고, 각 값이 출현할 확률을 표로 나타낼 수 있었다. 그러나 연속확률변수는 실수 전체 또는 실수 일부구간에 있는 모든 값을 취할 수 있기 때문에 개별 값이 출현할 확률을 정의할 수 없다. 다음 예를 보자.

예 13

어느 날 서울과 부산을 잇는 길이 $400\,km$인 고속도로에서 한 건의 자동차 사고가 예정되어 있다고 하자. 고속도로 전 구간에서 사고가 발생할 가능성이 동일하다고 가정하면, 길이가 $D\,km$인 구간에서 사고가 발생할 확률은 $D/400$이다. 대개 사고는 짧은 한 지점에서 발생하므로 길이가 $1\,m$인 구간에서 사고가 발생할 확률을 구해보면 $1/400{,}000 \fallingdotseq 0.0000025$로 0에 가깝다. 앞에서 예로 든 구간을 좀 더 줄여 길이가 $1\,cm$인 구간에서 사고가 날 확률을 계산하면 $1/40{,}000{,}000 \fallingdotseq 0.000000025$이다. 사고가 발생할 가능성이 있는 구간을 더 작게 줄인다면 확률은 더욱 작아져서 0이라 해도 무방해질 것이다. ❑

위 예는 연속확률분포의 두 가지 중요한 특성을 잘 나타낸다.

① 연속확률변수는 한 점(값)에서의 확률이 언제나 0이다.

연속확률변수 X가 두 실수 l, u $(l < u)$ 사이의 모든 값을 취할 때, 이 구간 내의 임의의 한 값 x의 확률 $P(X = x)$은 0이다. 즉, $P(X = x) = 0$이다.

그러므로 $f(x)$가 확률밀도함수일 때, $f(x)$는 '$X = x$일 확률'을 의미하지 않는다. 즉, $P(X = x) \neq f(x)$이다. 참고로, 이산확률변수의 확률질량함수에서는 $f(x) = P(X = x)$이었다.

② 연속확률변수의 확률은 언제나 구간에 대해서만 계산할 수 있다.

연속확률변수 X가 두 실수 l, u $(l < u)$ 사이의 모든 값을 취할 때, 이 구간 내의 임의의 두 수 a, b $(l \leq a < b \leq u)$ 사이에 있을 확률, 즉 $P(a < X < b)$에 대해서만 정의할 수 있다. 이때 $P(a < X < b)$는 확률변수 X가 구간 (a, b)에 있는 값을 취할 확률로, [그림 3.2]에서 회색 면적이 $P(a < X < b)$이다.

[그림 3.2]에서 가로축은 X가 취할 수 있는 값들이고, 곡선 아래 면적은 X의 각 구간에 대응하는 확률을 나타낸다.

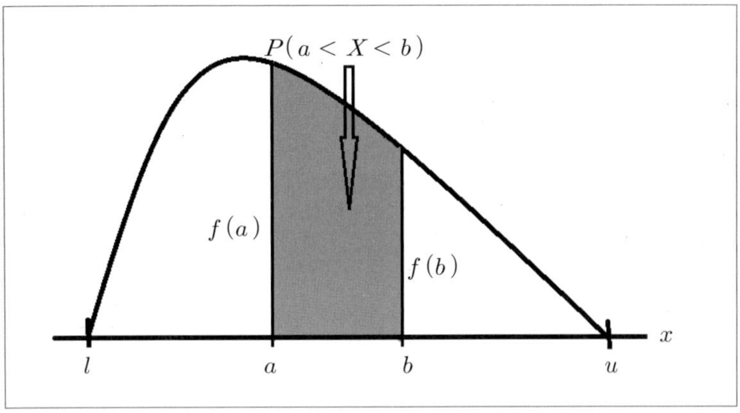

[그림 3.2] 연속확률변수의 확률

정리하면 연속확률변수의 확률밀도함수를 다음과 같이 정의할 수 있다.

확률밀도함수

연속확률변수 X가 취할 수 있는 두 값 a, b $(a < b)$에 대해

$$P(a < X < b) = \int_a^b f(x)\, dx,$$

일 때, 함수 $f(x)$는 X의 확률밀도함수라고 한다.

위에서 $\int_a^b f(x)\,dx$는 함수 $f(x)$와 두 실수 a, b에 의해 둘러싸인 면적 ([그림 3.2]에서 회색 면적)을 나타낸다. 이 그림에서 $f(a)$와 $f(b)$는 함수 $f(x)$에서 x자리에 a와 b를 대입하여 계산한 값이다.

참고로, 앞의 연속확률분포의 특성 ①과 ②로부터 다음 사실을 알 수 있다.

> 연속확률변수 X가 취할 수 있는 두 실수 a, b $(a < b)$에 대해
> $P(a < X < b) = P(a \le X < b) = P(a < X \le b) = P(a \le X \le b)$

즉, 연속확률변수에서 구간 양 끝 값들의 포함 여부는 확률에 전혀 영향을 미치지 않는다.

어떤 함수가 연속확률변수의 확률밀도함수가 되기 위해서는 다음 조건을 만족해야 한다.

> **확률밀도함수의 조건**
>
> 연속확률변수 X가 두 실수 l, u $(l < u)$ 사이의 모든 값을 취하고 $f(x)$는 X의 확률밀도함수일 때, 다음의 조건을 만족해야 한다.
>
> ① 모든 x에 대해, $f(x) \ge 0$
>
> ② $P(l < X < u) = \int_l^u f(x)\,dx = 1$

위 조건 ①에서 $f(x)$는 확률을 정의하는 함수이므로 음의 값이 될 수 없다. 그러나 이산확률변수의 확률질량함수와 달리 $f(x)$가 1보다 작아야 한다는 조건은 필요하지 않다. 단지, 이 함수 $f(x)$를 확률변수가 취할 수 있는 전체 구간에 대해 적분하면 그 값이 1이어야 한다.

앞의 [그림 3.2]에서 확률변수가 취할 수 있는 값은 구간 (l, u) 내의 모든 실수이므로, 구간 (l, u)와 곡선으로 둘러싸인 면적이 $\int_l^u f(x)\,dx$이고 이 면적이 1이다.

연속확률변수 X가 취할 수 있는 값의 범위가 실수 전체라면, 조건 ②는 다음과 같이 나타낼 수 있다.

$$P(-\infty < X < \infty) = \int_{-\infty}^{\infty} f(x)\,dx = 1$$

2) 연속확률변수의 평균과 분산

연속확률변수의 평균과 분산

연속확률변수 X가 두 실수 l, u $(l < u)$ 사이의 모든 값을 취하고, $f(x)$는 X의 확률밀도함수일 때, X의 평균과 분산은

$$E(X) = \int_{l}^{u} x\,f(x)\,dx$$

$$V(X) = \int_{l}^{u} (x-\mu)^2 f(x)\,dx$$

이다. 또, X의 표준편차 $SD(X) = \sqrt{V(X)}$ 이다. 여기서 $\mu = E(X)$ 이다.

다음은 연속확률변수와 이산확률변수의 평균과 분산에 대한 정의를 비교한 표이다.

표 3.5 이산확률변수와 연속확률변수의 평균과 분산에 대한 정의

	이산확률변수		연속확률변수
평균	$E(X) = \sum_{i=1}^{n} x_i f(x_i)$	$\Leftrightarrow$	$E(X) = \int_{l}^{u} x\,f(x)\,dx$
분산	$V(X) = \sum_{i=1}^{n} (x_i-\mu)^2 f(x_i)$	$\Leftrightarrow$	$V(X) = \int_{l}^{u} (x-\mu)^2 f(x)\,dx$

이산확률변수는 평균과 분산에 '$\sum$ (합)'을 사용하지만, 연속확률변수는 x와 $f(x)$가 모두 연속값이므로 '$\int dx$ (적분)'을 사용한다. 기호는 다르나 연속확률변수의 평균과 분산의 개념은 이산확률변수와 동일하다.

자주 사용되는 많은 연속확률분포의 평균과 분산은 이미 알려져 있으므로 직접 적분계산을 해야 한다는 부담은 갖지 않아도 된다. 여기서는 이산확률변수와 연속확률변수의 평균과 분산의 계산과정이 다르다는 것을 이해하는 것만으로 충분하다.

3.3 확률변수의 독립

통계학에서는 두 개 이상의 확률변수들을 동시에 고려해야 할 경우가 종종 있다. 이때 중요한 관심사항은 고려대상인 확률변수들이 서로 독립인가 하는 것이다. 확률변수들의 독립에 대한 정의는 2장에서 정의한 사상의 독립으로부터 직접 유도될 수 있다.

(1) 결합확률분포

두 확률변수 X, Y의 모든 가능한 쌍 (x, y)에 대응하는 확률분포를 **결합확률분포**(joint probability distribution)라고 하고, 결합확률분포를 정의하는 함수 $f(x, y)$를 **결합확률함수**(joint probability function)라고 한다.

예 14

공정한 두 개의 동전과 하나의 주사위를 동시에 던지는 실험에서 확률변수 X는 '두 개 동전 중 앞면이 나온 개수'이고, 확률변수 Y는 '주사위에서 나온 눈의 수'라고 하자.

이 실험은 모두 $4\times6=24$개의 표본점이 있다. 이것을 표로 나타내면 다음과 같다.

x \ y		1	2	3	4	5	6
0	TT	1/24	1/24	1/24	1/24	1/24	1/24
1	HT	1/24	1/24	1/24	1/24	1/24	1/24
	TH	1/24	1/24	1/24	1/24	1/24	1/24
2	HH	1/24	1/24	1/24	1/24	1/24	1/24

앞의 표에서 모든 y에 대해, $X=1$일 때 결합확률 $P(X=1, Y=y)$는 $1/24+1/24=1/12$이다. 앞의 표를 확률변수 (X, Y)에 대해서 재정리하면 다음 [표 3.6]과 같다.

표 3.6 확률변수 (X, Y)의 결합확률분포표

x \ y	1	2	3	4	5	6	합계(X의 분포)
0	1/24	1/24	1/24	1/24	1/24	1/24	1/4
1	1/12	1/12	1/12	1/12	1/12	1/12	1/2
2	1/24	1/24	1/24	1/24	1/24	1/24	1/4
합계 (Y의 분포)	1/6	1/6	1/6	1/6	1/6	1/6	1

이때 표 안의 숫자가 $P(X=x, Y=y)$이다. 예를 들어, 동전 앞면이 1회, 주사위 눈은 3이 나올 확률 $P(X=1, Y=3)=1/12$이다. [표 3.6]으로부터 이 예에서 정의된 두 이산확률변수 (X, Y)의 결합확률분포를 알 수 있다. ❑

위 [표 3.6]의 결합확률분포에서 행(가로줄)별 합계는 $P(X=x)$로 X의 분포이고, 열(세로줄)별 합계는 $P(X=y)$로 Y의 분포이다. 또, 모든 (x,y)에 대해서 $P(X=x, Y=y)$을 합하면 언제나 1이 된다.

(2) 확률변수의 독립

두 확률변수의 독립

확률변수 X의 모든 가능한 값은 $x_1, x_2, \cdots, x_n$이고, 확률변수 Y의 모든 가능한 값은 $y_1, y_2, \cdots, y_m$이라고 하자. 모든 쌍 (x_i, y_j)에 대해

$$P(X=x_i, Y=y_j)=P(X=x_i)\cdot P(Y=y_j)$$

일 때, 두 확률변수 X와 Y는 **독립**(independent)이라고 한다. 독립이 아닌 두 확률변수는 **종속**(dependent)이라고 한다.

여기서 $P(X=x_i, Y=y_j)$는 '$X=x_i$이고 $Y=y_j$일 확률'이다. 위의 정의는 두 이산확률변수의 독립성을 정의한다. 연속확률변수의 경우도 이와 유사하지만 연속확률변수의 독립성을 여기서는 다루지는 않는다. 관심 있는 독자는 참고문헌의 통

계학 서적들을 참고하기 바란다.

연속형이나 이산형을 막론하고 두 확률변수 X, Y가 독립이면 확률변수 X가 어떤 값을 갖는지가 확률변수 Y가 어떤 값을 갖는지에 전혀 영향을 미치지 못하고 그 반대의 경우도 마찬가지다.

앞에서 살펴본 두 이산확률변수의 독립성에 대한 정의는 k개의 서로 다른 이산확률변수 $X_1, X_2, \cdots, X_k$로 확장할 수 있다. 예를 들어, 세 개의 변수 X, Y, Z가 독립이면

$$P(X=x,\, Y=y, Z=z) = P(X=x)\,P(Y=y)\,P(Z=z)$$

이고, 이것을 k개의 변수로 확장할 수 있다.

예제 5 두 이산확률변수 X, Y의 결합확률분포는 다음과 같다. 두 확률변수가 독립인지를 확인하라.

x \ y	1	2	3	합계 (X의 분포)
1	1/12	1/6	0	1/4
2	1/6	0	1/3	1/2
3	1/12	1/6	0	1/4
합계 (Y의 분포)	1/3	1/3	1/3	1

풀이 위 표에서 X의 분포와 Y의 분포만 발췌해서 정리하면

x	$P(X=x)$
1	1/4
2	1/2
3	1/4
합계	1

y	$P(Y=y)$
1	1/3
2	1/3
3	1/3
합계	1

이다. 두 확률변수 X, Y가 독립이려면 모든 쌍 (x, y)에 대해

$$P(X=x,\ Y=y) = P(X=x) \cdot P(Y=y)$$

이 성립해야 한다. 한 쌍이라도 이 등식이 성립하지 않는다면 독립이 아니다. 그러나 이 결합확률분포는 이 등식이 성립하지 않는 (x, y)의 쌍이 여러 개가 존재한다. 먼저, $(x=1, y=2)$일 때

$$P(X=1,\ Y=2) = 1/6$$
$$P(X=1) \cdot P(Y=2) = (1/4) \cdot (1/3) = 1/12$$

이므로

$$P(X=1,\ Y=2) \neq P(X=1) \cdot P(Y=2)$$

이다. 따라서 두 확률변수 X, Y는 종속이다.

이외에도 쌍 $(1,3), (2,2), (2,3), (3,2), (3,3)$에서도

$$P(X=x,\ Y=y) \neq P(X=x) \cdot P(Y=y)$$

임을 알 수 있다. ■

3.4 확률변수의 평균과 분산의 성질

여기에서는 통계학에서 자주 사용되는 확률변수의 평균과 분산의 주요 성질들을 살펴보자. 이 성질들은 이산확률변수와 연속확률변수에 모두 적용된다.

(1) 평균의 성질

> 확률변수 X, Y와 상수 a, b, c에 대해
> ① $E(a) = a$
> ② $E(a \pm bX) = a \pm bE(X)$
> ③ $E(a \pm bX \pm cY) = a \pm bE(X) \pm cE(Y)$
> ④ 두 확률변수 X, Y가 독립이면, $E(XY) = E(X) \cdot E(Y)$

여기서 "±"는 "+"와 "−" 중 어떤 것을 선택해도 성립함을 나타낸다. 단, 등식 좌우에서 "+"와 "−" 의 순서는 같아야만 한다.

예제 6 두 확률변수 X, Y의 결합확률분포가 다음과 같다.
$E(X+Y) = E(X) + E(Y)$ 임을 보여라.

x \ y	1	2	3	합계 (X의 분포)
1	1/12	1/6	0	1/4
2	1/6	0	1/3	1/2
3	1/12	1/6	0	1/4
합계 (Y의 분포)	1/3	1/3	1/3	1

풀이 먼저

$$E(X) = 1 \cdot \frac{1}{4} + 2 \cdot \frac{1}{2} + 3 \cdot \frac{1}{4} = 2$$

$$E(Y) = 1 \cdot \frac{1}{3} + 2 \cdot \frac{1}{3} + 3 \cdot \frac{1}{3} = 2$$

이므로, $E(X) + E(Y) = 2 + 2 = 4$ 이다. 한편

$$E(X+Y)=\sum_{\text{모든 } x}\sum_{\text{모든 } y}(x+y)f(x,y)$$
$$=(1+1)f(1,1)+(1+2)f(1,2)+\cdots+(3+3)f(3,3)$$
$$=2\cdot\frac{1}{12}+3\cdot\frac{1}{6}+4\cdot 0+\cdots+6\cdot 0$$
$$=2\cdot\frac{1}{12}+3\cdot\frac{1}{6}+3\cdot\frac{1}{6}+5\cdot\frac{1}{3}+4\cdot\frac{1}{12}+5\cdot\frac{1}{6}$$
$$=4.$$

따라서

$$E(X+Y)=E(X)+E(Y)$$

이다. ■

평균의 성질 ③의 $E(a\pm bX\pm cY)=a\pm bE(X)\pm cE(Y)$는 성질 ①과 ②의 단순 확장이다. 평균의 성질 ④에 대한 예제는 연습문제에 주어져 있다.

(2) 분산의 성질

확률변수 X, Y와 상수 a, b, c에 대해

① $V(X\pm a)=V(X)$

② $V(bX)=b^2V(X)$

③ $V(a\pm bX)=b^2V(X)$

④ 두 확률변수 X, Y가 독립이면, $V(X\pm Y)=V(X)+V(Y)$

아래 [그림 3.3]에서 검은색 곡선은 연속확률변수 X의 분포곡선이고, 파란색 곡선은 $X-5$, 회색 곡선은 $X+5$의 분포곡선이다. 이 그림과 같이 확률변수에 상수를 더하거나 빼도 곡선의 형태와 산포도는 변하지 않고 위치만 변할 뿐이다. 이것은

확률변수에 상수를 더하거나 빼도 분산에는 영향을 미치지 않기 때문이다.

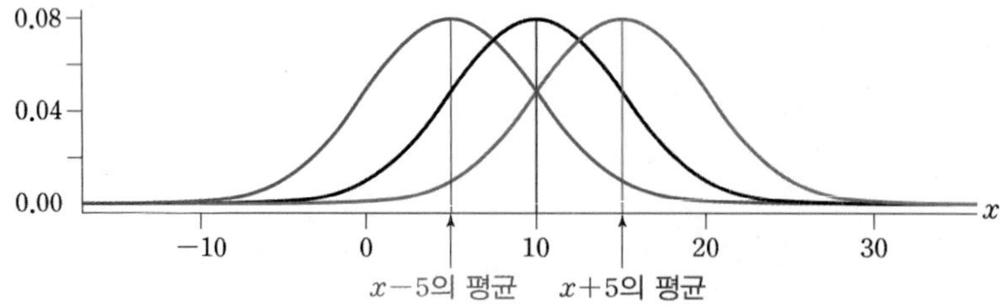

[그림 3.3] 분산의 성질 ①

예제 7 확률변수 X의 분포가 다음과 같다. 분산의 정의를 사용해서 $5X$의 분산을 구하라. 또 $V(5X) = 5^2 V(X)$임을 보여라.

x	0	1	2	합계
$f(x)$	1/4	1/2	1/4	1

풀이 $E(X) = 1$이고 $E(5X) = 5 \cdot E(X) = 5$이다. 그러므로 $5X$의 편차제곱은 $\{5X - E(5X)\}^2 = (5X - 5)^2$이므로 각 x에서의 편차제곱은 다음과 같다.

x	0	1	2	합계
$(5x-5)^2$	$(0-5)^2$	$(5-5)^2$	$(10-5)^2$	
$f(x)$	1/4	1/2	1/4	1

분산은 편차제곱의 평균이므로, 평균의 정의에 의해

$$V(5X) = E\left[(5X-5)^2\right] = (0-5)^2\left(\frac{1}{4}\right) + (5-5)^2\left(\frac{1}{4}\right) + (10-5)^2\left(\frac{1}{4}\right)$$

$$= \frac{25}{2}.$$

이제 X의 분산을 구하자. $E(X) = 1$이고 편차제곱은 $(X-1)^2$이므로 각 x에서의 편차제곱은 다음과 같다.

x	0	1	2	합계
$(x-1)^2$	$(0-1)^2$	$(1-1)^2$	$(2-1)^2$	
$f(x)$	1/4	1/2	1/4	1

분산은 편차제곱의 평균이므로, 평균의 정의에 의해

$$V(X) = (0-1)^2\left(\frac{1}{4}\right) + (1-1)^2\left(\frac{1}{2}\right) + (2-1)^2\left(\frac{1}{4}\right) = \frac{1}{2}$$

이고, $5^2 V(X) = \frac{25}{2}$ 이다. 그러므로 $V(5X) = 5^2 V(X)$ 이다. ■

분산의 성질 ③은 성질 ①과 ②의 단순 확장이다. 즉,

$$V(a \pm bX) = V(bX), \quad \text{성질 ①에 의해}$$

$$= b^2 V(X), \quad \text{성질 ②에 의해}$$

이다. 분산의 성질 ④에 대한 예제는 연습문제에 주어져 있다.

연습문제

1. 이산확률변수 X의 확률질량함수가 다음과 같다.

$$f(x) = \begin{cases} kx, & x = 1, 2, 3, 4 \\ 0, & \text{그 이외에서} \end{cases}$$

① k를 구하라.

② X의 평균, 분산, 표준편차를 구하라.

③ 확률변수 $Y = 3X - 1$일 때, Y의 평균, 분산, 표준편차를 구하라.

2. 둘레가 $2.1m$인 자전거바퀴에 구멍이 생겼다. 다음 각 단위구간에 구멍이 있을 확률을 구하라. 단, 이 바퀴의 전 구간에서 구멍이 생길 가능성은 동일하다.

① 길이 $10cm$ 구간

② 길이 $1cm$ 구간

③ 길이 $1mm$ 구간

④ 길이 $0.1mm$ 구간

3. 확률변수 Y에 대해, 함수

$$f(y) = \frac{y+1}{20}, \qquad y = 1, 2, 3, 4, 5$$

가 Y의 확률질량함수인지의 여부를 판단하라.

4. 연속확률변수 X의 확률밀도함수가 다음과 같다.

$$f(x) = \begin{cases} \dfrac{k}{9}, & 1 \le x \le 10 \\ 0, & \text{그 이외에서} \end{cases}$$

① k를 구하라.

② X의 평균, 분산, 표준편차를 구하라.

③ $P(3 \le X \le 6)$을 구하라.

5. 다음은 확률변수 X, Y의 결합확률분포이다.

x \ y	1	2	3	합계 (X의 분포)
1	c	$2c$	$3c$	$6c$
2	$2c$	$4c$	$6c$	$12c$
3	$3c$	$6c$	$9c$	$18c$
합계 (Y의 분포)	$6c$	$12c$	$18c$	$36c$

① c를 구하라.

② X의 평균과 분산을 구하라.

③ Y의 평균과 분산을 구하라.

④ 확률변수 X, Y가 독립인지를 판단하라.

⑤ $X-3Y$의 분산을 구하라.

6. 다음은 확률변수 X, Y의 결합확률분포이다.

x \ y	1	2	3	합계 (X의 분포)
0	1/24	1/12	1/8	1/4
1	1/12	1/6	1/4	1/2
2	1/24	1/12	1/8	1/4
합계 (Y의 분포)	1/6	1/3	1/2	1

① $E(XY)=E(X)E(Y)$임을 보여라.

② $V(X-Y)=V(X)+V(Y)$가 성립하는지 확인하라.

CHAPTER 4

자주 사용되는 확률분포

제 4 장 자주 사용되는 확률분포

이 장에서는 두 가지 중요한 확률분포를 중심으로 살펴본다. 하나는 이산확률분포 중의 하나인 이항분포이고, 다른 하나는 연속확률분포 중의 하나인 정규분포이다. 이 두 분포는 통계분석에서 사용 빈도가 높고 중요한 확률분포들이다.

4.1 이항분포

3장에서는 이산확률변수의 확률질량함수를 정의하고, 확률질량함수의 조건들을 살펴보았다. 하나의 확률변수로 정의할 수 있는 함수들은 무수히 많다. 그 함수들 중에서 확률질량함수의 조건을 만족하고 특별히 이름이 부여되어 자주 사용되는 확률질량함수들 또한 많이 있다. 그 중에서도 가장 기본적이고 사용빈도가 높은 분포가 이항분포(binomial distribution)이다.

이항분포에 대한 설명은 베르누이 시행과 베르누이 분포에서 출발한다.

(1) 베르누이 시행

흰색 공 30개와 검은색 공 20개가 들어있는 항아리에서 랜덤하게 하나를 추출할 때 추출된 공이 흰색일 확률은 $30/50 = 3/5$이다. 그렇다면 항아리에 흰색 공 r개와 검은색 공 s개가 들어있고, r과 s는 모른다고 하자. 이 항아리에서 공을 하나씩 추출해서 나온 흰색 공과 검은색 공의 수를 이용해서 항아리 속에 있는 흰색 공의 비율 $r/(r+s)$를 예측할 수 있을까?

스위스 출신의 수학자 야곱 베르누이[14]는 그의 사후에 편찬된 〈추측술, 推測術(Art of Conjecture)〉에서 이 문제를 다루고 있다. 베르누이 가문은 10명의 수학자를

14) Jacob Bernoulli, 1655–1705, 스위스, 수학자.

배출한 유명한 수학자 집안이다. 야곱 베르누이는 미적분학 개발자 중 한 명인 라이프니츠의 제자로 미적분학, 무한수열의 합, 확률론 등에 뛰어난 업적을 남겼다.

야곱 베르누이는 위 항아리 문제에서 매 추출 시 항아리 속에 있는 공의 수를 일정하게 하기 위해 한 번 추출된 공을 다시 항아리로 되돌려놓는 복원추출을 반복하였고, 그렇게 추출된 흰색 공과 검은색 공의 수로 $r/(r+s)$을 추측하고자 하였다.[1-2]

이때 각 추출결과는 두 가지(흰색 공과 검은색 공) 중에서 하나이고 모든 추출은 동일한 조건에서 실시되어 이전의 추출결과에 영향을 받지 않는다. 이러한 실험을 야곱 베르누이의 이름을 따서 베르누이 시행(Bernoulli trial) 또는 간단히 시행(trial)이라고 한다.[3]

베르누이 시행

다음 조건들을 모두 만족하는 실험을 베르누이 시행이라고 한다.
① 각 실험의 결과는 성공(S)과 실패(F) 중 하나이다.
② 매 실험에서, 성공할 확률과 실패할 확률의 합은 1이다.
③ 매 실험은 서로 독립이다.

흰색과 검은색 공들이 많이 들어있는 항아리에서 하나의 공을 추출하는 실험, 주사위를 던져서 윗면에 나타난 숫자가 3의 배수인지 아닌지를 확인하는 실험, 제품의 생산라인에서 생산된 제품들 중 하나를 선택하여 불량품인지 또는 정상품인지를 검사하는 실험 등은 모두 베르누이 시행이라고 할 수 있다.

이 실험들은 ① 가능한 결과가 오직 두 가지뿐이다. ② 편의상 두 가지 결과 중 하나를 성공(S), 다른 하나를 실패(F)로 놓으면 매 실험에서 성공할 확률과 실패할 확률의 합 $P(S)+P(F) = 1$이다. ③ 복원추출을 하면 매번 동일한 조건에서 실험을 실시하게 되고 그때마다 나타나는 결과들은 서로 영향을 미치지 않으므로 독립이다.

(2) 베르누이 분포

베르누이 분포는 베르누이 시행으로부터 직접 정의할 수 있다.

베르누이 시행에서 관심의 대상이 되는 결과를 성공, 다른 한 결과를 실패라고 하자. 예를 들어 앞의 항아리 실험에서 흰색 공이 추출되면 성공, 검은색 공이 추출되면 실패라고 하자. 이제 성공에 1을 실패에 0을 부여하고, 이것을 확률변수 X라고 하자. 이런 확률변수 X의 분포를 베르누이 분포(Bernoulli distribution)라고 한다.

베르누이 분포

확률변수 X의 확률질량함수가

$$f(x) = p^x (1-p)^{1-x}, \quad x = 0, 1$$

일 때, 확률변수 X는 '성공확률이 p인 베르누이 분포를 따른다'라고 하고, 확률변수 X를 베르누이 확률변수라고 한다.

여기서 성공할 확률은 $f(1) = P(X=1) = p$이고 실패할 확률은 $f(0) = P(X=0) = 1-p$이다. 이때 실패할 확률 $1-p$를 q로 나타내기도 한다.

일반적으로 확률변수 X가 성공확률이 p인 베르누이 분포를 따를 때, $X \sim Bernoulli(p)$로 나타낸다.

예제 1 공정한 동전을 던지는 실험에서 앞면이 나오면 성공, 뒷면이 나오면 실패라고 하자. 확률변수 X를

$$X = \begin{cases} 1, & \text{성공} \\ 0, & \text{실패} \end{cases}$$

라고 정의할 때, 확률변수 X의 확률질량함수를 제시하라.

풀이 X는 성공확률이 1/2인 베르누이 확률변수이므로

$$f(x) = \left(\frac{1}{2}\right)^x \left(1-\frac{1}{2}\right)^{1-x}, \quad x = 0, 1$$

이다. ■

예제 2 공정한 주사위를 던지는 실험에서 1의 눈이 나오면 성공, 1의 눈이 나오지 않으면 실패라고 하자. 확률변수 X를

$$X = \begin{cases} 1, & \text{성공} \\ 0, & \text{실패} \end{cases}$$

라고 정의할 때, 확률변수 X의 확률질량함수를 제시하라.

풀이 X는 성공확률이 1/6인 베르누이 확률변수이므로

$$f(x) = \left(\frac{1}{6}\right)^x \left(1 - \frac{1}{6}\right)^{1-x}, \quad x = 0,1$$

이다. ■

베르누이 확률변수의 평균과 분산

$X \sim Bernoulli(p)$일 때, 확률변수 X의 평균과 분산은

$$E(X) = p \ , \quad V(X) = pq$$

이다. 여기서 $q = 1 - p$이다.

예 1

앞의 [예제 2]에서 $X \sim Bernoulli(1/6)$이므로 X의 평균과 분산은

$$E(X) = \frac{1}{6} \ , \quad V(X) = pq = \left(\frac{1}{6}\right)\left(1 - \frac{1}{6}\right) = \frac{5}{36}$$

이다. ❑

(3) 이항분포

앞에서 베르누이 시행을 한 번 실시했을 때 그 결과에 대한 분포를 살펴보았다. 이제 베르누이 시행을 여러 번 반복했을 때 성공 횟수의 분포를 알아보자. 예를 들어

- 동전을 5회 던질 때 앞면이 두 번 나올 확률
- 주사위를 10회 던질 때 1의 눈이 세 번 나올 확률
- 흰색 공 30개와 검은색 공 20개가 들어있는 항아리에서 한 개의 공을 10회 복

원추출할 때 검은 공이 네 번 추출될 확률

등은 어떻게 구하는지 살펴보자.

1) 이항분포의 확률질량함수

확률변수 X를 성공확률이 p인 베르누이 시행을 n번 반복할 때 성공횟수로 정의할 때, 확률변수 X의 분포는 이항분포(binomial distribution)를 따른다.

> **이항분포**
>
> 확률변수 X의 확률질량함수가
>
> $$f(x) = {}_nC_x\ p^x q^{n-x}, \quad x = 0, 1, \cdots, n$$
>
> 일 때, 확률변수 X는 '시행횟수가 n이고 성공확률이 p인 이항분포를 따른다'라고 말하고, 확률변수 X를 이항확률변수라고 한다. 여기서 $q = 1 - p$이다.

일반적으로 확률변수 X가 시행횟수 n이고 성공확률이 p인 이항분포를 따를 때, $X \sim B(n, p)$ 또는 $X \sim Bin(n, p)$ 등으로 나타낸다.

관심 있는 독자들이 참고할 수 있도록 4.4절에서 이항분포의 확률질량함수를 유도하는 과정을 예를 들어 설명하였다.

예제 3 공정한 주사위를 5회 던질 때 ① 1의 눈이 2번 나올 확률과 ② 1의 눈이 한 번도 나오지 않을 확률을 구하라.

풀이 공정한 주사위를 던져 1의 눈이 나오면 성공이라 할 때, 성공확률은 $p = 1/6$이다. 확률변수 X를 '공정한 주사위를 5회 던져 1의 눈이 나온 횟수'라고 정의하면, X의 확률질량함수는

$$f(x) = {}_5C_x \left(\frac{1}{6}\right)^x \left(\frac{5}{6}\right)^{5-x}, \quad x = 0, 1, 2, 3, 4, 5$$

이다. 그러므로 ① $X = 2$(1의 눈이 2번 나옴)일 확률은

$$f(2) = {}_5C_2 \left(\frac{1}{6}\right)^2 \left(\frac{5}{6}\right)^3 = \frac{1250}{6^5} \fallingdotseq 0.1608$$

② $X=0$ (1 의 눈이 한 번도 나오지 않음)일 확률은

$$f(0) = {}_5C_0\left(\frac{1}{6}\right)^0\left(\frac{5}{6}\right)^5 = \left(\frac{5}{6}\right)^5 \fallingdotseq 0.4019\,.$$

■

2) 이항계수

이항분포의 확률질량함수에서 ${}_nC_x$ 는 n 회의 시행(trial)에서 순서와 상관없이 x 번 성공하는 경우의 수를 나타내는 것으로 **이항계수**(binomial coefficient)라고 한다. 책에 따라서 ${}_nC_x$ 를 $\binom{n}{x}$로 나타내기도 한다.

이항계수의 이해

n 회 시행에서 시행순서와 상관없이 x 번 성공하는 경우의 수는

$$ {}_nC_x = \frac{n(n-1)\cdots(n-x+1)}{x!} = \frac{n!}{(n-x)!\,x!}$$

이다. 여기서 $n! = 1\times2\times\cdots\times(n-1)\times n$ 으로 1 부터 n 까지의 정수를 순서대로 곱한 것이다. (단, $0! = 1$ 이다.)

예 2

$\{A,\ B,\ C,\ D\}$ 에서 2 개의 문자를 선택하는 경우는

$$\begin{array}{cccccc} AB & AC & AD & BC & BD & CD \\ BA & CA & DA & CB & DB & DC \end{array}$$

로 12 가지가 있다. 그러나 순서를 고려하지 않는다면 첫 번째 줄의 AB와 두 번째 줄의 BA는 같은 문자들의 조합으로 결과적으로 같다. 따라서 문자가 선택된 순서와 상관없이 단지 2 개의 문자를 선택한다면, 위의 첫 번째 줄과 두 번째 줄은 동일한 선택결과이므로 순서와 상관없이 2 개를 선택하는 경우의 수는 $\{AB,\ AC,\ AD,\ BC,\ BD,\ CD\}$ 의 6 가지다. 즉,

$$ {}_4C_2 = \frac{4\times3}{2!} = 6 \ \text{가지}$$

이다. ❑

이항계수를 구할 때 조합 대신 **파스칼의 삼각형**(Pascal's triangle)을 사용할 수도 있다. [그림 4.1]에서 각 줄은 1로 시작해서 1로 끝나고 가운데 숫자들은 바로 윗줄 좌우에 있는 두 수의 합이다. 예를 들어, $n=3$일 때 4개의 숫자 중에서 가운데 두 수 $\{3, 3\}$은 바로 윗줄에 있는 $\{1, 2, 1\}$의 $1+2$와 $2+1$의 결과이다. 이때의 $\{1,\ 3,\ 3,\ 1\}$은 ${}_3C_0$, ${}_3C_1$, ${}_3C_1$, ${}_3C_3$을 나타낸다. 각 n에서 ${}_nC_x$의 x는 0부터 n까지이다.

n																	
0									1								
1								1		1							
2							1		2		1						
3						1		3		3		1					
4					1		4		6		4		1				
5				1		5		10		10		5		1			
6			1		6		15		20		15		6		1		
7		1		7		21		35		35		21		7		1	
8	1		8		28		56		70		56		28		8		1
⋮									…								

[그림 4.1] 파스칼의 삼각형(Pascal's triangle)

3) 이항확률변수의 평균과 분산

이항확률변수의 평균과 분산

$X \sim B(n, p)$일 때, 확률변수 X의 평균과 분산은

$$E(X) = np \ , \quad V(X) = npq$$

이다. 여기서 $q = 1 - p$이다.

이항확률변수의 표준편차는 $SE(X) = \sqrt{npq}$ 이다. 위 정리의 증명을 여기서는 다루지 않는다. 관심 있는 독자는 참고문헌을 참고하기 바란다.

예제 4 공정한 동전을 10회 던져 앞면이 나올 횟수의 평균, 분산, 표준편차를 구하라.

풀이 공정한 동전을 던져 앞면(그림면)이 나오면 성공이라 할 때, 각 시행에서 성공확률 $p = 1/2$이다. 확률변수 X를 '공정한 동전을 10회 던져 앞면이 나온 횟수'라고 정의하면 $X \sim B(10, 1/2)$이다. 그러므로

평균: $E(X) = n \times p = 10 \times \frac{1}{2} = 5$

분산: $V(X) = n \times p \times q = 10 \times \frac{1}{2} \times \left(1 - \frac{1}{2}\right) = \frac{5}{2}$

표준편차: $SD(X) = \sqrt{V(X)} = \sqrt{\frac{5}{2}}$. ■

4) 이항분포의 분포모양

이항분포의 분포모양은 성공확률 p의 값에 따라 달라진다. 즉 이항분포는 $p = 0.5$이면 좌우대칭, $p < 0.5$이면 왼쪽으로 치우친 분포(좌경분포), $p > 0.5$이면 오른쪽으로 치우친 분포(우경분포)가 된다.

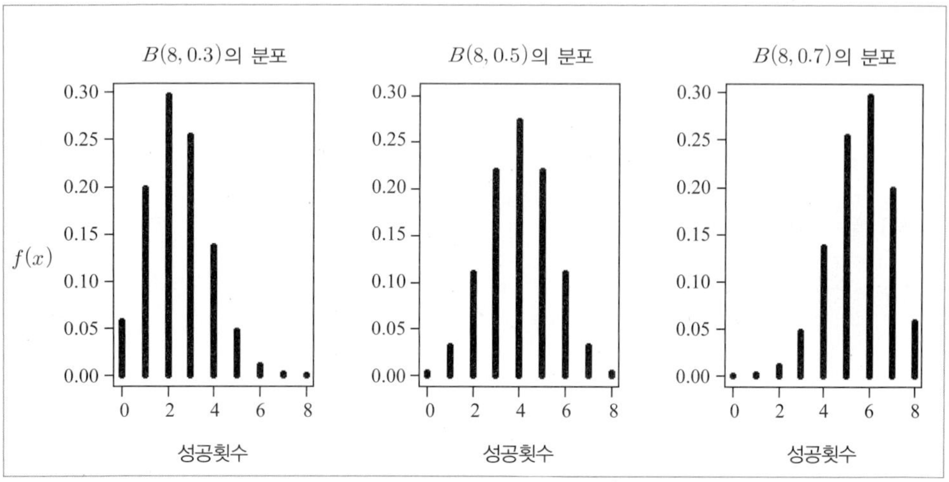

[그림 4.2] 서로 다른 성공확률(p)과 분포모양

시행횟수 n이 커질수록 이항분포는 좌우대칭의 형태에 점점 더 가까워진다. 이런 특성을 '이항분포의 정규근사'라고 하며 이에 대한 자세한 내용은 4.3절 이항분포의 정규근사에서 다룬다.

(4) 표본비율

야곱 베르누이나 라플라스와 같은 고전적 확률론자들의 주요 관심사 중 하나는 경험자료로부터 참비율(true proportion)을 예측하는 것이었다. 이를테면, 앞에서 언급했던 주머니에서 a개의 흰색 공과 b개의 검은색 공을 추출했을 때 주머니에 있는 흰색공의 비율 p를 예측하는 것과 같은 문제이다.

18세기 후반 프랑스 수학자 라플라스[15)]는 $a+b$가 매우 클 때 $a/(a+b)$가 참값 p에 근사함을 보였다. 오늘날은 선거예측조사에서 특정후보자의 지지율, 제품의 불량률, 시험의 합격률 등을 예측하기 위해 이 식을 사용한다. 이 $a/(a+b)$를 **표본비율**(sample proportion)이라고 하고 다음과 같이 정의한다.

표본비율

$X \sim B(n, p)$일 때, $\dfrac{X}{n}$를 표본비율이라고 한다.

표본비율은 주로 $\hat{p}$ 으로 나타낸다. 즉, $\hat{p} = X/n$이다.

표본비율의 평균과 분산

$X \sim B(n, p)$일 때, 표본비율 $\hat{p} = X/n$의 평균과 분산은 다음과 같다.

$$E(\hat{p}) = p, \qquad V(\hat{p}) = \frac{pq}{n}$$

이항분포에서 n과 p는 고정된 값(상수)이기 때문에, 표본비율($\hat{p}$)의 평균과 분산은 3장에서 다룬 평균과 분산의 성질에 의해서 직접 유도된다. 즉,

15) Pierre Simon Laplace, 1749~1827, 프랑스, 수학자.

$$평균:\ E(\hat{p}) = E\left(\frac{X}{n}\right) = \frac{1}{n}E(X) = \frac{1}{n}\times np = p$$

$$분산:\ V(\hat{p}) = V\left(\frac{X}{n}\right) = \frac{1}{n^2}\ V(X) = \frac{1}{n^2}\times npq = \frac{pq}{n}$$

여기서 $q = 1 - p$이다.

예제 5 확률변수 X를 공정한 동전을 12회 던져 앞면이 나온 횟수라고 정의할 때, 표본비율 $\hat{p} = X/n$의 평균과 분산을 구하라. 또, 앞면이 3번 나왔을 때 표본비율을 계산하라.

풀이 $X \sim B(12, 0.5)$이므로 X의 평균은 $E(X) = np = 6$이고 분산은 $V(X) = npq = 3$이다. 또, 표본비율은 $\hat{p} = X/12$이고

$$평균:\ E(\hat{p}) = E\left(\frac{X}{12}\right) = \frac{1}{12}E(X) = \frac{6}{12} = \frac{1}{2}$$

$$분산:\ V(\hat{p}) = V\left(\frac{X}{12}\right) = \frac{1}{12^2}\ V(X) = \frac{1}{48}$$

이다. 한편, $x = 3$일 때

$$표본비율:\ \hat{p} = x/n = \frac{3}{12} = \frac{1}{4}$$

이다. ■

(5) 기타 이산확률분포

이 절에서는 베르누이 분포와 이항분포 두 가지 이산확률분포만 다루었다. 이 외에도 포아송분포, 다항분포, 기하분포, 초기하분포, 음이항분포 등 다양한 이산확률분포가 있지만 이 책의 범위를 벗어나므로 여기서는 다루지 않는다. 관심 있는 독자는 참고문헌의 통계학 서적들을 참고하기 바란다.

4.2 정규분포

이산확률분포와 마찬가지로 다양한 연속확률분포가 존재한다. 연속확률분포들 중에서 가장 중요하고 기본적인 분포가 정규분포(normal distribution)이다. 키, 몸무게, 성적 등 우리 일상생활에서 쉽게 접할 수 있는 많은 연속형 자료들이 정규분포를 따르거나 정규분포에 매우 근사한 분포를 따른다고 알려져 있다.

(1) 정규분포의 역사

정규분포를 살펴보기 전에 정규분포의 역사를 잠시 살펴보자.

정규분포는 가우스 분포(Gaussian distribution) 또는 오차분포(error distribution)라고도 불리지만 정작 정규분포의 최초 개발자는 영국 수학자 드 무아르[16]이다. 1733년 드 무아르는 이항분포의 시행횟수가 매우 클 때 이항분포가 정규분포에 근사함을 보이는 과정에서 최초로 정규분포의 확률밀도함수를 유도했다.

이후 1774년, 프랑스 수학자 라플라스[17]는 이항분포에서 시행횟수가 매우 클 때 표본비율이 참값(성공확률)에 근사함을 보이는 과정에서 또다시 정규확률밀도함수를 유도하였고, 정규확률밀도함수를 $-\infty$에서 $+\infty$까지 적분하면 1이 됨을 증명하였다.[2]

가우스[18]의 연구에서 처음으로 정규분포가 출현한 것은 1809년에 발표한 그의 논문에서다. 이 논문에서 가우스는 행성궤도를 측정할 때 발생하는 측정오차에 가장 잘 부합하는 오차방정식으로 정규확률밀도함수를 가정하였고 오차제곱합이 최소가 되는 참값을 예측하는 방법(이른바 최소제곱추정법)을 발표하였다.[2] 그는 관측자료들의 평균을 중심으로 한 측정오차들의 분포를 정규곡선으로 나타내기도 하였다.

이후 19세기 후반에 들어 일부 학자들이 이 분포에 위대한 수학자의 이름을 붙여 가우스 분포라고 불렀고, 비슷한 시기에 여러 학자들이 이 분포를 정규분포(normal distribution)라고 부르기 시작했다.[4]

---

16) Araham de Moivre, 1667–1754, 영국, 수학자.
17) Pierre Simon Laplace, 1749–1827, 프랑스, 수학자.
18) Carl Friedrich Gauss, 1777–1855, 독일, 수학자.

(2) 정규분포

1) 정규분포의 확률밀도함수

정규분포

확률변수 X의 확률밀도함수가

$$f(x) = \frac{1}{\sqrt{2\pi}\,\sigma} e^{-\frac{1}{2}\left(\frac{x-\mu}{\sigma}\right)^2}, \quad -\infty < x < \infty$$

일 때, 확률변수 X는 '평균이 μ, 분산이 σ^2인 정규분포를 따른다'라고 말하고, 확률변수 X를 정규확률변수(normal random variable)라고 한다.

일반적으로 확률변수 X가 평균이 μ 분산이 σ^2인 정규분포를 따를 때, $X \sim N(\mu, \sigma^2)$로 나타낸다.

정규확률밀도함수(normal probability density function)에서 흥미로운 점은 수학사(數學史)에서 중요한 의미를 가지는 세 개가 무리수 $\sqrt{2}$, π, e가 모두 포함되어 있다는 것이다. π는 '원의 둘레÷원의 지름'인 원주율로 실제로는 무리수이나 통상 3.14를 사용한다. e는 'z가 0으로 한없이 가까이 갈 때 $(1+z)^{1/z}$의 극한값'으로 자연로그의 밑($\log_e = \ln$)으로 사용된다. 이 e도 무리수이나 통상 2.718을 사용한다.[5] $\sqrt{2}$는 한 변의 길이가 1인 정사각형의 대각선의 길이이다.

2) 정규곡선

아래 그림은 평균이 μ, 분산이 σ^2인 정규분포를 나타내는 곡선으로 **정규곡선**(normal curve)이라고 한다.

앞의 정규확률밀도함수 $f(x)$에 구간 ($\mu-$큰 수 $< x < \mu+$큰 수)에 속하는 실수 x를 대입하여 함수값을 계산하고, 그 값들을 연결하면 아래와 같은 정규곡선을 얻을 수 있다.

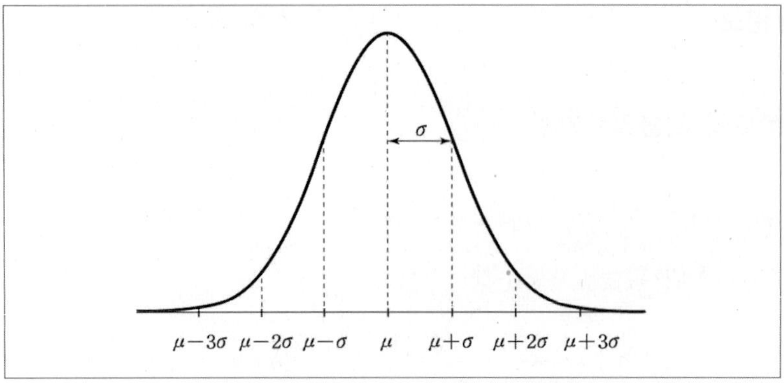

[그림 4.3] $N(\mu, \sigma^2)$ 인 정규곡선

이 정규곡선은 다음과 같은 중요한 특성을 갖는다.

① μ는 이 곡선의 중심위치로, 정규확률변수 X의 분포는 평균 μ를 중심으로 좌우대칭이다.

② 정규곡선과 x축으로 둘러싸인 면적은 1이다.

③ 곡선은 언제나 수평축보다 높이 있어서 수평축(x－축)과 만나지 않는다. x가 $\mu-4\sigma$보다 작거나 $\mu+4\sigma$보다 큰 구간의 이 곡선 아래 면적은 약 6/100,000 정도 밖에 되지 않는다. 그렇다 하더라도 정규곡선과 수평축은 만나지 않는다.

④ 이 곡선의 형태는 평균 μ와 분산 σ^2(또는 표준편차 σ)에 의해 완전히 결정된다. 전체 면적이 항상 1로 일정하기 때문에 [그림 4.4]에서와 같이 σ가 크면 납작한 모양을 하고, σ가 작으면 뾰족한 모양을 한다.

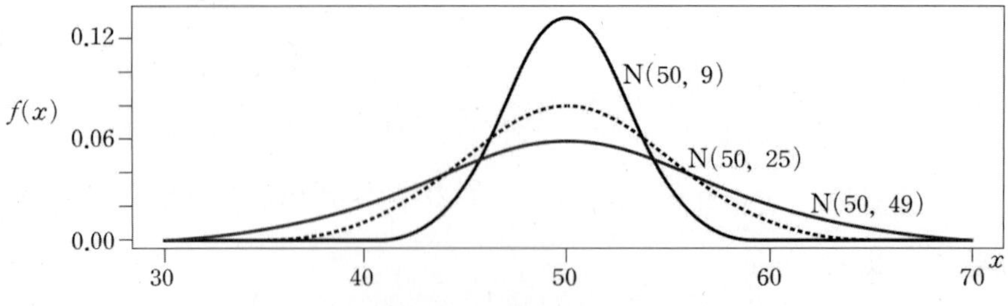

[그림 4.4] 평균이 같고 분산이 다른 정규곡선들

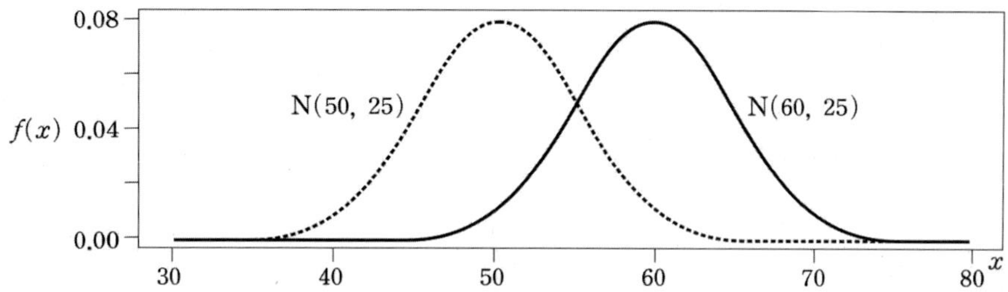

[그림 4.5] 분산이 같고 평균이 다른 정규곡선들

3) 정규분포의 대표적인 확률

$$X \sim N(\mu, \sigma^2)\text{일 때, } \begin{cases} P(\mu-\sigma \le X \le \mu+\sigma) \fallingdotseq 0.683 \\ P(\mu-2\sigma \le X \le \mu+2\sigma) \fallingdotseq 0.955 \\ P(\mu-3\sigma \le X \le \mu+3\sigma) \fallingdotseq 0.997 \end{cases}$$

즉 $X \sim N(\mu, \sigma^2)$일 때, 자료의

① 약 68.3%가 평균 μ로부터 σ 거리 안에 위치한다.

② 약 95.5%가 평균 μ로부터 2σ 거리 안에 위치한다.

③ 약 99.7%가 평균 μ로부터 3σ 거리 안에 위치한다.

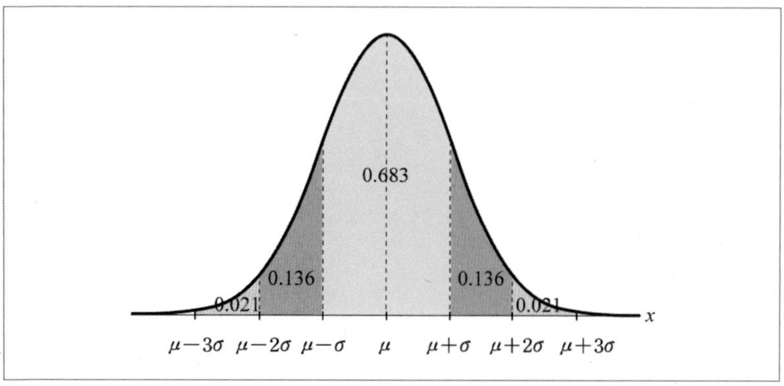

[그림 4.6] 정규분포의 대표적인 확률

(3) 표준정규분포

1) 표준정규분포의 확률밀도함수

표준정규분포(standard normal distribution)

평균이 0, 분산이 1인 정규분포를 표준정규분포라고 한다. $Z \sim N(0,1)$일 때, Z의 확률밀도함수는

$$f(z) = \frac{1}{\sqrt{2\pi}} e^{-\frac{z^2}{2}}, \quad -\infty < z < \infty$$

이다. 이때 Z를 표준정규확률변수라고 한다.

많은 통계학 서적에서는 표준정규확률변수를 Z로 나타낸다. 이 책에서도 그 관례를 따르기로 한다.

2) 정규분포와 표준정규분포의 관계

정규분포와 표준정규분포의 관계

$X \sim N(\mu, \sigma^2)$일 때, $\dfrac{X-\mu}{\sigma} \sim N(0,1)$이다. 따라서 $Z = \dfrac{X-\mu}{\sigma}$이다.

$X \sim N(\mu, \sigma^2)$일 때,

① $x = \mu + 4\sigma$이면 $\dfrac{x-\mu}{\sigma} = \dfrac{(\mu+4\sigma)-\mu}{\sigma} = 4$

② $x = \mu + 2\sigma$이면, $z = 2$

③ $x = \mu$이면, $z = 0$

④ $x = \mu - 2\sigma$이면, $z = -2$

⑤ $x = \mu - 4\sigma$이면, $z = -4$

이다. 이런 관계를 그래프로 나타내면 [그림 4.7]과 같다.

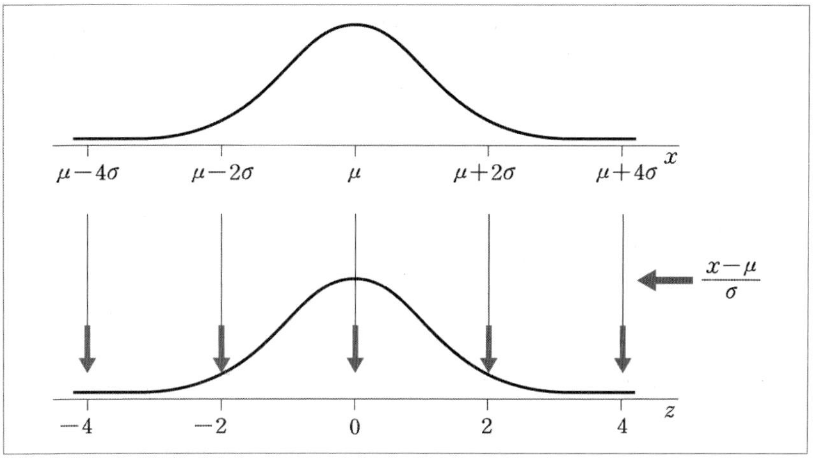

[그림 4.7] $X \sim N(\mu,\sigma^2)$과 $Z \sim N(0,1)$의 관계

$X \sim N(\mu, \sigma^2)$일 때, $\dfrac{X-\mu}{\sigma}$를 '확률변수 X의 표준화'라고 한다. 평균이 μ이고 분산이 σ^2인 정규분포는 (μ, σ)가 어떤 값이든지 상관없이 표준화의 과정을 거치면 표준정규분포 $N(0,1)$이 된다.

3) 표준정규분포의 확률계산

표준정규분포의 확률계산

$Z \sim N(0,1)$일 때,

① $P(Z \geq 0) = P(Z \leq 0) = 0.5$

② 양수 a에 대해, $P(Z \leq -a) = P(Z \geq a)$

③ 두수 $a,b\,(a<b)$에 대해, $P(a \leq Z \leq b) = P(Z \leq b) - P(Z < a)$

④ 양수 a에 대해, $\begin{cases} P(Z \leq a) = 0.5 + P(0 \leq Z \leq a) \\ P(Z \leq -a) = 0.5 - P(0 \leq Z \leq a) \end{cases}$

$Z \sim N(0,1)$일 때, 이 정규곡선은 평균 0을 중심으로 좌우대칭이므로 $P(Z \geq 0) = P(Z \leq 0)$이다. 다음 그림에서 $z = 0$을 통과하는 수직선의 오른쪽 면적이 $P(Z \geq 0)$이고 왼쪽 면적이 $P(Z \leq 0)$이다.

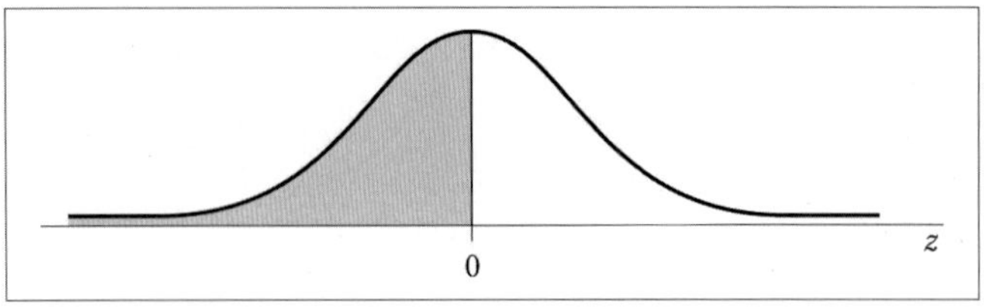

정규분포는 좌우대칭이므로 임의의 양수 a에 대해 $P(Z \le -a) = P(Z \ge a)$이다. 예들 들어 $a = 2$라면, 아래 그림과 같이 2보다 큰 면적 $P(Z \ge 2)$와 -2보다 작은 면적 $P(Z \le -2)$는 같다.

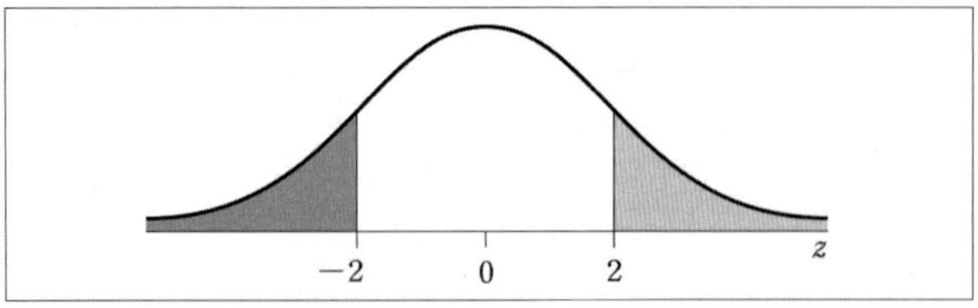

정규곡선과 수평축으로 둘러싸인 면적이 1이라는 것과 함께 앞에서 설명한 내용들을 기억하면 정규분포의 확률계산에 크게 도움이 된다. 또, 연속확률분포에서 등호(=)는 확률값에 영향을 미치지 않음으로 위 확률계산에서 구간 끝에 있는 등호가 있거나 없어도 그 확률은 같다.

부록 [표 1]의 표준정규분포표에는 $z \ge 0$인 값들에 대해 $P(Z \le z)$일 확률이 주어져 있다. 예를 들어 $z = 1.02$라면 표준정규분포표의 첫 번째 열(세로줄)에서 '1.0'의 줄을 찾고, 그 다음 첫 번째 행(가로줄)에서 '0.02'열을 찾아서 만나는 지점에 있는 숫자 0.8461이 $P(Z \le 1.02)$이다.

소수 둘째자리 수

z	0.00	0.01	0.02	0.03	⋯	0.08	0.09
0.0	0.5000	0.5040	0.5080	0.5120	⋯	0.5319	0.5359
0.1	0.5398	0.5438	0.5478	0.5517	⋯	0.5714	0.5753
0.2	0.5793	0.5832	0.5871	0.5910	⋯	0.6103	0.6141
0.3	0.6179	0.6217	0.6255	0.6293	⋯	0.6480	0.6517
⋮	⋮	⋮		⋮	⋱	⋮	⋮
0.9	0.8159	0.8186	0.8212	0.8238	⋯	0.8365	0.8389
1.0	0.8413	0.8438	0.8461	0.8485	⋯	0.8599	0.8621
1.1	0.8643	0.8665	0.8686	0.8708	⋯	0.8810	0.8830
1.2	0.8849	0.8869	0.8888	0.8907	⋯	0.8997	0.9015
⋮	⋮	⋮	⋮	⋮	⋱	⋮	⋮

소수 첫째자리까지

[그림 4.8] 표준정규분포표 읽기

예제 6 $Z \sim N(0, 1)$일 때, 표준정규분포표를 사용하여 다음 확률을 구하라.

① $P(Z < 1.5)$

② $P(Z \geq 0.8)$

③ $P(1 \leq Z \leq 2)$

④ $P(-1.5 < Z < 2.5)$

⑤ $P(|Z| > 1.8)$

풀이 부록 [표 1]의 표준정규분포표로부터

① $P(Z < 1.5) = 0.9332$

② $P(Z \geq 0.8) = 1 - P(Z < 0.8) = 1 - 0.7881 = 0.2119$

③ $P(1 \leq Z \leq 2) = P(Z \leq 2) - P(Z < 1)$

$$= 0.9772 - 0.8413 = 0.1359$$

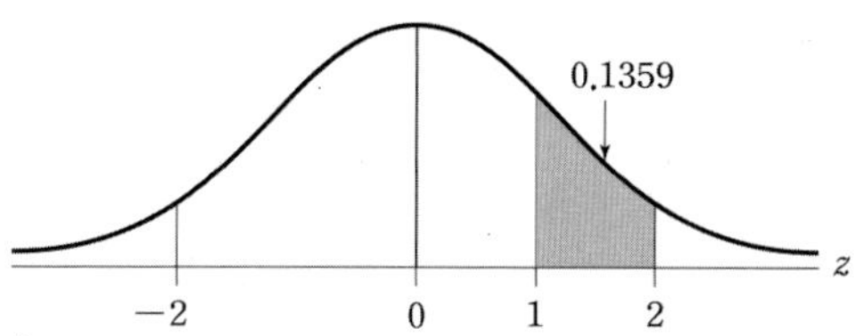

④ $P(-1.5 < Z < 2.5) = P(0 \le Z < 2.5) + P(-1.5 < Z < 0)$

$$= P(0 \le Z < 2.5) + P(0 < Z < 1.5)$$

$$= (0.9938 - 0.5) + (0.9332 - 0.5)$$

$$= 0.4938 + 0.4332 = 0.9270$$

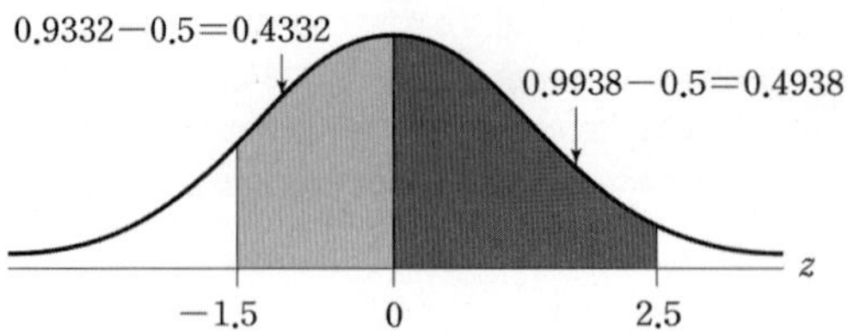

⑤ $P(|Z| > 1.8) = P(Z < -1.8) + P(Z > 1.8)$

$$= 2P(Z > 1.8) = 2\,[1 - P(Z \le 1.8)]$$

$$= 2(1 - 0.9641) = 0.0718$$

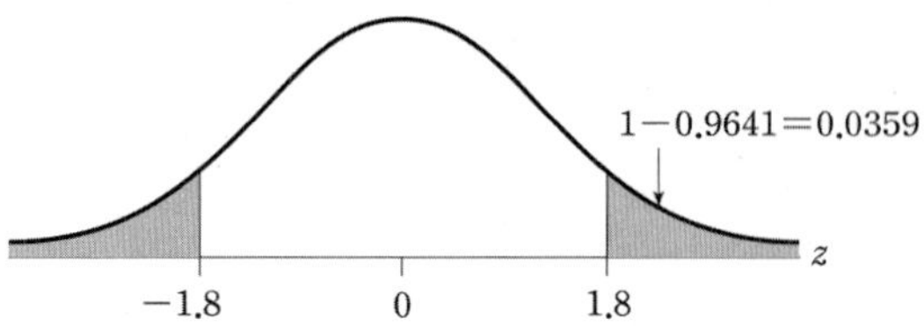

■

예제 7 어느 대학의 신입생들 IQ는 평균이 95, 표준편차가 $\sigma = 14.1$ 인 정규분포를 따른다고 한다. 신입생 중에서 임의로 추출한 한 학생의 IQ가 ① 130 이상일 확률 ② 90 이상 120 이하일 확률을 구하라.

풀이 확률변수 X를 이 대학 신입생들의 IQ라 하자. $X \sim N(95, 14.1^2)$이고 $Z \sim N(0, 1)$이므로, 정규분포와 표준정규분포의 관계에 의해 X를 표준화하면

$$Z = \frac{X - 95}{14.1} \sim N(0, 1)$$

이다. 그러므로

① IQ가 130 이상일 확률은

$x = 130$ 일 때, $z = \dfrac{130-95}{14.1} \fallingdotseq 2.48$ 이므로

$$P(X \geq 130) \fallingdotseq P(Z \geq 2.48) = 1 - P(Z < 2.48)$$
$$= 1 - 0.9934 = 0.0066$$

② $x = 90$ 일 때, $z = \dfrac{90-95}{14.1} \fallingdotseq -0.35$

$x = 120$ 일 때, $z = \dfrac{120-95}{14.1} \fallingdotseq 1.77$ 이므로

$$P(90 \leq X \leq 120) \fallingdotseq P(-0.35 \leq Z \leq 1.77)$$
$$= P(0 \leq Z \leq 1.77) + P(-0.35 \leq Z < 0)$$
$$= P(0 \leq Z \leq 1.77) + P(0 < Z \leq 0.35)$$
$$= (0.9616 - 0.5) + (0.6368 - 0.5) = 0.5984.$$

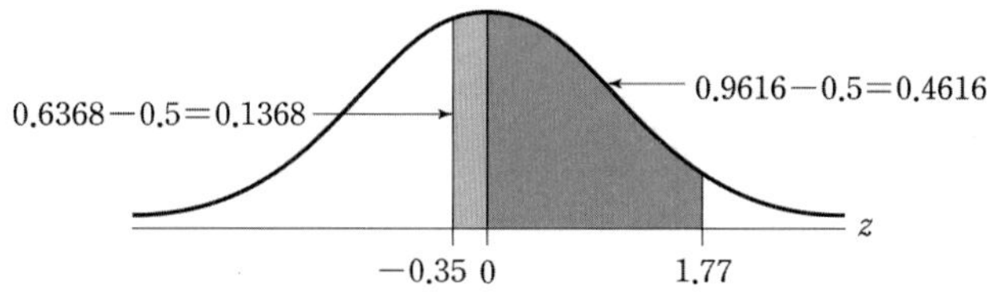

■

4) 표준정규분포의 백분위수

앞에서 정규확률변수의 z값을 알 때 그에 대응하는 확률을 구할 수 있었다. 그러나 통계학에서는 역으로, 확률을 알 때 그에 대응하는 z값을 알아야 하는 경우가 종종 발생한다.

예를 들어, 표준정규확률변수 Z가 c 이하의 값을 가질 확률이 0.95일 때, 즉 $P(Z \leq c) = 0.95$일 때 이 c를 알아야 할 경우가 종종 발생한다. 이때, c를 표준정규분포의 95% 백분위수(percentile)라고 한다.

표준정규분포의 백분위수

$Z \sim N(0,1)$이고, α는 0과 1 사이에 있는 실수라고 하자. 이때,

$$P(Z > c) = \alpha$$

인 c를 표준정규분포의 '상위 $100\alpha\%$ 백분위수'라고 하고, z_{α}라고 표기한다.

어떤 값 c보다 작을 확률과 c보다 클 확률을 합하면 1이다. 즉,

$$P(Z > c) + P(Z \le c) = 1$$

이다. 그러므로 $P(Z > c) = \alpha$이면 $P(Z \le c) = 1-\alpha$이다([그림 4.9]).

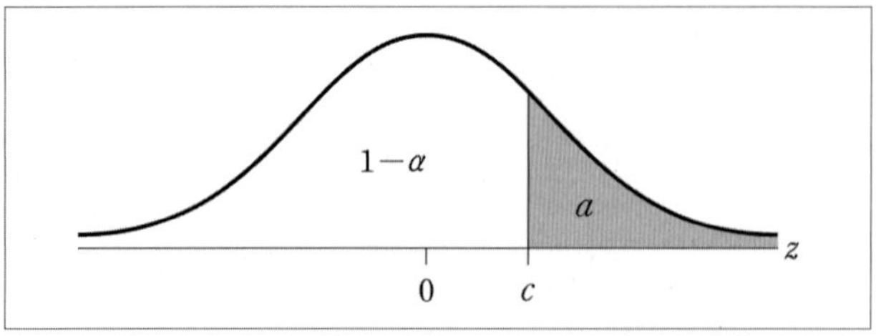

[그림 4.9] 표준정규분포의 백분위수

이 c가, 큰 값부터 순서대로 몇 번째 위치에 있는 값인지로 나타낼 때는 '상위 $100\alpha\%$ 백분위수'라고 하고, 작은 값부터 순서대로 몇 번째 위치에 있는 값인지로 나타낼 때는 '$100(1-\alpha)\%$ 백분위수'라고 한다. $\alpha = 0.05$라면 $c = z_{0.05}$이고 '상위 5% 백분위수' 또는 '95% 백분위수'인 것이다.

통계학 서적에 따라서 '% 백분위수'라는 표현 대신 '제 백분위수'라는 표현을 사용하기도 한다. 즉, $z_{0.05}$는 '상위 제5 백분위수' 또는 '제95 백분위수'라고도 한다.

마이크로소프트사의 엑셀(EXCEL)이나 오픈소스 프로그램인 R 등을 사용하면 통계분석에서 자주 사용하는 여러 확률분포들에 대한 백분위수와 확률들을 구할 수 있다. 그러나 여기서는 부록 [표 1]의 표준정규분포표를 사용해서 백분위수를 구하는 방법을 알아보자.

예를 들어, $P(Z \le c) = 0.975$가 되는 c를 찾아보자.

① 먼저 부록 [표 1]의 표준정규분포표 안에서 0.975를 찾는다.

② 0.975가 있는 행(가로줄)의 가장 앞(첫 번째 열)에 있는 숫자가 c의 소수 첫째자리까지의 수이다.

③ 0.975와 같은 열의 첫 번째 행(가로줄)에 있는 수가 c의 소수 둘째자리 수이다. 그러므로

$$P(Z \le c) = 0.975 \text{가 되는 } c = 1.96 = z_{0.025}$$

이다.(아래 [그림 4.10] 참고)

소수 둘째자리 수

소수 첫째자리까지	0.00	0.01	⋯	0.06	0.07	0.08	0.09
0.0	0.5000	0.5040	⋯	0.5239	0.5279	0.5319	0.5359
0.1	0.5398	0.5438	⋯	0.5636	0.5675	0.5714	0.5753
0.2	0.5793	0.5832	⋯	0.6026	0.6064	0.6103	0.6141
0.3	0.6179	0.6217	⋯	0.6406	0.6443	0.6480	0.6517
0.4	0.6554	0.6591	⋯	0.6772	0.6808	0.6844	0.6879
⋮	⋮	⋮	⋱	⋮	⋮	⋮	⋮
1.8	0.9641	0.9649	⋯	0.9686	0.9693	0.9699	0.9706
1.9	0.9713	0.9719		0.9750	0.9756	0.9761	0.9767
2.0	0.9772	0.9778	⋯	0.9803	0.9808	0.9812	0.9817
⋮	⋮	⋮	⋱	⋮	⋮	⋮	⋮

[그림 4.10] 표준정규분포표에서 백분위수 읽기

예제 8 $Z \sim N(0, 1)$일 때, 표준정규분포표를 사용하여 c를 구하라.

① $P(Z > c) = 0.05$

② $P(Z > c) = 0.005$

③ $P(Z \le c) = 0.5$

④ $P(Z \le c) = 0.67$

⑤ $P(|Z| < c) = 0.99$

풀이 부록 [표 1]의 표준정규분포표로부터

① $P(Z > c) = 0.05$이면 $P(Z \le c) = 0.95$이다. 그러나 표에서 0.95는 찾을 수 없고, 0.95에 인접한 두 수만 찾을 수 있다. 즉,

$c = 1.64$ 이면 $\quad P(Z \le c) = 0.9495$

$c = 1.65$ 이면 $\quad P(Z \le c) = 0.9505$

이다. 0.95는 0.9495와 0.9505의 중간값에 해당하므로, 1.64와 1.65의 중간값을 $P(Z \le c) = 0.95$ 인 $c = 1.645$ 로 간주한다. 즉, $z_{0.05} = 1.645$ 로 간주한다.

	0.00	0.01	0.04	0.05
⋮	⋮	⋮	⋮	⋮
1.5	0.9332	0.9345	0.9382	0.9394
1.6	[illegible]	[illegible]	0.9495	0.9505
1.7	0.9554	0.9564	0.9591	0.9599
⋮	⋮	⋮	⋮	⋮

② $P(Z > c) = 0.005$ 이면 $P(Z \le c) = 0.995$ 이다. 앞의 ①에서와 같이 표에서 0.995는 찾을 수 없고 인접한 두 수를 찾을 수 있다. 즉,

$c = 2.57$이면 $\quad P(Z \le c) = 0.9949$

$c = 2.58$ 이면 $\quad P(Z \le c) = 0.9951$

이고, 0.995는 0.9949와 0.9951의 중간값이므로 2.57과 2.58의 중간값을 $P(Z \le c) = 0.995$ 인 $c = 2.575$, 즉 $z_{0.005} = 2.575$ 로 간주한다.

③ $P(Z \le c) = 0.5$ 인 $c = 0 = z_{0.5}$

④ $P(Z \le c) = 0.67$ 인 $c = 0.44 = z_{0.33}$

⑤ c가 양수일 때, $|Z| < c$에 해당하는 구간은 아래 그림에서 회색 영역에 해당하는 z 의 구간이다. 따라서 $P(|Z| < c) = 0.99$를 그림으로 나타내면 아래 그림의 회색 영역이다. 그러므로

$P(|Z| < c) = 0.99$의 c와 $P(Z \le c) = 0.995$ 의 c가 같다.

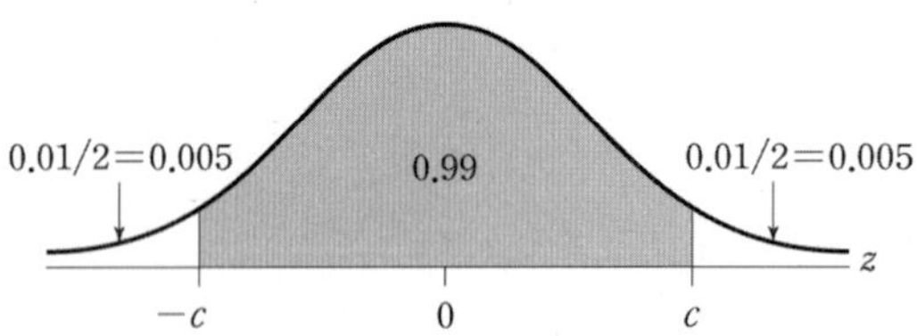

그러므로 ②에서와 같이 $c = 2.575$ 가 된다. ■

일반적으로 통계분석에서 α가 0.1, 0.05, 0.025, 0.01, 0.005일 때의 z_α를 자주 사용한다. 따라서 $z_{0.1} \fallingdotseq 1.282$, $z_{0.05} \fallingdotseq 1.645$, $z_{0.025} \fallingdotseq 1.96$, $z_{0.01} \fallingdotseq 2.33$, $z_{0.005} \fallingdotseq 2.575$는 자주 사용되는 표준정규분포의 상위 백분위수들이므로 기억해두면 편리하다.

(4) 정규분포의 성질

여기에서는 정규분포의 두 가지 중요한 성질을 살펴보자.

1) 정규확률변수에 상수를 곱한 확률변수의 분포

정규분포의 성질 1.

$X \sim N(\mu, \sigma^2)$일 때, 임의의 상수 k에 대해

$$kX \sim N(k\mu, k^2\sigma^2)$$

이다.

이 정리에 대한 수리적 증명은 참고문헌의 수리통계학 서적들을 참고하기 바란다. 여기에서는 그래프를 통해 확인해보자.

예 3

$X \sim N(50, 9)$일 때 $2X$의 분포를 살펴보자.

[그림 4.11]의 두 그래프에서 왼쪽 그래프는 $N(50, 9)$인 정규분포이다. 오른쪽 그래프는 왼쪽 정규분포의 각 x값에 2를 곱한 $2x$를 대응시킨 그래프다. 오른쪽 그래프 역시 정규곡선의 형태를 갖는 것을 확인할 수 있다.

3장에서 설명한 확률변수의 평균과 분산의 성질에 의해서

$E(X) = 50$일 때 $E(2X) = 2 \times 50 = 100$이고

$V(X) = 9$일 때 $V(2X) = 2^2 \times 9 = 36$

이다. 따라서 $X \sim N(50, 9)$일 때 $2X \sim N(100, 36)$이다. [그림 4.11]은 이러한 관계를 시각적으로 보여준다.

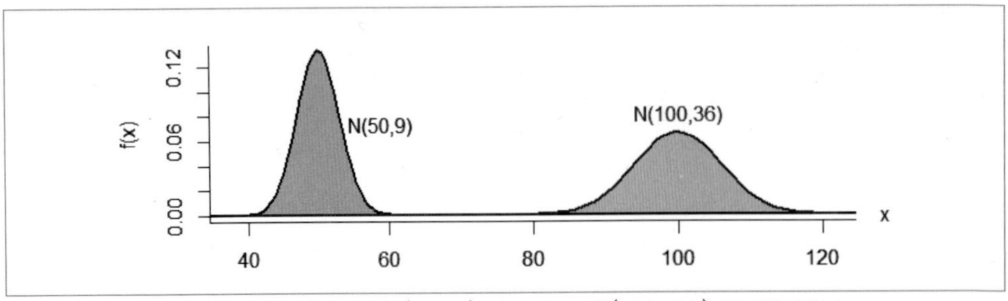

[그림 4.11] $X \sim N(50, 9)$ 와 $2X \sim N(100, 36)$ 의 정규곡선

❑

이와 같이 정규분포를 따르는 확률변수에 상수가 곱해지거나 상수가 더해진 분포 역시 정규분포를 따른다.

2) 독립인 정규확률변수들의 합의 분포

정규분포의 성질 2.

확률변수 X_1, X_2는 서로 독립이고, $X_1 \sim N(\mu, \sigma^2)$, $X_2 \sim N(\mu, \sigma^2)$일 때

$$X_1 + X_2 \sim N(2\mu, 2\sigma^2)$$

이다.

이 정리는 X_1과 X_2의 평균과 분산이 서로 다른 경우에도 성립한다. 예를 들어 $X_1 \sim N(\mu_1, \sigma_1^2)$와 $X_2 \sim N(\mu_2, \sigma_2^2)$이고 X_1, X_2가 독립이면,

$$X_1 + X_2 \sim N(\mu_1 + \mu_2, \sigma_1^2 + \sigma_2^2)$$

이다. 이 정리에 대한 수리적 증명은 참고문헌의 수리통계학 서적들을 참고하기 바란다. 여기에서는 다음 예에서 그래프를 통해 확인해보자.

예 4

평균이 50, 분산이 49인 정규분포를 따르는 모집단에서 두 번 복원추출을 할 때 첫 번째 추출된 것을 X_1, 두 번째 추출된 것을 X_2라고 하면,

$$X_1 \sim N(50, 49) \text{ 와 } X_2 \sim N(50, 49)$$

이고, X_1, X_2는 서로 독립이다(복원추출이기 때문에). 이때 $X_1 + X_2$의 평균과 분산은

$$E(X_1 + X_2) = E(X_1) + E(X_1) = 50 + 50 = 100$$

$$V(X_1 + X_2) = V(X_1) + V(X_1) = 49 + 49 = 98$$

이다(3.4절 확률변수의 평균과 분산의 성질 참고).

아래 그림은

① $N(50, 49)$인 모집단에서 두 번 복원추출하여

첫 번째 추출된 값 x_1
두 번째 추출된 값 x_2] $\Rightarrow$ $x_1 + x_2$을 계산

② 앞의 ①의 작업을 100,000회 반복하여 얻은 100,000개의 $x_1 + x_2$에 대하여 히스토그램을 그린 것이다(위쪽 그림). 아래쪽 그림은 이 히스토그램에 $N(100, 98)$인 정규곡선(파란색)을 겹쳐 그린 것이다.

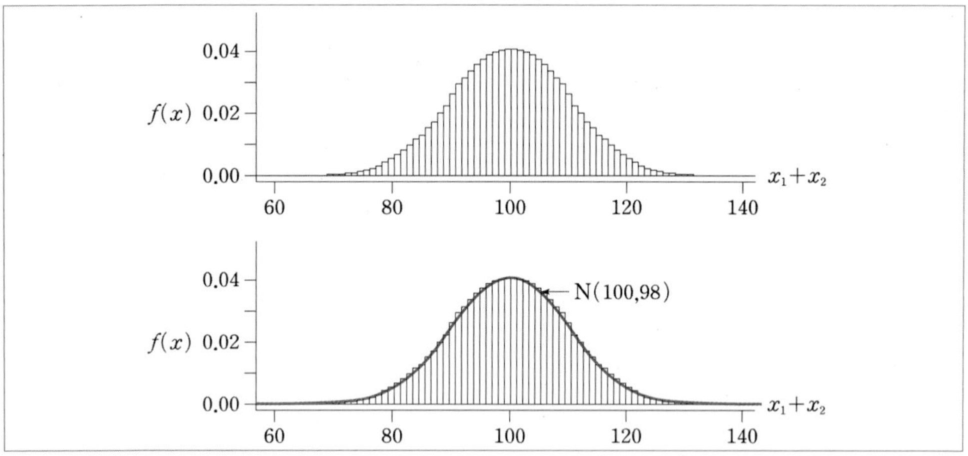

[그림 4.12] $x_1 + x_2$의 히스토그램과 $N(100, 98)$인 정규곡선

[그림 4.12]에서 히스토그램이 $N(100, 98)$인 정규분포에 매우 근사함을 알 수 있다. 만일 $N(50, 49)$인 모집단으로부터 (x_1, x_2)를 100,000회가 아니고 무한히 반복추출하여 $x_1 + x_2$의 그래프를 그린다면 $N(100, 98)$와 일치하게 될 것이다. 즉, $X_1 + X_2 \sim N(100, 98)$이 된다.

❑

이 정리는 서로 독립인 n개의 정규확률변수들의 합인 경우로 확장할 수 있다.

독립인 정규확률변수들의 합의 분포

$X_1, X_2, \cdots, X_n$은 서로 독립이고 $N(\mu, \sigma^2)$를 따르는 확률변수들일 때,

$$X_1 + X_2 + \cdots + X_n \sim N(n\mu, n\sigma^2)$$

이다.

아래 그림은 위 정리를 도표로 나타낸 것이다. X_i들이 서로 독립이므로 $X_1 + X_2$와 X_3도 독립이다. 또, $X_1 + X_2 + X_3$과 X_4도 독립이다. 이러한 관계가 X_n까지 진행된다. 이 정리는 평균 μ와 분산 σ^2이 서로 다른 경우에도 성립한다.

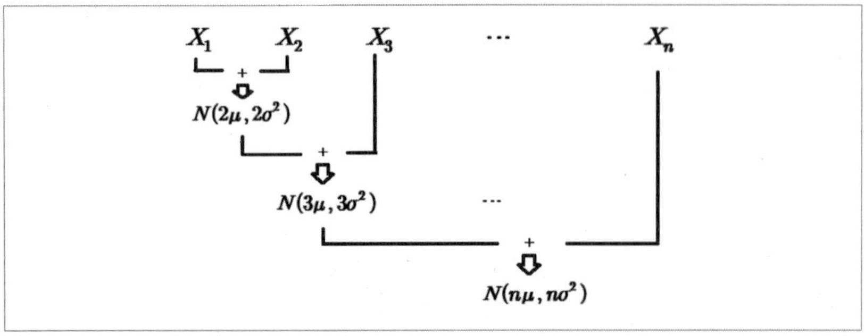

[그림 4.13] $X_i \sim N(\mu, \sigma^2)$이고 서로 독립일 때 $X_1 + \cdots + X_n$의 분포

(5) 기타 연속확률분포

정규분포 외에도 지수분포, 감마분포, 와이블 분포 등 다양한 연속확률분포들이 있다. 관심 있는 독자는 참고문헌의 통계학 서적들을 참고하기 바란다.

다만 연속확률분포 중 t분포, F분포, 카이제곱분포는 통계분석에서 활용도가 높은 중요한 분포들로 5장에서 다루게 될 표본분포와도 밀접한 관계가 있다. 카이제곱분포는 10장 범주형자료의 분석에서 자세히 다루기로 하고 다음 장인 5장에서는 t분포와 F분포를 먼저 살펴본다.

4.3 이항분포의 정규근사

확률변수 X를 '공정한 주사위를 600회 던져 1의 눈이 나오는 횟수'라고 정의하면, 확률변수 X는 $n=600$회 시행에 성공확률 $p=1/6$인 이항분포를 따른다. 즉, $X \sim B(600, 1/6)$이다. 이때, 확률변수 X의 평균과 분산은 각각

$$E(X) = 600\left(\frac{1}{6}\right) = 100 \;\; , \;\; V(X) = 600\left(\frac{1}{6}\right)\left(1-\frac{1}{6}\right) = \frac{250}{3}$$

이다.

이제, 확률변수 X가 평균 100으로부터 ± 5 이내의 값을 취할 확률을 구해보자. 확률변수 X의 확률질량함수는

$$f(x) = {}_{600}C_x \left(\frac{1}{6}\right)^x \left(1-\frac{1}{6}\right)^{600-x}, \quad x = 0, 1, 2, \cdots, 600$$

이므로, $x = 95, 96, \cdots, 104, 105$일 확률은

$$\begin{aligned} & P(95 \le X \le 105) \\ &= f(95) + f(96) + \cdots + f(105) \\ &= {}_{600}C_{95}\left(\frac{1}{6}\right)^{95}\left(1-\frac{1}{6}\right)^{505} + \cdots + {}_{600}C_{105}\left(\frac{1}{6}\right)^{105}\left(1-\frac{1}{6}\right)^{495} \end{aligned}$$

이다. 이 확률을 계산하려면 ${}_{600}C_{95} = \dfrac{600!}{95!\,505!}$와 $(5/6)^{505}$과 같은 계산과정이 필요하다. 만일 컴퓨터가 없다면 이것은 많은 계산량과 계산시간을 요구하는 지루한 작업이 될 것이다.

(1) 이항분포의 정규근사와 연속성의 수정

$X \sim B(600, 1/6)$의 분포를 그래프로 나타내면 [그림 4.14]와 같다.

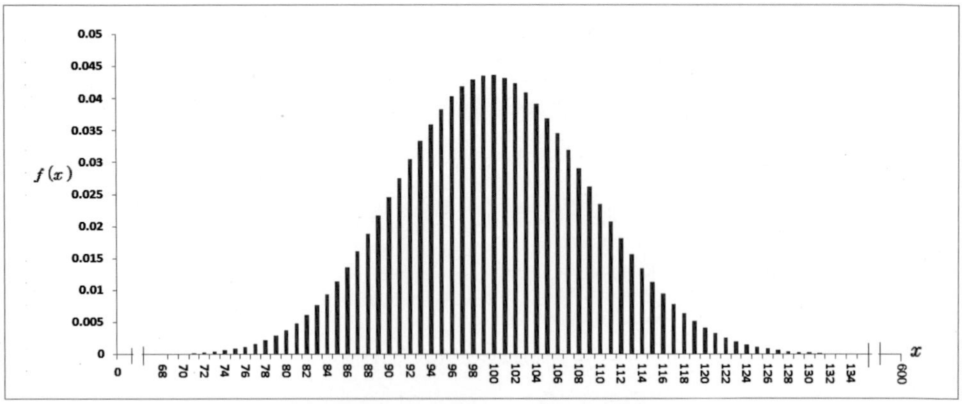

[그림 4.14] $X \sim B(600, 1/6)$

이 그래프는 앞에서 다룬 정규곡선을 연상시킨다. 이항분포는 이산형 확률분포임에도 불구하고 [그림 4.14] 그래프의 각 꼭짓점을 연결한다면 정규곡선 형태를 띠면서 평균 $E(X) = 100$을 중심으로 좌우대칭의 형태를 갖는다.

그렇다면 시행횟수 n이 매우 클 때 이항분포 대신 정규분포를 사용해서 이항확률변수의 확률을 구할 수는 없는 것인지를 살펴보자.

앞의 예에서 $X \sim B(600, 1/6)$이므로 이항분포에서 확률을 계산하면

$$P(95 \le X \le 105) \fallingdotseq 0.4531$$

이고, $E(X) = np = 100$, $V(X) = npq = 250/3$이다.

이제, 확률변수 Y를 평균이 $np = 100$, 분산이 $npq = 250/3$인 정규확률변수라고 하자. 즉 $Y \sim N(100, 250/3)$이라고 하자. 이때 확률변수 Y의 분포를 사용해서 $P(95 \le Y \le 105)$를 구해보자.

Y를 표준화하면 표준정규분포가 되므로, 즉

$$Z = \frac{Y - 100}{\sqrt{250/3}} \sim N(0, 1)$$

이므로, 표준화과정을 거치면

$$y = 95\text{ 일 때, } \frac{95-100}{\sqrt{250/3}} \fallingdotseq -0.55$$

$$y = 105\text{ 일 때, } \frac{105-100}{\sqrt{250/3}} \fallingdotseq 0.55$$

이고,

$$\begin{aligned} P(95 \le Y \le 105) &\fallingdotseq P(-0.55 \le Z \le 0.55) \\ &= 2\,[P(Z \le 0.55) - 0.5] \\ &= 2\,(0.7088 - 0.5) = 0.4176 \end{aligned}$$

이다. 여기서 Z는 표준정규확률변수이다. 이 확률 0.4176은 앞서 이항분포에서 구한 정확한 확률 0.4531과 유사하지만 약 0.0355 정도 작은 값이다. 다음 예에서 그 이유를 살펴보자.

예 5

이항분포 대신 정규분포를 사용하여 이항분포의 확률을 구하는 경우, 확률이 작아지는 이유를 좀 더 자세히 살펴보기 위해서 n이 비교적 작은 이항분포를 고려하자.

오른쪽 그림은 $B(11, 0.5)$인 이항분포와 평균이 $np = 5.5$, 분산이 $np(1-p) = 2.75$인 정규분포(파란색 곡선)를 함께 나타낸 그림이다.

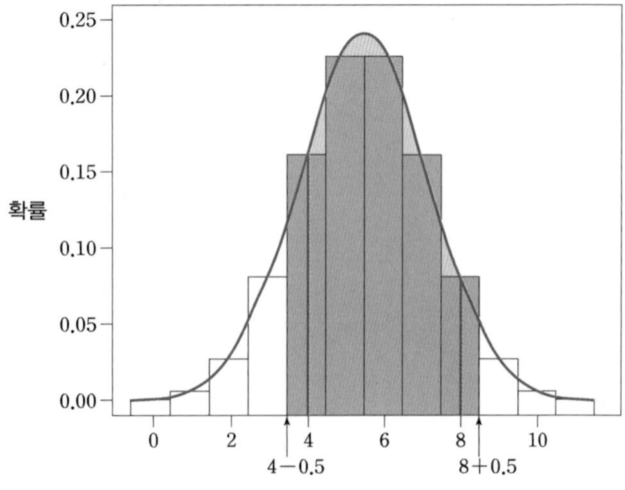

이 그림에서

① 진한 회색면적은 $X \sim B(11, 0.5)$일 때 $P(4 \le X \le 8)$이다.

② 구간 $[4, 8]$에서 정규곡선과 진한 회색면적 안에 있는 파란색 선으로 둘러싸인 면적은 $Y \sim N(5.5, 2.75)$일 때 $P(4 \le Y \le 8)$이다.

이 그림을 살펴보면, 이항분포 대신 정규분포를 사용하는 경우

① 연한 회색으로 표시된 면적은 이항분포 대신 정규분포를 사용함으로써 추가되는 확률로, 이항분포를 정규분포로 근사시켰을 때 잃게 되는 확률(곡선 밖의 진한 회색면적)과 거의 비슷하고 서로 상쇄되므로 무시할 수 있다.

② 그러나 이항분포에서 $3.5 < X < 4$의 면적과 $8 < X < 8.5$의 면적은 이항분포 대신 정규분포를 사용함으로써 잃게 되는 확률(면적)이다.

따라서 이항분포 대신 정규분포를 사용하는 경우, 더 정확한 근사 확률을 얻기 위해서는 이런 특성을 고려하여 계산할 필요가 있다. ❑

다시 앞의 설명으로 돌아가서, $X \sim B(600, 1/6)$일 때 정규분포를 사용하되 이러한 사실을 반영하여 $P(95 \le X \le 105)$의 근사확률을 구해보자.

$Y \sim N(100, 250/3)$일 때, $P(95-0.5 \le Y \le 105+0.5)$는

$$y = 95-0.5 \text{ 이면 } \frac{94.5-100}{\sqrt{250/3}} \fallingdotseq -0.60$$

$$y = 105+0.5 \text{ 이면 } \frac{105.5-100}{\sqrt{250/3}} \fallingdotseq 0.60$$

이므로

$$P(94.5 \le Y \le 105.5) \fallingdotseq P(-0.60 < Z < 0.60)$$
$$= 2\,[P(Z \le 0.60) - 0.5]$$
$$= 2\,(0.7257 - 0.5) = 0.4514$$

이다. 이 확률은 이항분포를 이용한 실제 확률 0.4531과 소수 둘째자리까지 일치한다.

한편, $y = 94.5$와 105.5를 표준화시킬 때 소수 둘째자리에서 반올림함으로써 발생한 오차를 제거하면

$$P(95-0.5 \le Y \le 105+0.5) \fallingdotseq 0.4531$$

로 실제 확률과 거의 일치한다. 즉,

$$P(95-0.5 \le Y \le 105+0.5) \approx P(95 \le X \le 105)$$

이다. 여기서 "$\approx$"는 근사함을 나타내는 기호이다.

(2) 이항분포의 정규근사

확률변수 X가 이항분포 $B(n, p)$를 따를 때, 시행횟수 n이 커짐에 따라 이항분포의 분포모양이 정규분포에 근사해가는 특성을 '**이항분포의 정규근사**'라고 한다. 그리고 앞에서 설명한 사례에서와 같이 이항분포를 정규분포로 근사시켜 이항분포의 확률을 구할 때 구간의 양 끝 값에 0.5를 더해주거나 빼주는 것과 같은 수정을 '**연속성의 수정**'이라고 한다.

이항분포의 정규근사

$X \sim B(n, p)$이고 n이 충분히 클 때, X의 분포는 $N(np, npq)$에 근사한다. 그러므로

$$P(a \le X \le b) \approx P\left(\frac{(a-0.5)-np}{\sqrt{npq}} \le Z \le \frac{(b+0.5)-np}{\sqrt{npq}}\right)$$

이때, $q = 1-p$ 이고 $Z \sim N(0, 1)$이다.

여기서 '근사한다'라는 표현은 수학이나 통계학에서 많이 사용되는 표현으로, 앞에서 살펴본 이항분포의 예와 같이 실제로는 A분포이나 분포형태가 B분포에 가까워서 B분포라고 간주해도 좋다는 뜻으로 사용된다. 이 근사한다는 표현은 분포뿐만 아니라 통계량에도 사용한다. 확률변수 X의 분포가 $N(np, npq)$에 근사할 때 통상적으로 $X \approx N(np, npq)$로 나타낸다.

이항분포의 정규근사에서 연속성의 수정

이항분포 정규근사에서 연속성을 수정하여 구간

$$a \le X \le b \quad \text{또는} \quad X \ge a \quad \text{또는} \quad X \le b$$

의 확률을 구할 때, 구간의

하한값은 a 대신 $a-0.5$, 상한값은 b 대신 $b+0.5$

를 사용한다.

이항분포의 정규근사와 관련하여 참고할 사항은 다음과 같다.

① 위 정리에서 n이 얼마나 큰 수인지를 명시하지 않았다. 일반적으로 이항분포의 정규근사를 적용하기 위해서는 n이 '$np > 5$ 이면서 동시에 $n(1-p) > 5$'를 만족할 만큼 충분히 큰 수이어야 한다. 단, p가 아주 작아서 0에 가까운 값이라면 n이 아무리 커도 정규분포에 근사하지 않는다.

② n이 충분히 크다면, 이항분포 대신 정규분포를 사용함으로써 잃게 되는 확률이 의미가 없을 만큼 작아진다. 이런 경우에는 실제 확률과 '연속성의 수정'을 하지 않은 근사 확률 간의 차이는 무시할 만큼 작아지기 때문에 '연속성의 수정'을 하지 않아도 무방하다.

예제 9 2016년 국민건강영양조사에 의하면 만 19세 이상 성인남자 중 약 42%가 '과체중이거나 비만'이라고 한다. 1000명의 성인남자 직원을 가진 회사에서 과체중 또는 비만인 직원수가 400명 이상일 확률을 구하라.

풀이 확률변수 X를 '1000명의 성인남자 직원 중 과체중 또는 비만인 사람의 수'라고 정의하면 $X \sim B(1000, 0.42)$이다. 이때, $np > 5$이고 $nq > 5$이므로 이항분포의 정규근사 조건을 만족한다. $E(X) = np = 420$이고 $V(X) = 243.6$이므로 X의 분포는 $N(420, 243.6)$에 근사한다. 그러므로

$$P(X \geq 400) \approx P\left(Z \geq \frac{(400-0.5)-420}{\sqrt{243.6}}\right)$$

$$\fallingdotseq P(Z \geq -1.31) = P(Z \leq 1.31) = 0.9049$$

이다.

참고로, 이항분포를 사용한 정확한 확률은

$$P(X \geq 400) = 0.9057$$

이고, 연속성을 수정하지 않은 정규근사 확률은

$$P(X \geq 400) \approx P(Z \geq -1.28) = 0.8997$$

로 연속성을 수정하지 않은 근사확률과 정확한 확률 간의 차이도 0.006에 불과함을 알 수 있다. ■

(3) 표본비율의 정규근사

표본비율 $\hat{p} = X/n$은 이항확률변수 X를 시행횟수 n으로 나눈 것이다. 그러므로 $np > 5$이고 $nq > 5$일 때, 앞의 4.2절 (4)의 「정규분포의 성질 1」에 의해 표본비율도 정규분포에 근사한다.

표본비율의 정규근사

$X \sim B(n, p)$이고 n이 충분히 클 때, 표본비율 $\hat{p} = X/n$의 분포는

$$\hat{p} \approx N\left(p, \frac{pq}{n}\right)$$

이다.

참고로 앞의 4.1절에서 설명하였듯이 $X \sim B(n, p)$일 때, 표본비율 $\hat{p} = X/n$의 평균은 $E(\hat{p}) = p$이고 분산은 $V(\hat{p}) = pq/n$이다.

예제 10 상자 안에 1000개의 구슬이 있다. 이 구슬들 중 30%가 당첨구슬이다. 이 상자에서 50회 복원추출할 때, 표본비율 $\hat{p} = X/50$의 평균과 분산, 그리고 $\hat{p}$이 0.29과 0.31 사이에 있을 확률을 구하라.

풀이 확률변수 X를 '50회의 복원추출에서 당첨구슬이 추출된 횟수'라고 정의하면 $X \sim B(50, 0.3)$이고, $np = (50)(0.3) = 15$, $nq = (50)(0.7) = 35$로 모두 5보다 크므로 $\hat{p}$의 분포는 정규분포에 근사한다고 할 수 있다.

① $\hat{p}$의 평균은 $E(\hat{p}) = p = 0.3$

$$\text{분산은 } V(\hat{p}) = \frac{pq}{n} = \frac{(0.3)(0.7)}{50} = 0.0042$$

② $\hat{p}$의 분포가 $N(0.3, 0.0042)$에 근사하므로 표준화하면

$$\hat{p} = 0.29 \text{이면, } \frac{0.29 - 0.3}{\sqrt{0.0042}} \fallingdotseq -0.15$$

$$\hat{p} = 0.31 \text{ 이면, } \frac{0.31-0.3}{\sqrt{0.0042}} \fallingdotseq 0.15$$

이므로

$$\begin{aligned} P(0.29 < \hat{p} < 0.31) &\approx P(-0.15 < Z < 0.15) \\ &= 2\{P(Z < 0.15) - 0.5\} \\ &= 2(0.5596 - 0.5) = 0.1192 \end{aligned}$$

이다. ■

4.4 부록: 이항분포의 이해

이 절에서는 이항분포함수의 유도과정을 예를 통해 좀 더 자세히 살펴보자. 관심없는 독자는 이 절을 생략해도 좋다.

확률변수 X를 공정한 동전을 5회 던질 때 앞면이 나올 횟수라고 정의하면 X의 확률질량함수는

$$f(x) = {}_5C_x \left(\frac{1}{2}\right)^x \left(1-\frac{1}{2}\right)^{5-x}, \quad x = 0, 1, , 2, 3, 4, 5$$

이다. $f(x)$의 유도과정을 살펴보자.

① 먼저, 공정한 동전을 5회 던질 때 '앞면이 한 번' 나올 확률을 생각해보자.

공정한 동전을 5회 던진다는 것은 성공확률이 1/2인 베르누이 시행을 5회 반복한다는 말이 된다. 동전을 던져서 앞면이면 성공(S), 뒷면이면 실패(F)라고 하자. 동전을 5회 던질 때 '앞면이 한 번' 나오는 경우는 아래 표에서와 같이 모두 5가지가 있다.

▌표 4.1 공정한 동전을 5회 던져 앞면이 한 번 나오는 경우들

던진 횟수	1	2	3	4	5
경우1	S	F	F	F	F
경우2	F	S	F	F	F
경우3	F	F	S	F	F
경우4	F	F	F	S	F
경우5	F	F	F	F	S

'경우1'은 첫 번째 던질 때에만 앞면이 나오고 나머지는 모두 뒷면이 나오는 경우이다. '경우2'는 두 번째에서만, '경우3'은 세 번째에서만 앞면이 나온다. 그러므로 공정한 동전을 5회 던질 때 앞면이 한 번 나오는 경우는 이 다섯 가지 중 하나이다. 따라서 앞면이 한번만 나올 확률

$$
\begin{aligned}
&P(X=1)\\
&= P(\text{'경우1' 또는 '경우2' 또는 '경우3' 또는 '경우4' 또는 '경우5'})\\
&= P(\text{'경우1'} \cup \text{'경우2'} \cup \text{'경우3'} \cup \text{'경우4'} \cup \text{'경우5'})\\
&= P(\text{경우1}) + P(\text{경우2}) + P(\text{경우3}) + P(\text{경우4}) + P(\text{경우5})
\end{aligned}
$$

이다. 왜냐하면 이 다섯 가지 경우들은 동시에 일어날 수 없는 상호배반사건이고 $X=1$은 이 다섯 가지 경우의 합사상이기 때문이다.

이제 '경우1'이 발생할 확률을 살펴보자. 첫 번째 던져서 나온 결과를 Y_1, 두 번째의 결과를 $Y_2, \cdots$, 다섯 번째의 결과를 Y_5라 하자. 이때 '경우1'이 발생할 확률은

$$
\begin{aligned}
P(\text{경우1}) &= P(Y_1 = S \text{ 이고 } Y_2 = F \text{ 이고 } Y_3 = F \text{ 이고 } Y_4 = F \text{ 이고 } Y_5 = F)\\
&= P(Y_1 = S \cap Y_2 = F \cap Y_3 = F \cap Y_4 = F \cap Y_5 = F)\\
&= P(Y_1 = S) \times P(Y_2 = F) \times P(Y_3 = F) \times P(Y_4 = F) \times P(Y_5 = F)\\
&= \left(\frac{1}{2}\right)\times\left(\frac{1}{2}\right)\times\left(\frac{1}{2}\right)\times\left(\frac{1}{2}\right)\times\left(\frac{1}{2}\right)\\
&= \left(\frac{1}{2}\right)^5
\end{aligned}
$$

이다. 왜냐하면, '경우1'이 발생할 확률은 $Y_1 = S$, $Y_2 = F$, $Y_3 = F$, $Y_4 = F$, $Y_5 = F$가 모두 발생해야 하며 Y_1, Y_2, Y_3, Y_4, Y_5는 각각 베르누이 확률변수로 상호독립이기 때문이다. 여기서 $Y_1 = S$는 처음 던졌을 때 앞면이 나온 경우이고 $Y_3 = F$는 세 번째 던졌을 때 뒷면이 나온 경우이다.

▌경우 1

던진 횟수	1	2	3	4	5
확률변수	Y_1	Y_2	Y_3	Y_4	Y_5
경우1	S	F	F	F	F
확률	1/2	1/2	1/2	1/2	1/2

동일한 논리에 의해 '경우2'~'경우5'의 확률도 모두 $(1/2)^5$ 이므로

$$P(X = 1)$$
$$= P(\text{'경우1' 또는 '경우2' 또는 '경우3' 또는 '경우4' 또는 '경우5'})$$
$$= P(\text{경우1}) + P(\text{경우2}) + P(\text{경우3}) + P(\text{경우4}) + P(\text{경우5})$$
$$= \left(\frac{1}{2}\right)^5 + \left(\frac{1}{2}\right)^5 + \left(\frac{1}{2}\right)^5 + \left(\frac{1}{2}\right)^5 + \left(\frac{1}{2}\right)^5$$
$$= 5 \times \left(\frac{1}{2}\right)^5$$

가 된다.

② 다음은 5회 던져서 앞면이 두 번 나올 확률을 구하자.

공정한 동전을 5회 던질 때 순서와 상관없이 두 번만 앞면이 나오는 경우의 수는 조합(combination)을 사용한다. 5회 던져서 순서와 상관없이 2번 앞면(성공)이 나오고 나머지 3번 뒷면(실패)이 나오는 경우의 수는 모두

$${}_5C_2 = \frac{5 \times 4}{2!} = 10 \text{ 가지}$$

가 있다. 즉 [표 4.2]와 같다.

표 4.2 공정한 동전을 5회 던져 앞면이 두 번 나오는 경우들

던진 횟수	1	2	3	4	5
경우1	S	S	F	F	F
경우2	S	F	S	F	F
경우3	S	F	F	S	F
경우4	S	F	F	F	S
경우5	F	S	S	F	F
경우6	F	S	F	S	F
경우7	F	S	F	F	S
경우8	F	F	S	S	F
경우9	F	F	S	F	S
경우10	F	F	F	S	S

여기서 각 경우의 확률은 모두 동일하게

$$\text{두 번 성공할 확률} \times \text{세 번 실패할 확률} = \{P(S)\}^2 \times \{P(F)\}^3 = \left(\frac{1}{2}\right)^2 \times \left(\frac{1}{2}\right)^3 = \left(\frac{1}{2}\right)^5$$

이고, $(1/2)^5$가 10번 더해져야 하므로

$$P(X=2) = {}_5C_2 \times \left(\frac{1}{2}\right)^5 = 10 \times \left(\frac{1}{2}\right)^5$$

이다.

지금까지의 논리를 정리하면, 동전을 5회 던질 때 앞면이 한 번도 안 나올 수도 있고, 한 번만 나올 수도 있고, 5회 모두 앞면이 나올 수도 있다. 따라서 확률변수 X를 '공정한 동전을 5회 던져 앞면이 나오는 횟수'라고 정의할 때, 확률변수 X가 취할 수 있는 값은 정수로 0부터 5까지다. 이 중 한 값에 대한 확률 $f(x) = P(X=x)$는

$$f(x) = {}_5C_x\left(\frac{1}{2}\right)^x\left(1-\frac{1}{2}\right)^{5-x}, \quad x = 0, 1, , 2, 3, 4, 5$$

이고, 확률변수 X는 성공확률이 1/2인 이항분포를 따른다.

이상의 결과를 일반화하여 베르누이 시행을 n회를 실시하고 성공확률이 p라고 하자. 이때 위 $f(x)$에서 5 자리에 n을 대입하고 1/2 자리에 p를 대입하면 앞의 4.1절 (3)에서 정의한 이항분포의 확률질량함수를 얻는다. 이때 x의 범위는 $x = 1, 2, \cdots, n$이 된다.

참고문헌

1. 오승재 (1995). 수학의 천재들, 경문사, 275–290.
2. 조재근 (2005). 통계학의 역사, 한길사, 30, 176–188, 200–210, 287–290, 300–308, 404.
3. Casella, G. and Berger, B. L. (1990). Statistical Inference, Brooks/Cole, California, 89.
4. Stigler, S. M. (1999). Statistics on the Table: The History and Statistical Concepts and Methods, Harvard University Press, London, 277–290, 403–415.
5. 허민 (1999). 수학: 새로운 황금 시대, 경문사, 16–17, 82–23.

연습문제

1. 철수는 5지 선택형 객관식 20문항의 시험을 치르고 있다. 철수는 5각형 연필에 1부터 5를 써놓고 연필을 굴려서 나온 숫자를 답으로 적을 계획이다. 확률변수 X는 철수가 정답을 맞춘 문항수라고 하자.

① X의 분포를 써라.
② X의 평균, 분산, 표준편차를 구하라.
③ 철수가 이 시험에서 5문항을 맞출 확률을 구하라.
④ 철수가 적어도 1문항 이상을 맞출 확률을 구하라.

2. 확률변수 X는 공정한 주사위를 300회 던질 때 나온 눈의 수가 3의 배수가 되는 횟수이다.

① X의 분포를 써라.
② X의 평균과 분산을 구하라.
③ 이항분포의 정규근사를 사용해서 3의 배수가 두 번 이하로 나올 확률을 구하라.

3. $X \sim N(\mu, \sigma^2)$일 때, 다음 확률을 구하라.

① $P(|X-\mu| > \sigma)$
② $P(|X-\mu| > 2\sigma)$
③ $P(|X-\mu| > 3\sigma)$

4. $Z \sim N(0,1)$일 때, 확률 또는 c를 구하라.

① $P(Z \le 2)$
② $P(0 < Z \le 3)$
③ $P(|Z| \ge 0.5)$
④ $P(|Z| \le 1)$
⑤ $P(Z > c) = 0.025$
⑥ $P(Z < c) = 0.50$
⑦ $P(|Z| < c) = 0.754$
⑧ $P(-c \le Z \le c) = 0.39$

5. 한 대학교수는 수강생들의 상위 10%는 A학점, 그 다음 25%는 B학점을 준다. 이 교수의 수업을 듣는 수강생들의 점수는 평균(μ)이 70, 표준편차(σ)가 10인 정규분포이다.

① A학점을 받기 위해서는 최소 몇 점이어야 하는가?

② 적어도 B학점 이상을 받기 위해서는 최소 몇 점이어야 하는가?

6. 한 전구공장에서 생산되는 전구의 수명은 평균(μ)이 1000시간, 표준편차(σ)가 100시간인 정규분포를 따른다고 알려져 있다. 철수는 상점에서 이 회사 전구 두 개를 구입했다. 철수는 둘 중 하나를 먼저 사용하다가 끊어지면 두 번째 전구를 사용할 계획이다. 첫 번째 전구의 수명을 X_1, 두 번째 전구의 수명을 X_2라 하자.

① 확률변수 X_1와 X_2의 분포를 써라.

② 첫 번째 전구를 1200시간 이상 사용할 확률을 구하라.

③ 두 전구 수명의 합($X_1 + X_2$)의 평균과 분산을 구하라.

④ 두 전구 수명의 합이 2500시간 이상일 확률을 구하라.

7. 어떤 지역의 풍토병 환자 186명 중 38명이 사망하였다. 확률변수 X는 환자 186명 중 사망자수라고 하자. 이 풍토병 사망률(p)은 40%로 알려져 있다.

① 확률변수 X의 평균과 분산을 구하라.

② 풍토병 환자 186명 중 사망자수가 36명 이하일 확률을 구하라.

③ 풍토병 사망자수에 대한 표본비율($\hat{p}$) 구하라.

④ 표본비율의 정규근사를 사용하여 표본비율($\hat{p}$)이 20% 이하일 확률을 구하라.

CHAPTER 5

표본분포

제 5 장 표본분포

대한민국 국민의 평균신장, 도시근로자들의 월평균소득, 로봇청소기의 평균수명 등의 참값을 알기 위해서는 그 대상이 되는 모집단 전체의 자료가 필요하다. 그러나 관심대상인 모집단 전체의 자료를 수집하는 일은 많은 시간과 노력, 비용을 수반한다. 따라서 모집단을 잘 대표하는 표본을 모집단에서 추출하여 자료를 수집 · 분석하고 그 결과를 모집단의 경우로 일반화한다.

이 장에서는 이러한 일반화의 이론적 근거가 되는 확률표본을 정의하고, 표본평균의 분포와 중심극한정리, 통계학에서 모평균의 추론 등에 사용하는 t분포와 F분포를 설명한다.

5.1 확률표본과 통계량

(1) 확률표본

많은 통계이론은 모집단에서 추출된 표본이 확률표본임을 가정한다. 확률표본을 정의하기에 앞서 아래 예를 살펴보자.

예 1

주머니 속에 있는 똑같이 생긴 공 15개에는 숫자 1이 한 개, 2가 두 개, 3이 세 개, 4가 네 개, 5가 다섯 개의 공에 각각 적혀있다. 이 주머니에서 두 개의 공을 복원추출한다고 하자. 이 경우, 주머니에 들어있는 공들은 모집단이 되고, 모집단의 분포는 다음과 같다.

공에 적힌 숫자	1	2	3	4	5	합계
공의 개수	1	2	3	4	5	15
확률	1/15	2/15	3/15	4/15	5/15	1

이 모집단에서 첫 번째 추출된 공의 숫자를 X_1, 두 번째 추출된 공의 숫자를 X_2 라 하자.

첫 번째 추출에서 어느 한 숫자가 적힌 공이 추출될 확률은 모집단의 분포와 같다. 즉, 확률변수 X_1의 분포와 모집단의 분포는 같다.

복원추출에서는 첫 번째 추출된 공을 주머니(모집단)에 다시 넣고 첫 번째 추출과 동일한 상태에서 두 번째 추출이 이루어지므로, 두 번째 추출에서 어느 한 공이 추출될 확률은 첫 번째 추출과 동일하다. 따라서 X_2의 분포도 X_1의 분포와 같다.

이러한 성질을 우리는 'X_1과 X_2는 동일한 분포를 갖는다'라고 말한다. 만일 3개를 복원추출하고 X_3을 세 번째 추출된 공에 적힌 숫자라고 하면, X_1, X_2 그리고 X_3은 모두 동일한 분포를 갖는다.

또한, 첫 번째 추출에서 어떤 숫자의 공이 추출되었는지는 두 번째 추출에 전혀 영향을 미치지 못한다. 즉, X_1과 X_2는 독립이다.

이 주머니(모집단)에서 공을 10회 복원추출을 하고, i번째 추출된 공에 적힌 숫자를 X_i라 하자. 이때 $X_1, X_2, \cdots, X_{10}$은 각각 동일한 분포를 갖고 서로 독립이다. 이와 같이 서로 독립이고 동일한 분포를 따르는 확률변수들의 모임(표본)을 확률표본이라고 한다. ❑

확률표본

n개의 확률변수 $X_1, X_2, \cdots, X_n$이 모두 동일한 분포를 갖고 서로 독립일 때, 이 $X_1, X_2, \cdots, X_n$을 크기 n인 확률표본(random sample)이라고 한다.

예제 1 앞의 [예 1]에서 세 개의 공을 비복원추출하는 경우, X_1, X_2, X_3을 크기 3인 확률표본이라고 할 수 있는지와 그 이유를 설명하라.

풀이 비복원추출의 경우, X_1, X_2, X_3는 동일한 분포를 갖지 않고 각 추출은 독립이 아니므로 확률표본이 아니다. 예를 들어, 첫 번째 추출에서 2가 추출되었다고 하자. 이때 $X_1 = 2$일 확률은 2/15였지만, 두 번째 추출에서 $X_2 = 2$일 확률은 1/14이고, 세 번째 추출에서 $X_3 = 2$일 확률은 두 번째 추출에서 2가 추출되었는지의 여부에 따라 1/13이 될 수도 있고 0이 될 수도 있다. 이처럼 X_1, X_2, X_3는 동일한 분포를 갖지도 않으며 서로 종속이다. 따라서 X_1, X_2, X_3는 확률표본이 아니다. ■

예제 2 한 연구자가 국내 가구들의 가구당 월평균 엥겔지수를 조사하고자 한다. 이를 위해 2015년 인구주택총조사 가구를 모집단으로 하여 2000가구를 표본추출하여 조사한다고 하자. 이 경우 복원추출을 허용하면 동일한 가구가 반복적으로 조사될 수 있다. 매우 극단적인 경우지만 2000가구 모두 동일한 가구가 추출될 확률조차 0은 아니다. 모집단을 잘 대표하는 표본을 조사하기 위해서 연구자는 동일한 가구가 중복 추출되는 것을 원치 않는다. 따라서 연구자들은 일반적으로 비복원추출을 실시하게 된다. 비복원추출된 2000가구를 확률표본이라고 할 수 있는지를 논하라.

풀이 확률표본이 되려면 각 추출은 동일한 분포에서 이루어져야 하고 각 추출결과는 서로 독립이어야 한다.

① 먼저, 각 추출이 동일한 분포에서 이루어졌는지 살펴보자.

2015년 인구주택총조사에서 조사된 가구수는 19,560,603가구이다. 이 모집단에서 2000가구를 비복원추출한다고 하자. 첫 번째 가구가 추출될 확률은

$$1/19,560,603=5.1123\times10^{-8}=0.000000051123$$

이다. 두 번째 가구가 추출될 확률은 이미 추출된 한 가구가 제외되었으므로 나머지 19,560,602에서 한 가구를 추출하는 것이므로

$$1/19,560,602=5.1123\times10^{-8}$$

이다. 이 과정을 마지막까지 반복하면 2000번째 가구가 추출될 확률은 5.1128×10^{-8}로 아래 표와 같다.

추출 횟수	1	2	3	…	2000
모집단의 가구수	9,560,603	9,560,602	9,560,601	…	9,558,604
추출 확률	5.1123×10^{-8}	5.1123×10^{-8}	5.1123×10^{-8}	…	5.1128×10^{-8}

이 표와 같이, 모집단의 크기가 표본크기에 비해 충분히 클 때, 비복원추출을 하더라도 각 가구들이 추출될 확률은 매회 거의 동일하다. 즉, 연속적인 추출에서 이미 추출된 가구를 제외한 나머지 가구들의 분포는 모집단의 분포와 거의 동일하다. 따라서 모집단의 크기가 매우 큰 경우, 각 추출은 동일한 분포에서 이루어진다고 간주할 수 있다.

② 이제, 각 추출결과가 독립이라고 할 수 있는지 살펴보자.

이 모집단에서 순희네가 첫 번째 추출되고 영희네가 두 번째로 추출되는 경우를 생각해보자. 먼저 순희네가 표본으로 추출될 확률은

$$1/19,560,603 = 5.1123 \times 10^{-8}$$

이다. 순희네가 이미 표본으로 추출되었으므로 영희네가 추출될 확률은

$$1/19,560,602 = 5.1123 \times 10^{-8}$$

이다. 따라서 비복원추출에서 순희네와 영희네가 첫 번째와 두 번째로 추출될 확률은 순희네가 추출될 확률과 영희네가 추출될 확률의 곱인

$$(1/19,560,603) \times (1/19,560,602) = (5.1123 \times 10^{-8}) \times (5.1123 \times 10^{-8})$$

이다.

복원추출의 경우, 각 추출은 서로 독립이므로 순희네와 영희네가 추출될 확률은 각각 $1/19,560,603 = 5.1123 \times 10^{-8}$이다. 따라서 복원추출할 때 순희네와 영희네가 첫 번째와 두 번째로 추출될 확률은

$$(1/19,560,603) \times (1/19,560,603) = (5.1123 \times 10^{-8}) \times (5.1123 \times 10^{-8})$$

이다. 이 확률은 앞에서 구한 비복원추출에서의 확률과 거의 차이가 없다.

결론적으로 말해서, 비복원추출에서는 각 추출결과는 독립이 아니지만 모집단의 크기가 표본크기에 비해 충분히 큰 경우 각 추출결과를 서로 독립인 것으로 간주할 수 있다. ■

지금까지 논의를 정리하면, 모집단에서 복원추출한 표본은 확률표본이다. 그러나 실제로 많은 조사나 관찰은 비복원추출로 이루어진다. 이때 표본크기에 비해 모집단이 충분히 크거나 무한모집단인 경우 모집단에서 비복원추출된 표본을 확률표본으로 간주할 수 있다.

참고로, 여기서 논의하는 확률표본은 표본론(sampling theory)에서 다루는 단순임의표본(simple random sample)과는 다소 차이가 있는 개념이다. 표본론의 단순임의표본은 복원추출이거나 비복원추출을 막론하고 모집단의 각 기본단위가 표본에 포함될 확률이 같은 표본을 말한다. 단순임의표본에 대한 자세한 내용은 참고문헌의 표본론 서적을 참고하기 바란다.

확률표본을 구성하는 개별 확률변수의 분포

$X_1, X_2, \cdots, X_n$이 평균이 μ, 분산이 σ^2인 모집단에서 추출한 확률표본이라면, 각 확률변수 X_i의 분포는 모집단의 분포와 동일하다. 따라서 각 확률변수 X_i의 평균과 분산도 μ와 σ^2이다$(i = 1, 2, \cdots, n)$.

(2) 통계량과 표본분포

통계량(statistic): 확률표본의 함수

하나의 확률표본 $X_1, X_2, \cdots, X_n$으로부터 정의할 수 있는 함수는 무수히 많다. 예를 들어

① n개의 확률변수 $X_1, X_2, \cdots, X_n$들을 모두 합하여 n으로 나눈 것

② n개의 확률변수들을 크기순으로 나열할 때 중앙에 위치한 것

③ n개의 확률변수들 중에서 최댓값과 최솟값의 차이

④ n개의 확률변수들의 편차제곱들의 평균

등이 있다. 이때

①은 표본평균(sample mean)

②는 표본중앙값(sample median)

③은 표본범위(sample range)

④는 표본분산(sample variance)이다.

여기에서 유의해야 할 사항은 X_i들이 확률변수이기 때문에 그들의 함수인 '**통계량도 확률변수**'라는 것이다. 따라서 모든 통계량들은 평균(기댓값), 분산 등 각 통계량의 특성값들과 분포가 존재한다. 특별히 통계량의 분산에 대한 양의 제곱근 값, 즉 통계량의 표준편차를 표준오차(standard error)라고 한다. 통계량의 표준오차는 주로 $SE(\quad)$로 나타낸다. 3장에서 확률변수의 평균을 기댓값이라고도 불렀다. 통계량도 확률변수이므로 통계량의 평균도 기댓값이라고도 한다.

간혹 개별 자료들의 표준편차와 통계량의 표준편차를 혼동하는 경우가 종종 있다. 그 차이에 주의를 기울일 필요가 있다.

표준오차: 통계량의 표준편차

통계량은 확률변수이므로 통계량의 각 값에 확률을 대응시키는 확률분포를 갖는데, 이 확률분포를 표본분포(sampling distribution)라고 한다.

표본분포: 통계량의 확률분포

예 2

주머니 속에 들어있는 동일한 모양의 공 다섯 개에 1부터 5까지의 숫자가 적혀있다. 이 주머니에서 2개의 공을 복원추출한다고 하자. 첫 번째 추출한 공의 숫자를 X_1, 두 번째 추출한 공의 숫자를 X_2라고 하자.

이때 모집단은 주머니 속에 들어있는 공들이고, X_1, X_2는 이 모집단으로부터 추출한 크기 2인 확률표본이다. 이 확률표본으로부터 통계량 $(X_1 + X_2)/2$의 분포를 살펴보자.

확률변수 X_1이 취할 수 있는 값은 $\{1, 2, 3, 4, 5\}$이고, 확률변수 X_2가 취할 수 있는 값도 X_1과 동일하다. 따라서 두 번 추출한 공에 적힌 숫자의 쌍 (x_1, x_2)은 모두 25가지이다.

다음 표는 모든 가능한 25가지 쌍(표본)과 각 쌍에서 $(x_1 + x_2)/2$을 계산하여 정리한 결과이다.

번호	x_1	x_2	$(x_1+x_2)/2$	번호	x_1	x_2	$(x_1+x_2)/2$
1	1	1	1	14	3	4	3.5
2	1	2	1.5	15	3	5	4
3	1	3	2	16	4	1	2.5
4	1	4	2.5	17	4	2	3
5	1	5	3	18	4	3	3.5
6	2	1	1.5	19	4	4	4
7	2	2	2	20	4	5	4.5
8	2	3	2.5	21	5	1	3
9	2	4	3	22	5	2	3.5
10	2	5	3.5	23	5	3	4
11	3	1	2	24	5	4	4.5
12	3	2	2.5	25	5	5	5
13	3	3	3				

예를 들어, $(1,1)$은 $X_1=1, X_2=1$이 추출된 경우이고, 이때 $(x_1+x_2)/2=(1+1)/2=1$이다.

위 표를 $(x_1+x_2)/2$에 대해 재정리한 도수분포표와 막대그래프가 아래에 주어졌다. 이 표와 그래프가 통계량 $(X_1+X_2)/2$ 의 분포, 즉 통계량 $(X_1+X_2)/2$의 표본분포이다.

$\frac{x_1+x_2}{2}$	도수	상대도수
1	1	0.04
1.5	2	0.08
2	3	0.12
2.5	4	0.16
3	5	0.20
3.5	4	0.16
4	3	0.12
4.5	2	0.08
5	1	0.04
합계	25	1

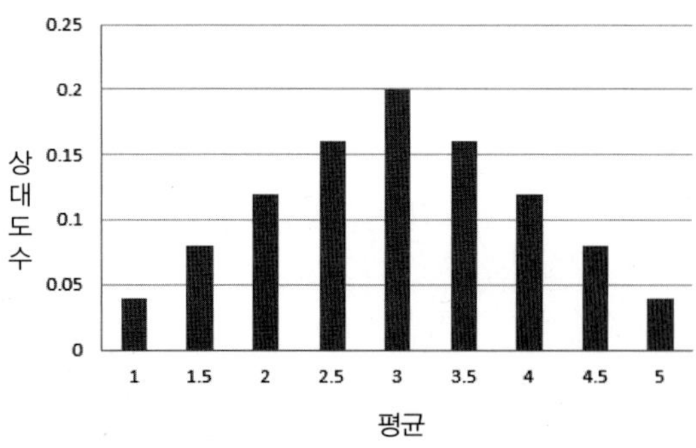

❑

통계량들 중에서 가장 자주 사용되는 통계량은 표본평균(sample mean)과 표본분산

(sample variance)이다.

표본평균

$X_1, X_2, \cdots, X_n$이 크기 n인 확률표본이라 할 때, 표본평균 $\overline{X}$는

$$\overline{X} = \frac{X_1 + X_2 + \cdots + X_n}{n} = \frac{1}{n}\sum_{i=1}^{n} X_i$$

이다.

표본분산

$X_1, X_2, \cdots, X_n$이 크기 n인 확률표본이라 할 때, 표본분산 S^2은

$$S^2 = \frac{(X_1 - \overline{X})^2 + (X_2 - \overline{X})^2 + \cdots + (X_n - \overline{X})^2}{n-1}$$

$$= \frac{1}{n-1}\sum_{i=1}^{n}(X_i - \overline{X})^2$$

이다. 여기서 $\overline{X}$는 표본평균이다. 표본분산의 양의 제곱근 $S = \sqrt{S^2}$을 표본표준편차(sample standard deviation)라고 한다.

위 정의에서 '$X_i - \overline{X}$는 X_i의 표본편차(sample deviation)'이고, 이 편차들의 합은 언제나 0이다(1.3절 「분산과 표준편차」 참고). 즉,

$$(X_1 - \overline{X}) + (X_2 - \overline{X}) + \cdots + (X_n - \overline{X}) = \sum_{i=1}^{n} X_i - n\overline{X} = 0$$

분산은 편차제곱들의 평균이고, 평균은 자료의 합을 자료수로 나눈다. 그러나 1장에서도 언급했던 바와 같이 표본분산은 '자료수 − 1'로 나눈다. 이것은 표본분산의 주된 용도가 모분산(σ^2)을 예측하는 것인데 '자료수(n)'로 나누는 것보다 $n-1$로 나눌 때 모분산을 더 잘 예측하기 때문이다. 이에 대한 이론적 근거는 참고문헌의 수리통계학 서적들을 참고하기 바란다.

1장의 표본분산에서는 관측값이 그 대상이었기 때문에 소문자 s^2으로 나타냈고,

여기서는 통계량(확률변수)이기 때문에 대문자 S^2으로 나타냈다. 소문자로 표기하든지, 대문자로 표기하든지 표본분산에 대한 정의는 동일하다. 통계량 S^2에 실제 관측값을 대입하면 s^2가 된다. 이것은 다른 통계량들도 마찬가지다. 예를 들어, 표본평균이 통계량일 때는 $\overline{X}$로 나타내고 관측값일 때는 $\overline{x}$로 나타낸다.

이러한 표기는 2장에서 확률변수는 영어 대문자로, 확률변수가 취할 수 있는 임의의 값은 영어 소문자로 나타내기로 한 규칙에 의한 것이다. 앞으로도 이 책에서는 가능한 그 규칙을 준수해서 기술될 것이다.

5.2 표본평균의 분포

이 절에서는 표본평균의 특성에 대해 살펴보자.

(1) 표본평균의 기댓값과 분산

예 3

주머니 속이 똑같이 생긴 공 10개에 숫자 1이 한 개, 2가 두 개, 3이 세 개, 4가 네 개의 공에 각각 적혀있다. 이때 이 주머니에 들어 있는 공들은 모집단이고, 이 모집단의 분포는 다음과 같다.

공에 적힌 숫자	1	2	3	4	합계
확률	1/10	2/10	3/10	4/10	1

이 주머니에서 3개의 공을 복원추출하자. 첫 번째 추출된 공에 적힌 숫자를 X_1, 두 번째는 X_2, 세 번째는 X_3라고 할 때, X_1, X_2, X_3은 이 모집단에서 추출한 크기 3인 확률표본이다.

이 확률표본으로부터 정의된 표본평균 $\overline{X} = \dfrac{X_1 + X_2 + X_3}{3}$의 기댓값(평균)과 분산을 구해보자.

이 모집단의 분포는 이산확률분포이다. 따라서 이 모집단의 평균과 분산은 이산확률변수의 평균과 분산을 구하는 식을 사용해서 구할 수 있다(3.2절 이산확률변수의 평균과 분산을 참고). 물론 모집단에 있는 10개의 개별 값을 그대로 사용해서 평균과 분산을 계산해도 결과는 같다. 이 모집단

의 평균과 분산은

$$\mu = \frac{(1\times 1)+(2\times 2)+(3\times 3)+(4\times 4)}{10} = \frac{30}{10} = 3$$

$$\sigma^2 = (1-3)^2\times\frac{1}{10}+(2-3)^2\times\frac{2}{10}+(3-3)^2\times\frac{3}{10}+(4-3)^2\times\frac{4}{10} = 1$$

이다. X_1, X_2, X_3는 확률표본이므로 각 X_i의 분포는 모집단의 분포와 동일하다. 따라서

$$E(X_1) = E(X_2) = E(X_3) = \mu = 3$$

$$V(X_1) = V(X_2) = V(X_3) = \sigma^2 = 1$$

이다.

이제 표본평균 $\overline{X} = \dfrac{X_1+X_2+X_3}{3}$의 기댓값과 분산을 구하자. 이것은 3장에서 다룬 확률변수의 평균과 분산의 성질로부터 직접 유도할 수 있다. 먼저 기댓값은

$$\begin{aligned} E(\overline{X}) = E\left(\frac{X_1+X_2+X_3}{3}\right) &= \frac{1}{3}E(X_1+X_2+X_3) \\ &= \frac{1}{3}\{E(X_1)+E(X_2)+E(X_3)\} \\ &= \frac{1}{3}(3+3+3) = 3\,(=\mu) \end{aligned}$$

이다. X_1, X_2, X_3가 상호독립이므로, 이 표본평균의 분산

$$\begin{aligned} V(\overline{X}) = V\left(\frac{X_1+X_2+X_3}{3}\right) &= \frac{1}{3^2}V(X_1+X_2+X_3) \\ &= \frac{1}{3^2}\{V(X_1)+V(X_2)+V(X_3)\} \\ &= \frac{1}{9}(1+1+1) = \frac{1}{3}\left(=\frac{\sigma^2}{n}\right) \end{aligned}$$

이다. ❑

지금까지의 내용을 정리하면 다음과 같다.

표본평균의 기댓값과 분산

$X_1, X_2, \cdots, X_n$은 평균 μ, 분산이 σ^2인 모집단에서 추출한 크기 n인 확률표본이라 하자. 이때 표본평균 $\overline{X}$의 기댓값과 분산은 다음과 같다.

기댓값(평균): $E(\overline{X}) = \mu$ **분산**: $V(\overline{X}) = \dfrac{\sigma^2}{n}$

이와 같이 표본평균의 기댓값(평균) $E(\overline{X})$는 모집단의 평균과 같고, 표본평균의 분산 $V(\overline{X})$는 표본크기에 반비례한다. 표본평균의 이러한 특성은 모집단의 분포가 이산형이든지 또는 연속형이든지 상관없이 동일하다.

(2) 표본평균의 분포

1) 정규모집단에서 표본평균의 분포

모집단의 분포가 정규분포일 때, **정규모집단**(normal population)이라고 한다. 이제, 앞의 정리들과 지금까지 공부한 지식을 활용해서 표본평균 $\overline{X}$의 분포를 구하자.

정규모집단에서 표본평균의 분포

$X_1, X_2, \cdots, X_n$이 $N(\mu, \sigma^2)$인 모집단으로부터 크기 n인 확률표본일 때,

$$\overline{X} \sim N\left(\mu, \frac{\sigma^2}{n}\right)$$

이다. 또 표본평균 $\overline{X}$를 표준화하면

$$\frac{\overline{X} - \mu}{\sigma/\sqrt{n}} \sim N(0, 1)$$

이다.

증명 $X_1, X_2, \cdots, X_n$이 $N(\mu, \sigma^2)$인 모집단으로부터 확률표본이므로

① 각 $X_i \sim N(\mu, \sigma^2)$ 이고 $X_1 + X_2 + \cdots + X_n \sim N(n\mu, n\sigma^2)$ 이다(4.2절 「정규분포의 성질 2.」 참고). 또,

② 정규확률변수에 상수를 곱하면 정규분포이므로

$$\frac{1}{n}(X_1 + X_2 + \cdots + X_n)$$

도 정규분포이고, 평균은 μ, 분산은 σ^2/n 이 된다(4.2절 「정규분포의 성질 1.」 참고).
즉, ①과 ②의 결과에 따라

$$\overline{X} = \frac{1}{n}(X_1 + X_2 + \cdots + X_n) \sim N\left(\mu, \frac{\sigma^2}{n}\right)$$

이다. ◢

참고로, 임의의 확률변수 X를 표준화하는 식은

$$\frac{X - E(X)}{\sqrt{V(X)}}$$

이다. 위 정리에서 $\overline{X}$의 분산이 σ^2/n 이므로 제곱근을 취하면 $\sigma/\sqrt{n}$ 이다. 따라서 $\overline{X}$를 표준화하면

$$\frac{\overline{X} - \mu}{\sigma/\sqrt{n}} \sim N(0, 1)$$

이다. 이때 Z는 표준정규확률변수이므로

$$Z = \frac{\overline{X} - \mu}{\sigma/\sqrt{n}}$$

이고, $\sigma/\sqrt{n}$ 는 $\overline{X}$의 표준오차이다.

예제 3 한 커피자동판매기에서 나오는 한 잔의 커피의 양은 평균 $200ml$, 표준편차 (σ)가 $12ml$ 인 정규분포를 따른다. 이 자동판매기에서 9잔의 커피를 뽑을 때, 9잔

의 평균 커피양이 $188ml$와 $202ml$ 사이에 있을 확률을 구하라.

풀이 X_i를 i번째 잔의 커피양이라고 하면, 9잔의 평균 $\overline{X}$는 기댓값 $E(\overline{X}) = \mu = 200$이고 표준오차 $SE(\overline{X}) = \dfrac{\sigma}{\sqrt{n}} = \dfrac{12}{\sqrt{9}} = 4$인 정규분포, 즉 $\overline{X} \sim N(200, 4^2)$이므로 표준화하면

$$\overline{x} = 188 \text{일 때} \quad \frac{\overline{x} - \mu}{\sigma / \sqrt{n}} = \frac{188 - 200}{4} = -0.5$$

$$\overline{x} = 202 \text{일 때} \quad \frac{\overline{x} - \mu}{\sigma / \sqrt{n}} = \frac{202 - 200}{4} = 0.5$$

이다. 따라서

$$\begin{aligned} P(188 \le \overline{X} \le 202) &= P(-0.5 \le Z \le 0.5) \\ &= 2\{P(Z \le 0.5) - 0.5\} \\ &= 2(0.6915 - 0.5) = 0.3830 \end{aligned}$$

이때 $Z \sim N(0, 1)$이다. ■

2) 중심극한정리

앞에서, 모집단이 정규분포를 따르면 표본평균의 분포도 정규분포를 따른다는 것을 설명하였다. 이제 모집단의 분포가 정규분포가 아닐 때 표본평균은 어떤 분포를 따르는지를 살펴보자.

예 4

다음 [그림 5.1]~[그림 5.3]은 3가지 서로 다른 모집단에서 추출한 확률표본 $X_1, X_2, \cdots, X_n$으로부터의 표본평균 $\overline{X} = (X_1 + X_2 + \cdots + X_n)/n$의 분포를 그림으로 나타낸 것이다.

각 모집단으로부터 크기 $n = 2, 10, 30, 100$인 확률표본을 각각 10,000회 반복 추출하고, 추출된 각 표본으로부터 $\overline{x}$를 계산한 10,000개의 $\overline{x}$에 대해 히스토그램을 그렸다.

예를 들어, $n = 2$일 때를 중심으로 설명하면, 하나의 모집단으로부터

첫 번째 표본 (x_1, x_2)에서 $\dfrac{x_1 + x_2}{2}$를 계산하여 $\overline{x}_1$이라 하고,

두 번째 표본 (x_1, x_2)에서 $\dfrac{x_1 + x_2}{2}$를 계산하여 $\overline{x}_2$이라 하고,

⋮

10,000번째 표본 (x_1, x_2)에서 $\dfrac{x_1 + x_2}{2}$를 계산하여 $\overline{x}_{10000}$이라 하자.

이 10,000개의 $\overline{x}$들, $(\overline{x}_1,\ \overline{x}_2,\ \cdots,\ \overline{x}_{10000})$을 이용해서 히스토그램을 그린다.

모집단의 분포가 각기 다르게 제시된 세 경우의 각 모집단별로

그림 (가)는 모집단의 분포이고, 그림 (나)~(마)의 히스토그램은

그림 (나)는 $n = 2$일 때 10,000개의 $\overline{x} = (x_1 + x_2)/2$의 분포

그림 (다)는 $n = 10$일 때 10,000개의 $\overline{x} = (x_1 + \cdots + x_{10})/10$의 분포

그림 (라)는 $n = 30$일 때 10,000개의 $\overline{x} = (x_1 + \cdots + x_{30})/30$의 분포

그림 (마)는 $n = 100$일 때 10,000개의 $\overline{x} = (x_1 + \cdots + x_{100})/100$의 분포

이다.

① 경우 1

「경우 1」에서 그림 (가)의 모집단은 $1 \sim 5$까지 다섯 개의 숫자가 있고 각 숫자가 추출될 확률은 모두 $1/5$로 동일한 균등분포를 따른다. 이 모집단의 평균 $\mu = 3$이고 분산 $\sigma^2 = 2$이다. 따라서 $\overline{X}$의 기댓값은 $E(\overline{X}) = 3$이고 분산은 $V(\overline{X}) = 2/n$이다.

[그림 5.1]의 (나)~(마) 히스토그램에는 $N(3, 2/n)$인 정규곡선이 파란색 선으로 겹쳐서 그려져 있다.

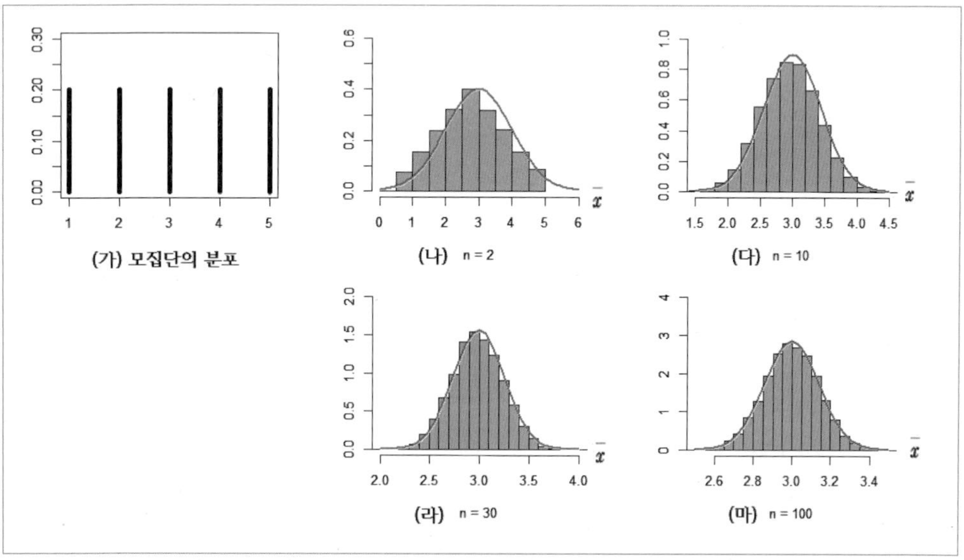

[그림 5.1] 모집단의 분포가 균등분포일 때의 표본평균의 분포

정규모집단일 때는 n의 크기와 상관없이 $\overline{X}$의 분포는 언제나 정규분포였다. 그러나 이 모집단에서는 $n = 2, 10$일 때의 히스토그램이 정규곡선보다는 왼쪽으로 치우친 비대칭분포를 따르고 있음을 알 수 있다. 그러나 n이 증가할수록 이러한 치우침이 줄어들어 $n = 100$에서는 히스토그램이 정규곡선에 매우 근사한 좌우대칭의 모습에 가깝다.

또, 수평축의 눈금을 보면 n이 증가할수록 $\overline{X}$의 분포가 모평균 $\mu = 3$ 근방에 더욱 집중해서 분포하는 경향과 좌우대칭에 가까워지는 분포를 보임을 알 수 있다(가로축 참고).

② 경우 2

「경우 2」에서 그림 (가)의 모집단은 좌경분포로 오른쪽 꼬리가 긴 연속형분포이다. 이 모집단의 평균 $\mu = 5$이고 분산 $\sigma^2 = 10$이다. 따라서 $\overline{X}$의 기댓값은 $E(\overline{X}) = 5$이고 분산은 $V(\overline{X}) = 10/n$이다.

[그림 5.2]의 (나)~(마) 히스토그램에 $N(5, 10/n)$인 정규곡선이 파란색 선으로 함께 그려져 있다.

$n = 2$일 때의 히스토그램은 모집단과 유사하게 오른쪽 꼬리가 긴 분포모양이다. 그러나 n이 증가할수록 히스토그램은 정규곡선에 점점 근사해 간다. $n = 100$일 때에는 히스토그램이 정규곡선에 매우 근사하다.

또, 수평축의 눈금을 보면 n이 증가할수록 $\overline{X}$의 분포는 모평균 $\mu = 5$ 근방에 더욱 집중해서 분포하는 경향을 보인다(가로축 참고).

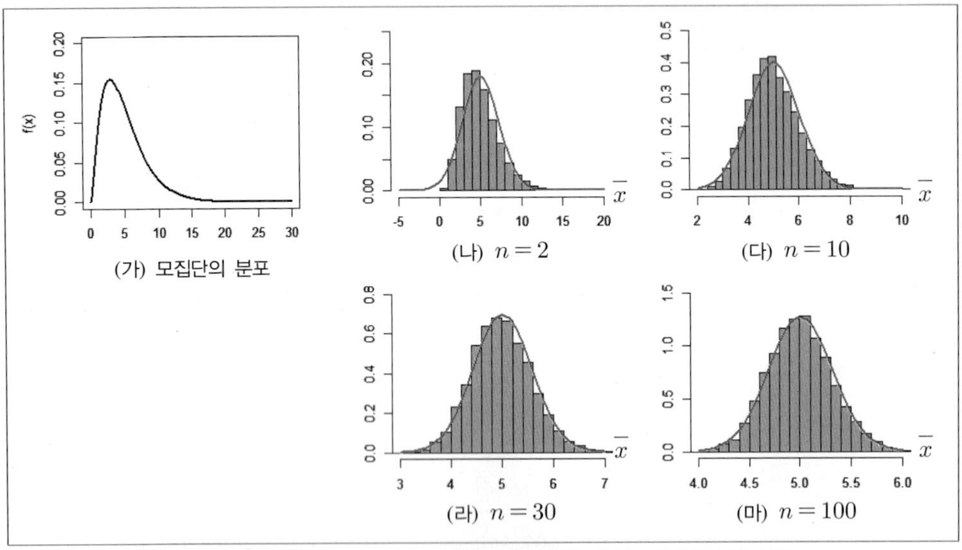

[그림 5.2] 모집단의 분포가 좌경분포일 때의 표본평균의 분포

③ 경우 3

「경우 3」에서 그림 (가)의 모집단은 이산형모집단으로 왼쪽 꼬리가 긴 분포를 갖는다. 이 모집단의 기댓값(평균) $\mu = 7$이고 분산 $\sigma^2 = 2.1$이다. 따라서 $\overline{X}$의 기댓값은 $E(\overline{X}) = 7$이고 분산은 $V(\overline{X}) = 2.1/n$이다.

[그림 5.3]의 (나)~(마) 히스토그램에 $N(7, 2.1/n)$인 정규곡선이 파란색 선으로 겹쳐서 그려져 있다.

$n = 2$일 때의 히스토그램은 정규곡선보다 왼쪽에 치우친 분포 형태를 갖는다. 그러나 n이 증가할수록 히스토그램은 정규곡선에 점차 근사해진다. $n = 100$에서는 히스토그램의 분포가 정규곡선과 매우 근사한 형태를 보임을 알 수 있다.

또, 수평축의 눈금을 보면 n이 증가할수록 $\overline{X}$의 분포는 모평균 $\mu = 7$ 근방에 더욱 집중해서 분포하는 경향을 보인다(가로축 참고).

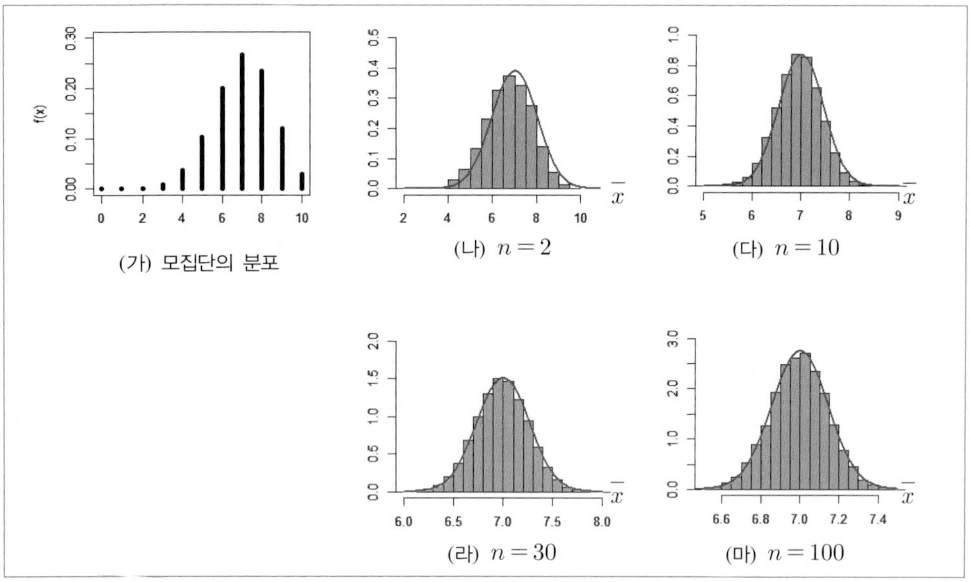

[그림 5.3] 모집단의 분포가 우경분포일 때의 표본평균의 분포

❑

위 예에서 우리는 두 가지 사실을 확인할 수 있다.

① $\overline{X}$의 분포는 모집단의 분포와 상관없이 n이 커지면서 정규분포에 매우 근사한다. 이것을 **중심극한정리**(CLT: Central Limit Theorem)라고 한다.

② $\overline{X}$의 분포는 n이 커지면 점점 더 모평균(μ) 가까이에 집중해서 분포한다. 이것은

$\overline{X}$의 평균은 표본크기와 상관없이 항상 $E(\overline{X}) = \mu$로 변함이 없지만, 분산은 $V(\overline{X}) = \sigma^2/n$로 n이 커질수록 작아지기 때문이다.

중심극한정리

$X_1, X_2, \cdots, X_n$은 평균 μ, 분산이 σ^2인 모집단으로부터 크기 n인 확률표본일 때, n이 충분히 크면 표본평균 $\overline{X}$의 분포는 다음과 같다.

$$\overline{X} \approx N\left(\mu, \frac{\sigma^2}{n}\right)$$

또, 표본평균 $\overline{X}$를 표준화하면 다음과 같다.

$$\frac{\overline{X} - \mu}{\sigma/\sqrt{n}} \approx N(0, 1)$$

여기서 '$\approx$'는 근사분포를 나타낸다(4.3절 이항분포의 정규근사 설명 참고). 앞의 예에서 보듯 n이 증가하면 모집단의 분포와 상관없이 $\overline{X}$의 분포는 정규분포에 근사한다. 따라서 모집단의 분포가 정규분포가 아닐 때, 대체로 표본크기 $n \geq 30$이면 $\overline{X}$의 분포는 정규분포에 근사하는 것으로 간주할 수 있다.

예제 4 앞의 [예제 3]에서 이 커피자동판매기에서 나오는 커피 양에 대한 분포를 모른다고 가정하자. 이 자동판매기에서 36잔의 커피를 뽑는다고 할 때, 36잔의 커피 양의 평균 $\overline{X}$가 188ml와 202ml 사이에 있을 확률을 구하라.

풀이 [예제 3]에서 모평균(μ)은 200, 모표준편차(σ)는 12이었다. X_i를 i번째 잔의 커피 양이라고 하면, 36잔의 평균 $\overline{X}$는 $E(\overline{X}) = \mu = 200$이고 표준오차 $SE(\overline{X}) = \sigma/\sqrt{n} = 12/\sqrt{36} = 2$이므로,

$\overline{x} = 188$일 때 $\quad \dfrac{\overline{x} - \mu}{\sigma/\sqrt{n}} = \dfrac{188 - 200}{2} = -1$

$\overline{x} = 202$일 때 $\quad \dfrac{\overline{x} - \mu}{\sigma/\sqrt{n}} = \dfrac{202 - 200}{2} = 1$

이다. 따라서

$$P(188 \le \overline{X} \le 202) \approx P(-1 \le Z \le 1)$$
$$= 2\{P(Z \le 1) - 0.5\}$$
$$= 2(0.8413 - 0.5) = 0.6826.$$
■

5.3 t 분포

t 분포는 통계학의 추정과 검정 이론에서 가장 많이 사용되는 분포들 중 하나이다. 이 절에서는 연속확률분포인 t 분포에 대해 살펴본다.

(1) t 분포의 확률밀도함수

t 분포는 1876년 독일 수학자 J. 뤼로트19)가 최초로 발견하였다. 그러나 당시 그는 논문을 독일어로 발표하였고 그의 연구는 영어권 학자들에게까지 알려지지 못했던 것 같다.[1] 이후, 1908년 영국의 화학자이자 수학자였던 W. S. 고셋20)이 아일랜드 맥주회사 기네스에 재직하면서 최고품질의 보리를 연구하는 과정에서 독자적으로 이 분포를 재발견했다. 그러나 기네스는 회사 기밀유지를 위해 고용인들의 연구결과 발표를 금지하였고 그로 인해 실명 대신 'Student'라는 필명으로 논문을 발표하였다. 이후에 t 분포는 그의 필명을 사용한 'Student의 t 분포'라고도 불리운다.[2]-[4]

19) Jacob Lüroth, 1844~1910, 독일, 수학자.
20) William Sealy Gosset, 1876~1936, 영국, 화학자, 수학자.

1) t분포의 확률밀도함수

t분포

확률변수 X의 확률밀도함수가

$$f(x)=\frac{\Gamma\left(\frac{k+1}{2}\right)}{\Gamma\left(\frac{k}{2}\right)}\frac{1}{\sqrt{k\pi}}\frac{1}{\left(1+\frac{x^2}{k}\right)^{(k+1)/2}},\qquad -\infty < x < \infty \quad k=1,2,\cdots$$

일 때, 확률변수 X는 '자유도가 k인 t분포(t distribution)를 따른다'라고 말하고, $X \sim t(k)$로 나타낸다.

여기서 $\Gamma(\ )$는 감마함수를 나타낸다. 이 함수는 ( ) 안에 있는 숫자를 알면 함수값을 알 수 있다. 예를 들어 $\Gamma(2)=1$이다. 이 함수에 대한 자세한 내용은 참고문헌의 수리통계학 서적들을 참고하기 바란다.

t분포의 확률밀도함수를 처음 접한 사람이라면 복잡하고 알 수 없는 기호에 당황할 수도 있다. 그러나 자세히 살펴보면 이 확률밀도함수는 아라비아 숫자와 π를 제외하면 k와 x의 함수임을 알 수 있다. 여기서 x는 확률변수가 취할 수 있는 값으로 그 범위는 실수 전체이다. 따라서 하나의 실수값에 대해 k값만 알면 $f(x)$값을 알 수 있다. 즉, t분포의 확률밀도함수는 k의 함수이다. 이 k를 '자유도(degrees of freedom)'라고 하는데, 이 자유도가 t분포의 형태를 결정한다. 예를 들어, $x=2$인 경우

$k=5$일 때 $f(2) \fallingdotseq 0.0651$

$k=30$일 때 $f(2) \fallingdotseq 0.0569$

이다.

t분포의 평균과 분산

$X \sim t(k)$일 때, 확률변수 X의 평균과 분산은 다음과 같다.

$$E(X)=0, \qquad V(X)=\frac{k}{k-2} \quad (\text{단, } k>2)$$

분산은 편차제곱들의 평균이므로 음수가 될 수 없다. t분포의 경우 k가 2 이하이면, 분산의 분모가 0이 되거나 분산이 음수가 되므로 논리적인 모순이다. 따라서 t분포는 자유도 $k > 2$일 때만 분산이 존재한다.

[그림 5.4]는 t분포의 자유도가 증가할 때 분산의 변화를 보여준다. 자유도 k가 증가할 때, 분산은 빠르게 1로 수렴한다. 즉, t분포는 자유도 k가 크면 평균이 $E(X) = 0$, 분산이 $V(X) \approx 1$이다.

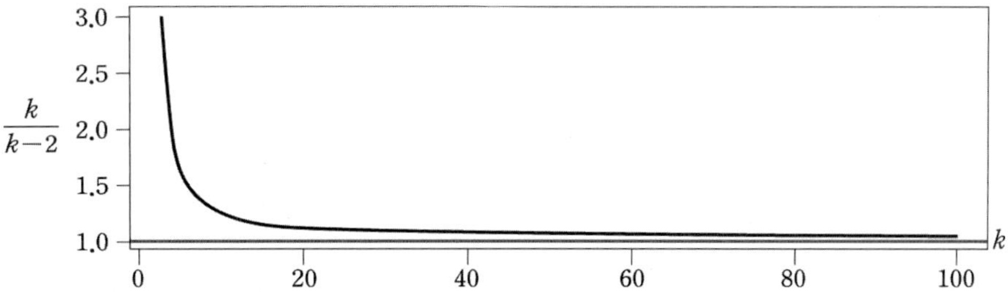

[그림 5.4] t분포에서 자유도 k가 증가할 때 분산의 변화

2) t분포와 표준정규분포의 관계

아래 그림에서는 t분포와 표준정규분포를 함께 나타내었다.

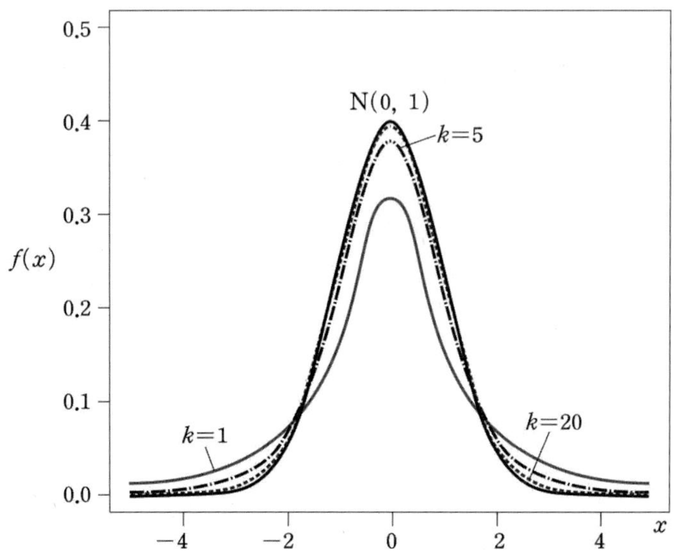

[그림 5.5] $t(k)$와 $N(0,1)$의 분포곡선($k = 1, 5, 20$일 때)

[그림 5.5]에서 가장 진한 실선으로 나타난 곡선이 표준정규곡선이다. t 분포는 자유도가 증가할 때 표준정규분포에 근사함을 알 수 있다. 통상적으로 자유도 $k \geq 30$ 이면 t 분포는 표준정규분포에 근사하는 것으로 간주한다.

t 분포의 분포적 특성을 정리하면 다음과 같다.

t 분포의 특성

$X \sim t(k)$ 일 때,

① 평균이 $E(X) = 0$

② 자유도 k가 증가하면, 분산은 $V(X) \approx 1$

③ 평균을 중심으로 좌우대칭의 분포

④ 자유도 k가 증가하면 $N(0, 1)$에 근사

이와 같이, t 분포는 표준정규분포와 매우 유사하다. 여기에서부터는 표준정규확률변수에 Z를 사용했던 것과 같이 t 분포를 따르는 확률변수를 T로 나타내기로 하자.

(2) t 분포의 백분위수

t 분포에서도 표준정규분포에서와 같이 백분위수를 정의할 수 있다.

t 분포의 백분위수

$T \sim t(k)$ 이고, α는 0과 1 사이에 있는 실수라고 하자. 이때

$$P(T > c) = \alpha$$

인 c를 t 분포의 '상위 $100\alpha\%$ 백분위수' 또는 '상위 제100α 백분위수'라 하고, $t_\alpha(k)$ 또는 $t(k, \alpha)$로 나타낸다.

[그림 5.6]은 자유도가 k인 t 분포의 백분위수를 나타낸다.

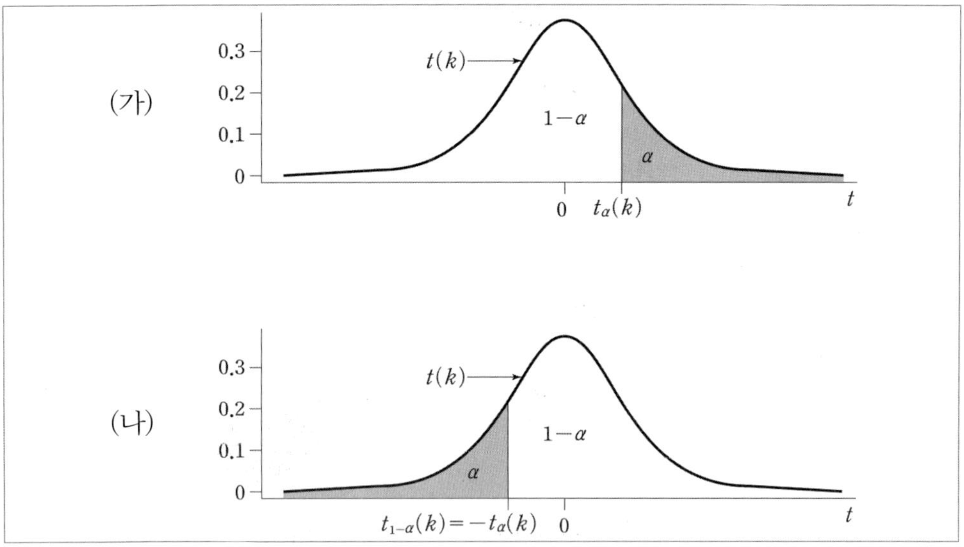

[그림 5.6] $T \sim t(k)$ 의 백분위수

t 분포에서 백분위수의 특성을 정리하면 다음과 같다.

① t 분포는 평균 0을 중심으로 좌우대칭이므로
$P(T \geq 0) = P(T \leq 0) = 0.5$ 이다. 따라서 모든 k 에 대해 $t_{0.5}(k) = 0$

② $\alpha < 0.5$이면, $t_\alpha(k)$는 양수 $(t_\alpha(k) > 0)$ ([그림 5.6]의 (가) 참고)

③ $\alpha > 0.5$ 이면, $t_\alpha(k)$는 음수 $(t_\alpha(k) < 0)$ ([그림 5.6]의 (나) 참고)

④ $\alpha < 0.5$일 때, $t_{1-\alpha}(k) = -t_\alpha(k)$ ([그림 5.6]의 (나) 참고)

부록 [표 2]의 t 분포표에는 $\alpha = 0.005$, 0.01, 0.025, 0.05, 0.1, 0.25 일 때의 상위 백분위수 $t_\alpha(k)$가 주어져 있다. 부록 [표 2]의 t 분포표에서 첫 번째 행(가로줄)에는 α 값이 주어져 있고 첫 번째 열(세로줄)에는 자유도 k가 주어져 있다. 가장 큰 자유도는 ∞ 로 $t_\alpha(\infty) = z_\alpha$ 이다.

이 표를 사용해서 $T \sim t(10)$일 때, $P(T \geq c) = 0.05$ 인 c를 찾으면,

① 첫 번째 행(가로줄)에서 $\alpha = 0.05$ 인 열(세로줄)과

② 첫 번째 열(세로줄)에서 $k = 10$ 인 행(가로줄)

이 만나는 지점에 있는 값이 $c = 1.812$이다. 즉, $T \sim t(10)$일 때

$$P(T \geq 1.812) = 0.05$$

이므로 $t_{0.05}(10) = 1.812$이다.

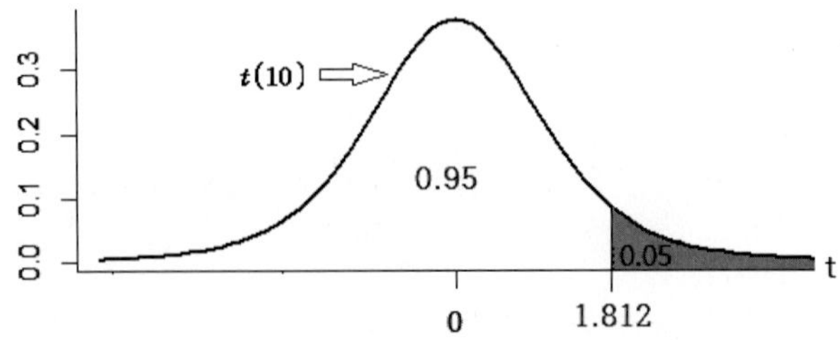

자유도 (k)	α = 0.25	0.1	0.05	0.025	0.01	0.005
1	1.000	3.078	6.314	12.706	31.821	63.657
2	0.816	1.886	2.920	4.303	6.965	9.925
3	0.765	1.638	2.353	3.182	4.541	5.841
⋮	⋮	⋮	⋮	⋮	⋮	⋮
9	0.703	1.383	1.833	2.262	2.821	3.250
10	0.700	1.372	1.812	2.228	2.764	3.169
⋮	⋮	⋮	⋮	⋮	⋮	⋮
30	0.683	1.310	1.697	2.042	2.457	2.750
⋮	⋮	⋮	⋮	⋮	⋮	⋮
∞	0.674	1.282	1.645	1.960	2.326	2.576

[그림 5.7] t 분포표 읽기

예제 5 확률변수 $T \sim t(k)$일 때, 부록 [표 2]의 t 분포표를 이용하여 다음을 만족하는 c를 구하라.

① $k = 5$일 때 $P(T \geq c) = 0.95$인 c

② $k = 5$일 때 $P(T \leq c) = 0.1$인 c

③ $k = 15$일 때 $P(|T| \leq c) = 0.1$ (단, $c > 0$)

풀이 확률변수 $T \sim t(k)$일 때 c를 구해보자.

① $k = 5$일 때 $P(T \geq c) = 0.95$인 $c = t_{0.95}(5)$이다. 부록 [표 2]의 t 분포표에는 $\alpha = 0.95$인 $t_{0.95}(5)$가 제시되지 않으므로 $t_{0.95}(5) = -t_{0.05}(5)$의 관계를

이용한다.

부록 [표 2]의 t분포표에서 $t_{0.05}(5) = 2.015$ 이므로 $t_{0.95}(5) = -t_{0.05}(5) = -2.015$ 이다.

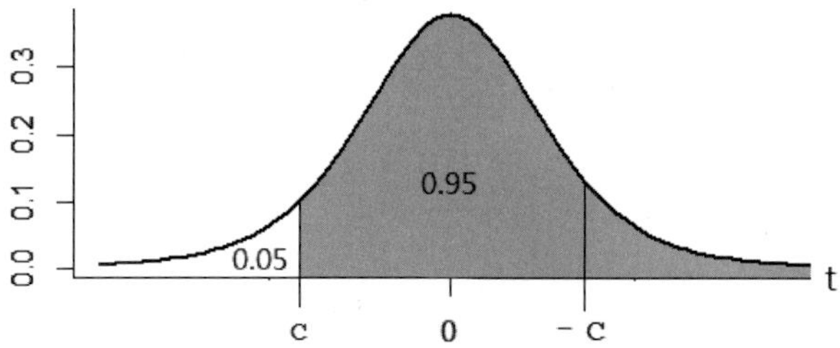

② t분포는 좌우대칭이므로 $P(T \le c) = 0.1$ 이면 $P(T \ge -c) = 0.1$ 이다 (아래 그림 참고). 부록 [표 2]의 t분포표로부터, $k = 5$ 일 때 $-c = t_{0.1}(5) = 1.476$이다. 그러므로 $c = -1.476$ 이다.

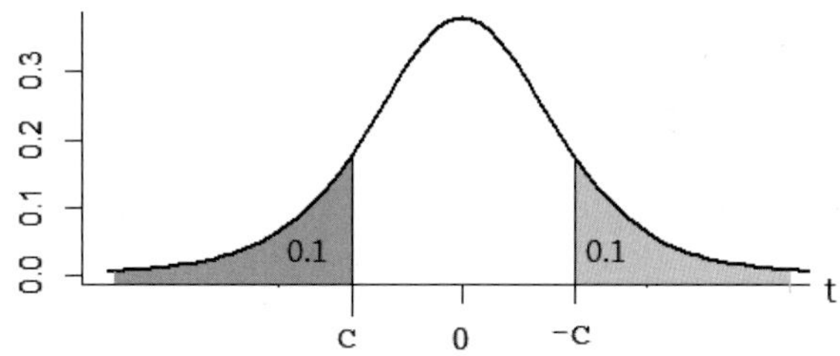

③ $k = 15$ 이고 $c > 0$ 일 때, $P(|T| \le c) = 0.9$ 이면 $P(T > c) = 0.05$ 이다 (아래 그림 참고). 부록 [표 2]의 t분포표로부터, $k = 15$ 일 때 $c = t_{0.05}(15) = 1.753$ 이다.

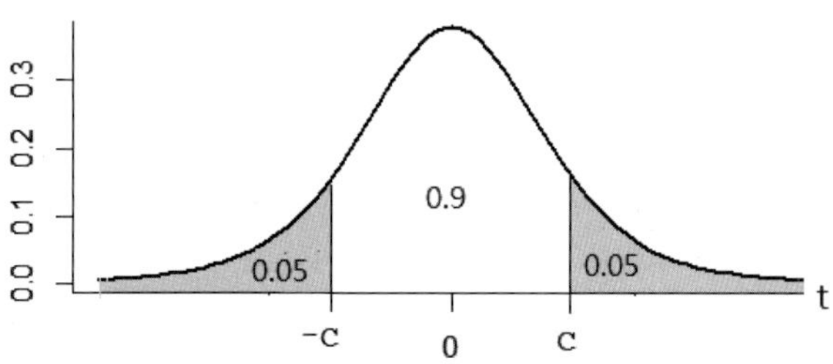

(3) T통계량의 분포

통계학에서 t분포의 중요한 용도 중 하나가 표본크기가 작을 때 모평균에 대한 추론에 활용되는 것이다. 이때 사용되는 통계량과 그 분포를 살펴보자.

1) 정규모집단에서 T통계량의 분포

$X_1, X_2, \cdots, X_n$이 $N(\mu, \sigma^2)$인 모집단으로부터의 확률표본일 때

$$Z = \frac{\overline{X} - \mu}{\sigma / \sqrt{n}} \sim N(0, 1)$$

이다. 그러나 실제로 많은 경우는 모분산 σ^2을 알지 못한다. 이때 이 Z통계량의 모표준편차 σ 대신 표본표준편차 S로 대체하게 되는데, 이때의 통계량 $\dfrac{\overline{X} - \mu}{S / \sqrt{n}}$은 자유도가 $n-1$인 t분포를 따른다.

> **정규모집단에서 T통계량의 분포**
>
> $X_1, X_2, \cdots, X_n$이 $N(\mu, \sigma^2)$인 모집단으로부터 확률표본일 때
>
> $$T = \frac{\overline{X} - \mu}{S / \sqrt{n}} \sim t(n-1)$$
>
> 이다. 이때 S는 표본표준편차이다.

이 $T = \dfrac{\overline{X} - \mu}{S / \sqrt{n}}$를 T통계량이라고 한다. 아래 예에서 T통계량의 분포를 시뮬레이션(simulation)을 활용한 그래프를 통해 확인하자.

예 5

[그림 5.8]의 그래프는 $N(50, 25)$인 모집단에서 크기 n인 확률표본을 10,000회 반복추출하고, 추출된 각 표본 $(x_1, x_2, \cdots, x_n)$으로부터

$$(\bar{x}, s) \text{와} \quad t = \frac{\bar{x} - 50}{s / \sqrt{n}}$$

를 계산하여, 10,000개의 t값을 이용해 히스토그램을 그린 것이다. 각 히스토그램 위에 $t(n-1)$ 분포곡선(파란색 곡선)을 겹쳐 그렸다. 이때 표본크기는 $n = 5, 10, 30$으로 하였다.

아래 그래프는 표본크기와 상관없이 세 히스토그램 모두 $t(n-1)$에 근사함을 확인할 수 있다. 이 정규모집단으로부터 10,000회가 아닌 무한히 많은 반복추출을 실시하여 $t = \dfrac{\overline{x} - 50}{s/\sqrt{n}}$ 값들을 계산하고, 그 분포를 그래프로 나타낸다면 그 때의 분포는 $t(n-1)$의 곡선과 일치하게 될 것이다.

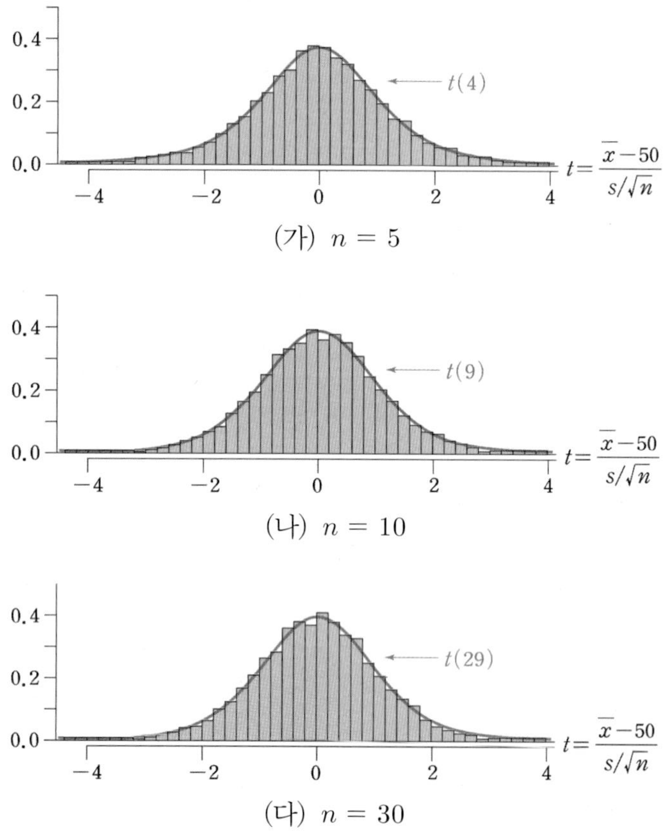

[그림 5.8] 정규모집단에서 T통계량의 분포

❑

2) 정규모집단이 아닐 때 T통계량의 분포

앞에서 정규모집단일 때 T통계량 $T = (\overline{X} - \mu)/(S/\sqrt{n})$은 표본크기와 상관없

이 $t(n-1)$을 따르는 것을 확인했다. 그러나 확률표본의 크기 n이 충분히 크다면 중심극한정리에 의해 정규모집단이 아니더라도 T통계량은 $t(n-1)$에 근사하므로 $T \approx t(n-1)$이 된다.

한편, 표본크기 n이 충분히 크면 t분포는 표준정규분포에 근사한다(즉 $t(n-1) \approx N(0,1)$). 따라서 이때 T통계량의 분포는 다음과 같다.

정규모집단이 아닐 때 T 통계량의 분포

$X_1, X_2, \cdots, X_n$이 평균이 μ, 분산이 σ^2인 모집단으로부터 확률표본일 때, n이 충분히 크면

$$T = \frac{\overline{X} - \mu}{S/\sqrt{n}} \approx N(0,1)$$

이다. 이때 S는 표본표준편차이다.

이 정리도 아래 예에서 그래프를 통해 확인하자.

예 6

아래 [그림 5.9]의 그래프는 오른쪽 꼬리가 긴 좌경분포를 갖는 모집단(그림 (가))에서 크기가 $n = 10, 30, 50, 100$인 확률표본을 10,000회 반복추출하고 각 표본으로부터 $t = \dfrac{\overline{x} - \mu}{s/\sqrt{n}}$를 계산한 후, 10,000개의 계산된 t값을 사용해 히스토그램을 그린 것이다. 각 그래프 위에 $t(n-1)$의 분포곡선을 겹쳐서 그려 놓았다.

[예 5]에서와 달리 표본크기가 작을 때에는 히스토그램이 t분포로부터 다소 벗어나 있다. 그러나 표본크기가 커질수록 $t(n-1)$에 매우 근사한다는 것을 확인할 수 있다. t분포는 자유도가 클 때 표준정규분포에 근사한다. 따라서 T통계량의 분포도 표준정규분포에 근사한다고 할 수 있다.

참고로, 이 예에서 적용된 모집단은 평균 $\mu = 5$이고 $\sigma^2 = 10$인 카이제곱분포이다.

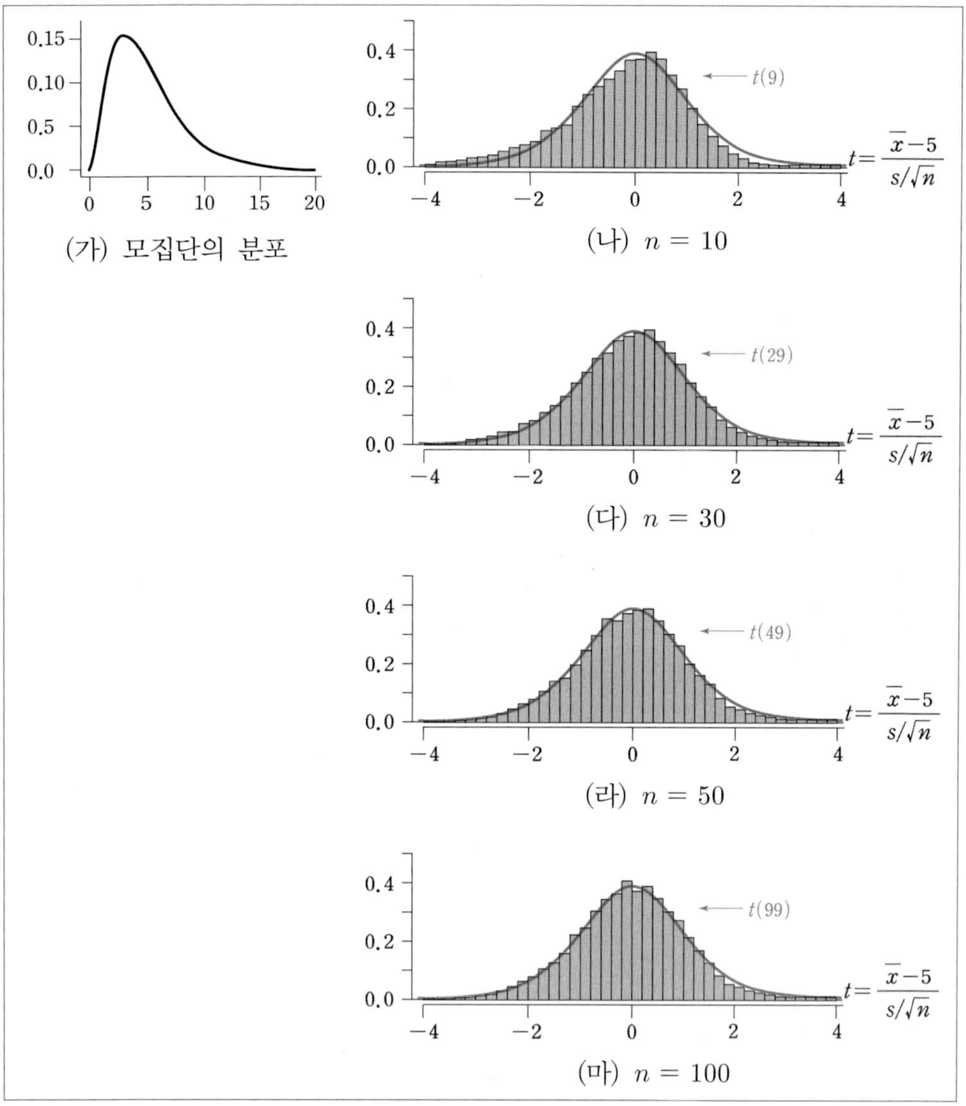

[그림 5.9] 비정규모집단에서 T통계량의 분포

❑

5.4 F분포

통계학의 추정과 검정 이론에서 가장 많이 사용되는 분포들 중 또 다른 하나가 F분포이다. F분포는 모분산에 대한 검정, 분산분석, 회귀분석 등의 통계분석에서 매우 중요하게 활용된다. 이 절에서는 연속확률분포인 F분포에 대해서 살펴보자.

(1) F분포의 확률밀도함수

F분포

확률변수 X의 확률밀도함수가

$$f(x) = \frac{\Gamma\left(\frac{k_1+k_2}{2}\right)}{\Gamma\left(\frac{k_1}{2}\right)\Gamma\left(\frac{k_2}{2}\right)}\left(\frac{k_1}{k_2}\right)^{k_1/2}\frac{x^{(k_1-2)/2}}{\left(1+\left(\frac{k_1}{k_2}\right)x\right)^{(k_1+k_2)/2}}, \qquad 0 \le x < \infty \qquad k_1, k_2 = 1, 2, \cdots$$

일 때, 확률변수 X는 '자유도가 (k_1, k_2)인 F분포(F distribution)를 따른다'라고 말하고, $X \sim F(k_1, k_2)$로 나타낸다.

위에서 $\Gamma(\ )$는 5.3절 t분포의 확률밀도함수에서 설명한 감마함수이다.

F분포의 확률밀도함수는 t분포보다도 훨씬 복잡해 보인다. 그러나 t분포의 경우와 마찬가지로 두 수 (k_1, k_2)만 알면 각 x값에 대해서 $f(x)$값을 알 수 있다. 따라서 F분포의 확률밀도함수는 두 수 (k_1, k_2)의 함수이다. 이 (k_1, k_2)를 자유도라고 한다. 특히 k_1을 분자자유도, k_2를 분모자유도라고 한다. F분포의 형태는 이 두 자유도들에 의해 결정된다. F분포를 따르는 확률변수는 양의 값만 취할 수 있다.

F분포 확률밀도함수의 유도과정과 (k_1, k_2)를 분자자유도, 분모자유도라고 하는 이유 등에 대한 자세한 설명은 이 책의 범위를 넘으므로 여기서는 다루지 않는다. 관심 있는 독자는 참고문헌의 통계학 서적들을 참고하기 바란다. 여기서는 F분포의 형태 및 특성을 그래프를 통해서 살펴보자.

예 7

두 개의 자유도 (k_1, k_2)의 변화에 따라 F분포의 모양이 어떻게 달라지는지 그래프를 통해 살펴보자. 여기서 세 가지 유형의 그래프를 살펴본다. ① k_1을 일정하게 하고 k_2만 증가시킨다([그림 5.10]). ② k_1만 증가시키고 k_2은 일정하게 한다([그림 5.11]). ③ (k_1, k_2)를 동시에 증가시킨다([그림 5.12]).

① $F(5, k_2)$의 그래프: $k_2 = 5, 10, 20, 30$일 때

[그림 5.10]에서는 분자자유도를 $k_1 = 5$로 일정하게 하고, 분모자유도 k_2만 다르게 하였다. k_2가 증가할수록 평균은 1에 근사하고 분산은 작아진다. 그러나 분포 형태는 서로 매우 유사하다. 파란점선은 평균의 위치이다.

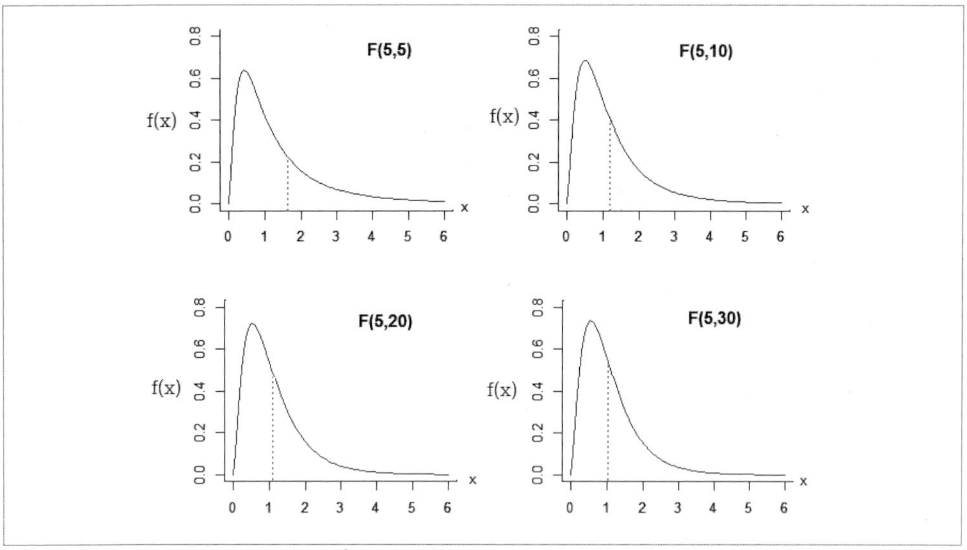

[그림 5.10] $X \sim F(5, k_2)$의 그래프 $(k_2 = 5, 10, 20, 30)$

② $F(k_1, 5)$의 그래프: $k_1 = 5, 10, 20, 30$일 때

[그림 5.11]에서는 $k_2 = 5$로 일정하게 하고 분자자유도 k_1만 다르게 하였다. k_2가 일정하므로 평균의 위치는 같다. 단, k_1이 증가할수록 분산은 조금씩 작아지지만 분포형태는 거의 동일하다. 파란점선은 평균의 위치이다.

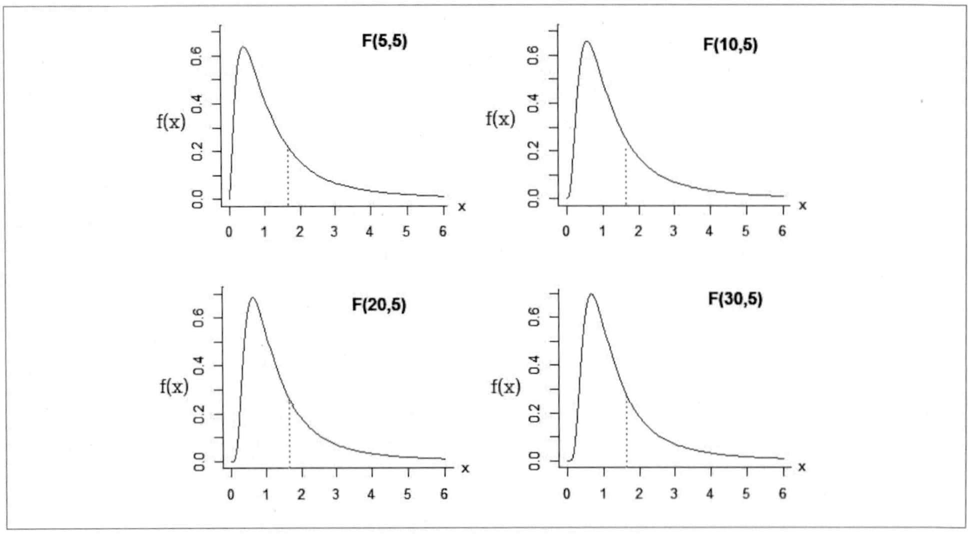

[그림 5.11] $X \sim F(k_1, 5)$ 의 그래프 $(k_1 = 5, 10, 20, 30)$

③ $F(k_1, k_2)$의 그래프: $k_1, k_2 = 5, 20, 50, 100$일 때

앞에서 (k_1, k_2) 중 하나만 변할 때, F분포의 분포형태는 거의 변하지 않았다. [그림 5.12]에서는 두 자유도 k_1과 k_2를 동시에 증가시켰다. 두 자유도가 동시에 증가할수록 F분포의 비대칭성이 수정되고 좌우대칭 형태로 변화하면서 분산이 감소하는 것을 확인할 수 있다.

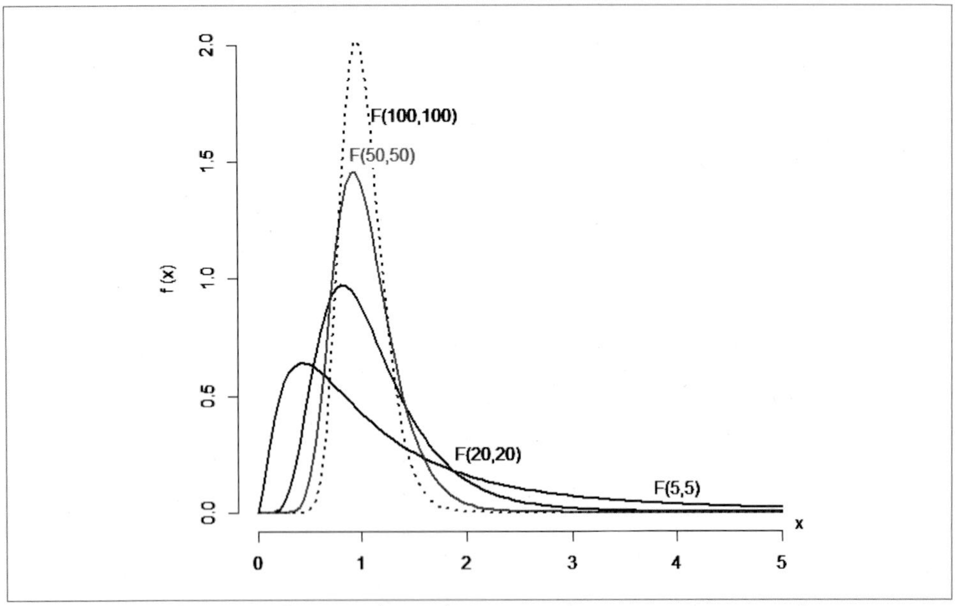

[그림 5.12] $X \sim F(k_1, k_2)$의 그래프 $(k_1, k_2 = 5, 20, 50, 100)$

❑

F분포의 평균과 분산

$X \sim F(k_1, k_2)$일 때, 확률변수 X의 평균과 분산은 다음과 같다.

$$E(X) = \frac{k_2}{k_2 - 2}, \quad 단,\ k_2 > 2$$

$$V(X) = 2\left(\frac{k_2}{k_2 - 2}\right)^2 \frac{k_1 + k_2 - 2}{k_1(k_2 - 4)}, \quad 단,\ k_2 > 4$$

F분포의 분모자유도 $k_2 \leq 2$이면 평균이 정의되지 않거나 음수가 된다. 그러나 F분포를 따르는 확률변수는 양의 실수만 취할 수 있으므로 평균이 음수가 된다는 것은 논리적인 모순이다. 따라서 $k_2 > 2$이어야 한다.

F분포의 분산에서 $k_2 \leq 4$이면 분산의 분모가 0이 되거나 분산이 음수가 되므로 이 또한 논리적 모순이다. 따라서 F분포는 자유도 $k_2 > 4$일 때만 분산이 존재한다.

참고로, F분포는 2개의 자유도 $(k_1,\ k_2)$가 분포형태를 결정하지만 평균(기댓값)은 분모자유도 k_2에만 의존한다. 즉 k_1이 달라도 k_2가 같으면 평균은 동일하고, k_2가 증가할수록 $E(X) \approx 1$이 된다.

(2) F분포의 백분위수

F분포의 백분위수

$X \sim F(k_1, k_2)$이고, α는 0과 1사이에 있는 실수라고 하자. 이때

$$P(X > c) = \alpha$$

인 c를 자유도가 (k_1, k_2)인 F분포의 '상위 $100\alpha\%$ 백분위수' 또는 '상위 제100α 백분위수'라고 하고, $F_\alpha(k_1, k_2)$ 또는 $F(k_1, k_2, \alpha)$로 나타낸다.

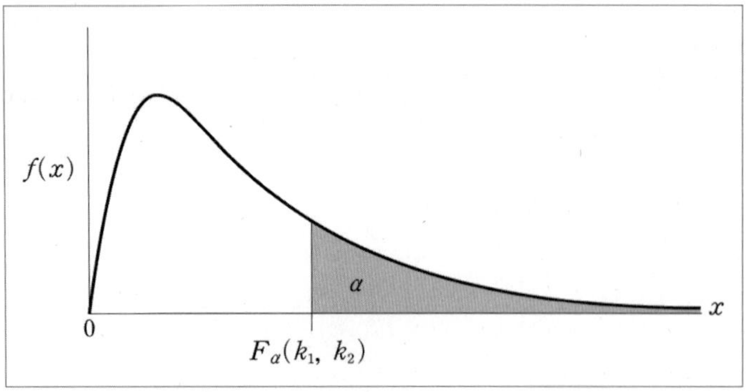

[그림 5.13] F분포 상위 $100\alpha\%$ 백분위수

부록 [표 4]에는 자주 사용하는 $\alpha = 0.10, 0.05, 0.025, 0.01$에 대한 F분포표가 주어져 있다. 각 표의 첫 번째 행(가로줄)에는 분자자유도 k_1, 첫 번째 열(세로줄)에는 분모자유도 k_2가 있고 표 안에 있는 숫자가 $F_\alpha(k_1, k_2)$이다.

이 표를 사용해서 $X \sim F(5, 10)$일 때, $P(X \geq c) = 0.05$인 c를 찾아보자.

① $\alpha = 0.05$가 있는 페이지를 찾는다.

② 첫 번째 행(가로줄)에서 $k_1 = 5$인 열(세로줄)과

③ 첫 번째 열(세로줄)에서 $k_2 = 10$인 행(가로줄)

이 만나는 지점에 있는 값이 $c = 3.33$이다. 즉, $X \sim F(5, 10)$일 때

$$P(X \geq 3.33) = 0.05$$

이므로 $F_{0.05}(5, 10) = 3.33$이다.

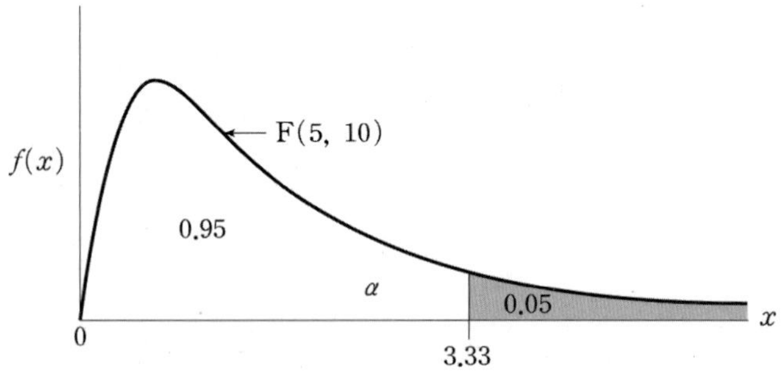

$\alpha = 0.05$

k_2 \ k_1	1	…	5	6	…	100
1	161.4	…	230.2	234.0	…	253.0
2	18.51	…	19.30	19.33	…	19.49
3	10.13	…	9.01	8.94	…	8.55
⋮	⋮	⋮	⋮	⋮	⋮	⋮
9	5.12	…	3.48	3.37	…	2.76
10	4.96	…	3.33	3.22	…	2.59
11	4.84	…	3.20	3.09	…	2.46
12	4.75	…	3.11	3.00	…	2.35
⋮	⋮	⋮	⋮	⋮	⋮	⋮
120	3.92	…	2.29	2.18	…	1.37

[그림 5.14] F분포표 읽기

부록 [표 4]의 F분포표에는 $\alpha = 0.10, 0.05, 0.025, 0.01$인 경우의 상위 백분위수만 주어져 있기 때문에 $\alpha > 0.5$인 경우에는 이 표를 사용해서 상위 백분위수를 구할 수 없다. 그러나 다음의 정리를 사용하면 $\alpha > 0.5$일 때에도 이 표를 사용해서 F분포의 상위 백분위수를 구할 수 있다.

$\alpha > 0.5$일 때, F분포표를 이용한 백분위수

$X \sim F(k_1, k_2)$일 때, $\dfrac{1}{X} \sim F(k_2, k_1)$이다. 그러므로

$$F_\alpha(k_1, k_2) = \frac{1}{F_{1-\alpha}(k_2, k_1)}$$

이다.

위 정리는 $X \sim F(k_1, k_2)$일 때, $\dfrac{1}{X} \sim F(k_2, k_1)$인 것만 확인하면 약간의 연산을 통해 쉽게 증명할 수 있다. 따라서 여기서는 $X \sim F(k_1, k_2)$일 때, $1/X \sim F(k_2, k_1)$가 성립하는 것만 예를 통해 확인하자. 나머지 증명 과정은 참고문헌의 통계학 서적들을 참고하기 바란다.

예 8

$X \sim F(5,30)$ 인 모집단에서 크기가 100,000 인 확률표본을 추출하였다. i 번째 추출된 값을 x_i 라 할 때, 각 x_i 에 대해 $y_i = 1/x_i$ 를 계산하였다. 아래 그래프는 100,000 개의 $y_i = 1/x_i$ 에 대해 히스토그램을 그리고 그 위에 $F(30,5)$ 의 그래프(파란색 곡선)를 겹쳐 그린 것이다. 히스토그램과 $F(30,5)$ 분포곡선이 거의 일치하는 것을 확인할 수 있다.

$X \sim F(5,30)$ 에서 100,000 회가 아니라 무한히 많은 x 를 추출하여 $y = 1/x$ 의 분포를 그린다면 $F(30,5)$ 의 분포곡선과 일치할 것이다.

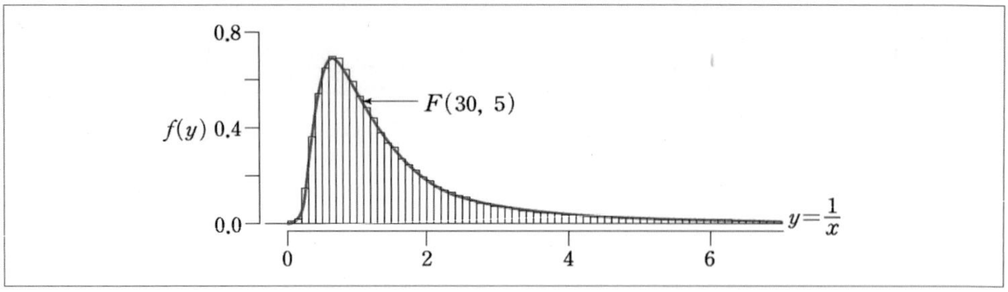

[그림 5.15] $X \sim F(5,30)$ 일 때 $\dfrac{1}{X} \sim F(30,5)$ 의 분포

❑

예제 6 부록 [표 4]의 F분포표를 이용해서 다음의 c를 구하라.

① $X \sim F(3,4)$ 일 때 $P(X > c) = 0.1$ 인 c

② $X \sim F(5,6)$ 일 때 $P(X > c) = 0.9$ 인 c

③ $c = F_{0.05}(7,9)$

④ $c = F_{0.95}(5,10)$

풀이 부록 [표 4]의 F분포표로부터

① $c = F_{0.1}(3,4)$ 이므로 $\alpha = 0.10$ 인 표로부터 $c = F_{0.1}(3,4) = 4.19$

② $c = F_{0.9}(5,6)$ 이므로 $\alpha = 0.10$ 인 표로부터 $c = \dfrac{1}{F_{0.1}(6,5)} = \dfrac{1}{3.40}$

③ $\alpha = 0.05$ 인 F분포표에서 $c = F_{0.05}(7,9) = 3.29$

④ $\alpha = 0.05$ 인 F분포표에서 $c = F_{0.95}(5,10) = \dfrac{1}{F_{0.05}(10,5)} = \dfrac{1}{4.74}$ ■

참고문헌

1. Pfanzagl, J. and Sheynin, O. (1996). Studies in the history of probability and statistics XLIV A forerunner of the t-distribution, Biometrika, Vol. 83 (4), 891 - 898.
2. 위키피디아, t 분포, 윌리엄 고셋.
3. Freund, J. E. and Walpole, R. E. (1980). Mathematical Statistics(3rd ed.), Prentice-Hall International, Englewood Cliffs, New Jersey, 271.
4. Gosset, W. S. (필명: Student) (1908). The Probable Error of a Mean, Biometrika, Vol. 6 (1), 1-25.

연습문제

1. 초등학교 4학년의 50m 달리기 실력을 평가하려고 한다. 초등학교 4학년 30 명을 무작위로 선정하여 50m를 달리게 한 후, 시간 $X_1, X_2, \cdots, X_n$ 을 측정한다.

① $X_1, X_2, \cdots, X_n$ 이 확률표본이 되기 위한 조건은 무엇인가?

② 30 명의 달리기 측정시간 $X_1, X_2, \cdots, X_n$ 은 확률표본인가?

2. 어떤 조립업체에서 구입한 트랜지스터 4 상자에서 각 상자별 불량품의 개수가 $\{1, 3, 5, 7\}$ 이었다. 이 4 상자를 모집단으로 하고, 상자별 불량품의 개수를 확률변수 X라고 하자.

① X의 모평균과 모분산을 구하라.

② 이 모집단에서 크기 2 인 모든 가능한 확률표본을 나열하고 표본평균에 대해 도수분포표(표본평균의 표본분포)를 작성하라.

③ 크기 2 인 표본평균의 기댓값(평균)과 분산, $E(\overline{X})$ 와 $V(\overline{X})$ 을 구하라.

3. 어느 지역 근로자들의 총콜레스테롤 수치 X는 $N(203, 15^2)$을 따른다고 한다. 이 근로자 그룹에서 25 명의 표본을 추출해서 총콜레스테롤 수치를 측정하였다(단위: mg/dL).

① 표본평균 $\overline{X}$의 분포를 쓰라.

② 표본평균이 $197 \sim 209$ 사이에 있을 확률을 구하라.

③ 표본평균이 212 보다 클 확률을 구하라.

4. 한 장난감 공장에서 생산되는 구슬의 지름은 평균 1.5cm, 표준편차 0.02cm이다. 이 공장에서 생산되는 구슬에서 100 개의 표본을 추출하였다.

① 표본평균 $\overline{X}$의 분포를 써라.

② 표본평균 $\overline{X}$가 1.505 보다 크고 1.495 보다 작을 확률을 구하라.

5. $T \sim t(k)$일 때, 부록 [표 2]의 t분포표를 사용해서 $t_\alpha(k)$를 찾아 아래 표를 완성하라. 또, 자유도가 증가할 때 $t_\alpha(k)$의 변화를 설명하라.

자유도 (k)	α			
	0.05	0.025	0.01	0.005
5				
10				
15				
30				
60				
∞				

6. $T \sim t(k)$일 때, 다음 백분위수를 구하라.

① $t_{0.05}(10)$

② $t_{0.99}(5)$

③ $k = 15$일 때 $P(T \geq c) = 0.90$인 c

④ $k = 15$일 때 $P(T < c) = 0.95$인 c

⑤ $k = 20$일 때 $P(|T| \leq c) = 0.99$ (단, $c > 0$)

⑥ $k = \infty$일 때 $P(|T| > c) = 0.1$ (단, $c > 0$)

7. $X \sim F(k_1, k_2)$일 때, 다음 백분위수를 구하라.

① $F_{0.05}(5, 6)$

② $F_{0.95}(15, 20)$

③ $X \sim F(5, 4)$일 때 $P(X > c) = 0.05$인 c

④ $X \sim F(10, 15)$일 때 $P(X < c) = 0.9$인 c

⑤ $X \sim F(10, 15)$일 때 $P(X \geq c) = 0.95$인 c

CHAPTER 6

신뢰구간

제 6 장 신뢰구간

5장에서 하나의 모집단으로부터 추출 가능한 모든 표본들로부터 표본평균을 계산하고, 그 표본평균들의 평균(기댓값)을 계산하면 모평균과 일치한다는 것을 확인하였다. 그러나 현실에서는 단 하나의 표본자료를 사용해서 모수를 추정하게 된다. 예를 들어, 선거여론조사는 전체 유권자들 중 크기가 1000 ~ 2000 명 정도의 표본을 조사한 단 한 번의 조사결과를 가지고 전체 유권자들의 지지율을 추측한다. 이때 구간추정은 모수를 추정하는 데 매우 효과적인 방법이다.

이 장에서는 하나의 표본자료와 그로부터 계산된 단 하나의 표본평균 또는 표본비율에 기초하여 모평균 또는 모비율을 추정하는 통계적 추정을 구간추정 중심으로 살펴본다.

6.1 서론

표본으로부터 모수를 추측하는 것을 **통계적 추정**(statistical estimation)이라고 하고, **점추정**(point estimation)과 **구간추정**(interval estimation)으로 구분한다.

점추정은 하나의 표본자료로부터 계산된 단 하나의 값을 가지고 모수를 단정적인 한 값으로 추측하는 추정방법이다. 예를 들어, 표본평균으로 $\overline{x} = 100$을 얻었다면 '모평균은 100으로 추정된다'라고 한다. 앞서 5장에서 표본크기가 클 때, 표본평균의 분포는 모평균 근처에 집중해서 분포한다는 것을 보았다. 그러나 단 하나의 표본에서 계산된 평균 $\overline{x} = 100$이 알려지지 않는 모평균에 얼마나 가까운 값인지에 대해서 점추정에서는 어떤 정보도 제공하지 못한다. 단지, 이 값이 모평균에 아주 근사한 값이기를 희망할 뿐이다. 구간추정은 이러한 점추정의 한계에 대한 매우 효과적인 대안이다.

(1) 구간추정의 개념

선거철이 되면 각종 선거여론조사 결과들이 빈번하게 발표된다. 이때 후보자들의 지지율과 함께 반드시 언급되는 것이 오차한계와 신뢰수준이다. 오차한계와 신뢰수준은 구간추정에서 매우 중요한 개념이다.

구간추정에서는 하나의 표본자료를 사용해서 모수가 포함될 것으로 예상되는 구간(interval)을 계산하는데, 이렇게 계산된 구간을 **신뢰구간**(confidence interval)이라고 한다. 구간추정은 통계량(점추정량)의 표본분포로부터 출발한다.

예 1

1부터 5까지의 숫자가 적혀있는 똑같이 생긴 공 다섯 개가 들어있는 주머니(모집단)에서 크기 2인 확률표본 X_1, X_2를 추출한다고 하자. 이때 이 모집단의 평균 $\mu = 3$이다. 다음 표는 이 확률표본에서 정의한 표본평균 $\overline{X} = (X_1 + X_2)/2$의 표본분포이다(5장의 [예 2] 참고).

표 6.1 $\overline{X} = (X_1 + X_2)/2$의 표본분포

$\overline{x} = (x_1 + x_2)/2$	도수	상대도수
1	1	0.04
1.5	2	0.08
2	3	0.12
2.5	4	0.16
3	5	0.20
3.5	4	0.16
4	3	0.12
4.5	2	0.08
5	1	0.04
합계	25	1

이 표본분포에서 표본평균 $\overline{X}$가 2보다 크고 4보다 작을 확률은

$$P(2 \le \overline{X} \le 4) = 0.76$$

이다. 모평균 $\mu = 3$이므로 부등호의 각 항에 모평균을 빼주면

$$P(-1 \le \overline{X} - \mu \le 1) = 0.76$$

이다. 즉

$$P(|\overline{X}-\mu| \leq 1) = 0.76$$

으로, 표본평균이 모평균으로부터 최대 ± 1 만큼 떨어진 범위 내에 위치할 확률이 0.76 이다. 이 때 '신뢰수준 76% 에서 모평균 μ 에 대한 표본평균 $\overline{X}$ 의 오차한계는 1 이다'라고 말한다.

여기서, 부등식

$$-1 \leq \overline{X}-\mu \leq 1$$

을 모평균 μ 에 대해 재정리하면

$$\overline{X}-1 \leq \mu \leq \overline{X}+1$$

이 된다. 이 구간이 '신뢰수준 76% 일 때 모평균 μ 에 대한 신뢰구간'이 된다. 여기서 신뢰수준 76% 라는 표현은 이 식을 사용해서 신뢰구간을 계산할 때 모든 가능한 신뢰구간들 중 오직 76% 만이 모평균 $\mu=3$ 를 포함하고 나머지 24% 는 모평균을 포함하지 않는다는 뜻이다.

아래 표에는 $\overline{x}$ 의 각 값에서 이 신뢰구간을 계산하여 함께 제시하였다. 이때 전체 신뢰구간 중 모평균 $\mu=3$ 을 포함하는 신뢰구간은 $76\%(0.76)$ 인 것을 확인할 수 있다.

$\overline{x}=(x_1+x_2)/2$	$\overline{x}-1 \leq \mu \leq \overline{x}+1$	상대도수
1	$0 \leq \mu \leq 2$	0.04
1.5	$0.5 \leq \mu \leq 2.5$	0.08
2	$1 \leq \mu \leq 3$	0.12
2.5	$1.5 \leq \mu \leq 3.5$	0.16
3	$2 \leq \mu \leq 4$	0.20
3.5	$2.5 \leq \mu \leq 4.5$	0.16
4	$3 \leq \mu \leq 5$	0.12
4.5	$3.5 \leq \mu \leq 5.5$	0.08
5	$4 \leq \mu \leq 6$	0.04
합계		1

만일 신뢰수준을 76%보다 더 높이고 싶다면 오차한계를 더 크게 하면 된다. 예를 들어 오차한계를 1.5 로 늘리면 신뢰수준은 $0.92(92\%)$가 되고, 신뢰구간은

$$\overline{X}-1.5 \leq \mu \leq \overline{X}+1.5$$

가 된다([표 6.1] 참고). 그러나 신뢰수준은 커졌지만 모평균 μ 에 대한 신뢰구간이 더 넓어졌으므로 정보로써의 가치는 낮아진다. ❑

(2) 구간추정의 용어

먼저 구간추정에 사용되는 주요 용어들을 정리하자.

신뢰구간

$X_1, X_2, \cdots, X_n$을 모수가 θ인 모집단으로부터의 확률표본이라고 하자. 임의의 $\alpha\,(0 < \alpha < 1)$에 대해

$$P(\hat{\theta}_L \le \theta \le \hat{\theta}_U) = 1-\alpha$$

일 때, 이 $(\hat{\theta}_L, \hat{\theta}_U)$을 모수 θ에 대한 $100(1-\alpha)\%$ 신뢰구간이라고 한다. 여기서

- $\begin{cases} \hat{\theta}_L = \hat{\theta}_L(X_1, X_2, \cdots, X_n): \text{신뢰하한(lower confidence limit)} \\ \hat{\theta}_U = \hat{\theta}_U(X_1, X_2, \cdots, X_n): \text{신뢰상한(upper confidence limit)} \end{cases}$
- $\hat{\theta}_U - \hat{\theta}_L$: 신뢰구간의 길이
- $1-\alpha$: 신뢰수준(confidence level) 또는 신뢰계수(confidence coefficient)

라고 한다. 이때 $\hat{\theta}_L$과 $\hat{\theta}_U$는 확률표본의 함수로 통계량이다.

신뢰구간 $(\hat{\theta}_L, \hat{\theta}_U)$은 통계량이지만, 표본으로부터 계산된 구간 $(\hat{\theta}_L(x_1, x_2, \cdots, x_n), \hat{\theta}_U(x_1, x_2, \cdots, x_n))$도 '모수 θ에 대한 $100(1-\alpha)\%$ 신뢰구간'이라고 말한다. 그러나 통계량인 신뢰구간(interval estimator)과 구분하여 **신뢰구간 추정값**(interval estimate)이라고도 한다.

예를 들어, 앞의 [예 1]에서 $[\overline{X}-1, \overline{X}+1]$은 모평균 μ에 대한 76% 신뢰구간이고, $\overline{X}-1$와 $\overline{X}+1$은 이 신뢰구간의 신뢰하한과 신뢰상한으로 통계량이다. 그러나 표본 $(x_1 = 2, x_2 = 3)$으로부터 계산된 신뢰구간 $[1.5, 3.5]$도 '모평균 μ에 대한 76% 신뢰구간'이라고 하거나, 또는 '모평균 μ에 대한 76% 신뢰구간 추정값'이라고도 한다. 여기서 신뢰구간을 [,]으로 표현한 것은 신뢰구간의 경곗값을 포함시켜야 하기 때문이다. 보통 연속형 모집단에서는 경곗값 포함여부가 의미가 없기 때문에 (,)으로 나타내지만 위의 예에서와 같이 경곗값을 포함시켜야 하는 경우는 포함여부를 명확히 나타내는 것이 바람직하다.

위 신뢰구간의 정의에서 모수 θ는 일반적으로 모평균, 모비율, 모분산 등을 주로 나타낸다. 그러나 특정되지 않은 임의의 모수를 나타낼 때에도 θ를 사용하기도 한다. 여기에서는 θ가 모평균과 모비율인 경우를 중심으로 살펴볼 것이다. 그러나 위 신뢰구간의 정의 및 개념은 단일 모수뿐만 아니라 두 개 이상인 모수들의 함수에 대해서도 적용된다. 즉, 두 모평균의 차이$(\mu_1 - \mu_2)$나 두 모표준편차의 비(σ_1/σ_2)에 대한 신뢰구간뿐만 아니라, 모수들 간의 훨씬 복잡한 형태의 함수에도 적용된다.

6.2 모평균에 대한 구간추정

이 절에서는 하나의 모평균 μ에 대한 신뢰구간을 살펴보자.

(1) 정규모집단에서 모분산을 알 때

모평균의 신뢰구간: 정규모집단에서 모분산 σ^2을 알 때

$X_1, X_2, \cdots, X_n$은 $N(\mu, \sigma^2)$인 모집단으로부터의 확률표본이고 σ^2을 알 때, 모평균 μ에 대한 $100(1-\alpha)\%$ 신뢰구간은

$$\left(\overline{X} - z_{\alpha/2} \cdot \frac{\sigma}{\sqrt{n}} \ , \ \overline{X} + z_{\alpha/2} \cdot \frac{\sigma}{\sqrt{n}}\right)$$

이다$(0 < \alpha < 1)$.

증명 $X_1, X_2, \cdots, X_n$이 $N(\mu, \sigma^2)$인 모집단으로부터의 확률표본일 때 표본평균 $\overline{X} \sim N\left(\mu, \frac{\sigma^2}{n}\right)$이다(5.2절 참고). [그림 6.1]은 모집단의 분포(검은색 곡선)와 표본평균의 분포(파란색 곡선)를 하나의 그래프에 나타낸 것이다. 표본평균들이 모평균 μ 근처에 집중해서 분포하는 것을 확인할 수 있다.

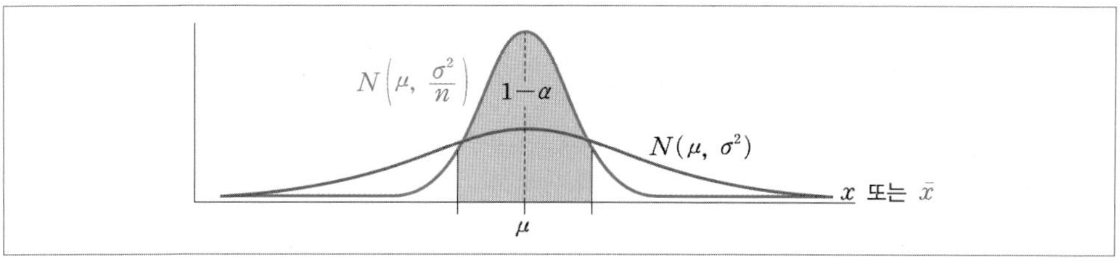

[그림 6.1] 정규모집단과 표본평균의 분포

[그림 6.1]에서 곡선 아래 회색구간의 면적인 $1-\alpha$는 모평균 μ를 중심으로 $\overline{X}$가 일정거리 내에 있을 확률이다. 이 구간을 찾아보자.

$Z \sim N(0,1)$일 때,

$$P\left(-z_{\alpha/2} \le Z \le z_{\alpha/2}\right) = 1-\alpha$$

이다. 한편, $\overline{X} \sim N\left(\mu, \dfrac{\sigma^2}{n}\right)$일 때, $Z = \dfrac{\overline{X}-\mu}{\sigma/\sqrt{n}} \sim N(0,1)$이므로, 위 식의 Z 자리에 $(\overline{X}-\mu)/(\sigma/\sqrt{n})$를 대입하면

$$P\left(-z_{\alpha/2} \le \frac{\overline{X}-\mu}{\sigma/\sqrt{n}} \le z_{\alpha/2}\right) = 1-\alpha$$

이다. 괄호 안의 부등식을 μ에 대해 정리하면

$$P\left(\overline{X}-z_{\alpha/2}\cdot\frac{\sigma}{\sqrt{n}} \le \mu \le \overline{X}+z_{\alpha/2}\cdot\frac{\sigma}{\sqrt{n}}\right) = 1-\alpha$$

이 된다. 그러므로 모평균 μ에 대한 $100(1-\alpha)\%$ 신뢰구간은

$$(\hat{\theta}_L, \hat{\theta}_U) = \left(\overline{X}-z_{\alpha/2}\cdot\frac{\sigma}{\sqrt{n}}\ ,\ \overline{X}+z_{\alpha/2}\cdot\frac{\sigma}{\sqrt{n}}\right)$$

이다. 이 신뢰구간을 간단히 $\overline{X} \pm z_{\alpha/2}\cdot\dfrac{\sigma}{\sqrt{n}}$로 나타내기도 한다. ◢

[그림 6.2]는 이러한 관계를 그림으로 나타낸 것이다. 여기서 $z_{\alpha/2}$는 표준정규분포의 상위 $100(\alpha/2)\%$ 백분위수이다.

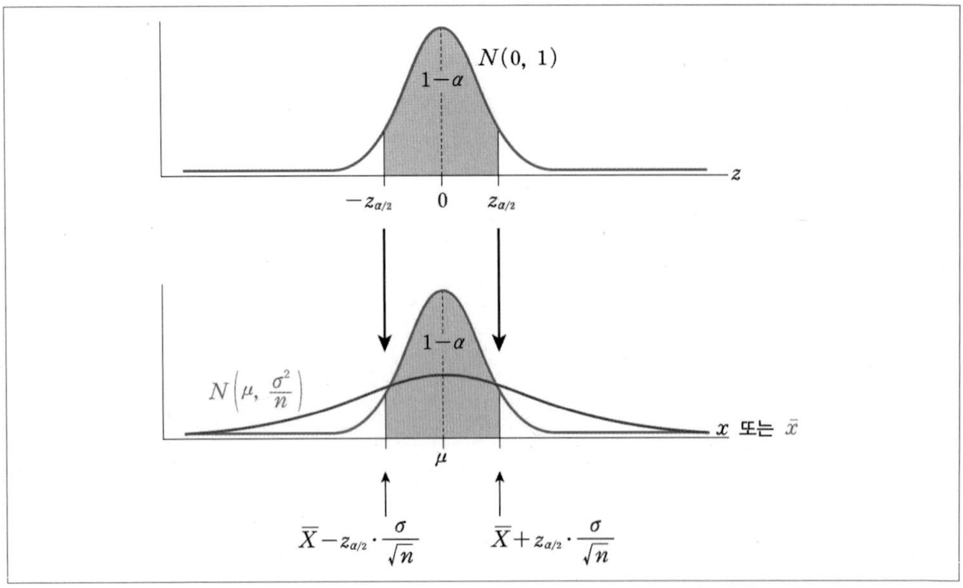

[그림 6.2] 정규모집단에서 모분산을 알 때 모평균의 신뢰구간

오차한계

주어진 신뢰수준에서 추정하고자 하는 모수와 추정량과의 최대거리를 **오차한계**라고 한다. 앞의 [예 1]에서 신뢰수준이 76% 일 때 $\overline{X}$의 오차한계는 1 이었고, 신뢰수준이 92% 일 때 $\overline{X}$의 오차한계는 1.5 였다.

추정량의 오차한계: 신뢰구간 길이의 1/2

그러므로 정규모집단에서 σ^2을 알 때, 모평균 μ의 추정량 $\overline{X}$의 $100(1-\alpha)\%$ 오차한계는

$$z_{\alpha/2}\cdot\frac{\sigma}{\sqrt{n}}$$

이다. 이 오차한계는

① 신뢰수준$(1-\alpha)$이 일정할 때, 표본크기(n)가 증가하면 감소한다.

② 표본크기가 일정할 때, 신뢰수준이 증가하면 $z_{\alpha/2}$가 커지고 오차한계가 커진다.

예제 1 어느 공장에서 생산되는 전구의 수명(단위: 시간)은 정규분포를 따르고 표준편차 $\sigma = 3$(시간)이라고 한다. 이 공장에서 생산되는 전구 9개를 무작위로 추출하여 수명을 측정하였더니 평균 $\overline{x} = 501$이었다. 이 공장에서 생산되는 전구의 평균수명(μ)에 대한 95% 신뢰구간을 구하라.

풀이 $n = 9$이고 $\alpha = 0.05$이므로 $z_{0.025} = 1.96$이다. 그러므로 모평균 μ의 95% 신뢰구간은

$$\overline{x} - z_{0.025} \cdot \frac{3}{\sqrt{9}} \leq \mu \leq \overline{x} + z_{0.025} \cdot \frac{3}{\sqrt{9}}$$

즉, $501 - (1.96) \cdot (1) \leq \mu \leq 501 + (1.96) \cdot (1)$

$$\therefore\ 499.04 \leq \mu \leq 502.96$$

또는 $(499.04\ ,\ 502.96)$

이다. 이때 신뢰수준 95%에서 모평균 추정량 $\overline{X}$의 오차한계는 $z_{0.025} \cdot \dfrac{3}{\sqrt{9}} = 1.96$이다. ■

(2) 정규모집단에서 모분산을 모를 때

모평균의 신뢰구간: 정규모집단에서 모분산 σ^2을 모를 때

$X_1, X_2, \cdots, X_n$은 $N(\mu, \sigma^2)$인 모집단으로부터의 확률표본이고 σ^2을 모를 때, 모평균 μ에 대한 $100(1-\alpha)\%$ 신뢰구간은

$$\left(\overline{X} - t_{\alpha/2}(n-1) \cdot \frac{S}{\sqrt{n}}\ ,\ \overline{X} + t_{\alpha/2}(n-1) \cdot \frac{S}{\sqrt{n}}\right)$$

이다($0 < \alpha < 1$). 여기서 $S = \sqrt{\sum_{i=1}^{n}(X_i - \overline{X})^2 / (n-1)}$ 이다.

정규모집단일 때, 통계량 $T = \dfrac{\overline{X} - \mu}{S/\sqrt{n}}$ 의 분포는 자유도 $n-1$ 인 t 분포, 즉 $t(n-1)$ 을 따른다(5.3절 참고). t 분포는 자유도가 클 때 표준정규분포에 근사하므로 여기에서 정의한 신뢰구간은 정규모집단에서 표본크기가 작을 때($n < 30$) 주로 사용한다.

증명 $T \sim t(n-1)$ 일 때,

$$P\{-t_{\alpha/2}(n-1) \le T \le t_{\alpha/2}(n-1)\} = 1 - \alpha$$

이다. $\dfrac{\overline{X} - \mu}{S/\sqrt{n}} \sim t(n-1)$ 이므로 T 자리에 $(\overline{X} - \mu)/(S/\sqrt{n})$ 를 대입하면

$$P\left(-t_{\alpha/2}(n-1) \le \frac{\overline{X} - \mu}{S/\sqrt{n}} \le t_{\alpha/2}(n-1)\right) = 1 - \alpha$$

이고, 괄호 안의 부등식을 μ 에 대해 정리하면

$$P\left(\overline{X} - t_{\alpha/2}(n-1) \cdot \frac{S}{\sqrt{n}} \le \mu \le \overline{X} + t_{\alpha/2}(n-1) \cdot \frac{S}{\sqrt{n}}\right) = 1 - \alpha$$

이다. 그러므로 모평균 μ 에 대한 $100(1-\alpha)\%$ 신뢰구간은

$$(\hat{\theta}_L, \hat{\theta}_U) = \left(\overline{X} - t_{\alpha/2}(n-1) \cdot \frac{S}{\sqrt{n}}, \ \overline{X} + t_{\alpha/2}(n-1) \cdot \frac{S}{\sqrt{n}}\right)$$

이다. 간략히 $\overline{X} \pm t_{\alpha/2}(n-1) \cdot \dfrac{S}{\sqrt{n}}$ 로 나타내기도 한다. ◢

이 관계를 그림으로 나타내면 [그림 6.3]과 같다. 여기서 $t_{\alpha/2}(n-1)$ 은 $t(n-1)$ 의 상위 $100(\alpha/2)\%$ 백분위수이다.

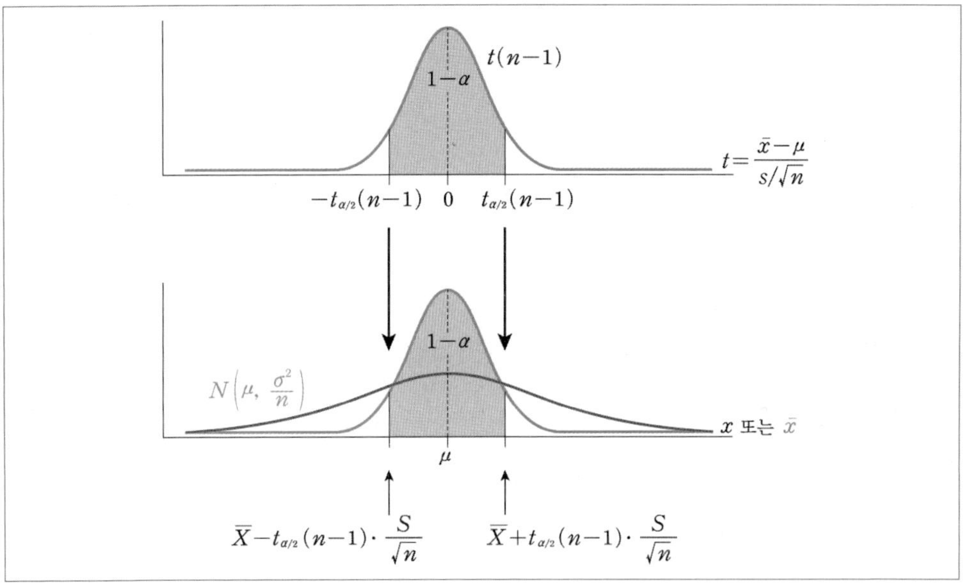

[그림 6.3] 정규모집단에서 모분산을 모를 때 모평균의 신뢰구간

이때 모평균 μ의 추정량 $\overline{X}$의 $100(1-\alpha)\%$ 오차한계는

$$t_{\alpha/2}(n-1) \cdot \frac{S}{\sqrt{n}}$$

이다.

예제 2 앞의 [예제 1]에서 모표준편차 σ는 알려지지 않았고, 표본자료로부터 계산한 표본표준편차는 $s=3$(시간)이라고 하자. 이 공장에서 생산되는 전구의 평균수명(μ)에 대한 95% 신뢰구간을 구하라. 또, [예제 1]의 신뢰구간과 비교하라.

풀이 $n=9$, $\alpha=0.05$이므로 $t_{0.025}(n-1)=t_{0.025}(8)=2.306$이다. 그러므로 모평균 μ에 대한 95% 신뢰구간은

$$\bar{x}-t_{0.025}(8) \cdot \frac{3}{\sqrt{9}} \le \mu \le \bar{x}+t_{0.025}(8) \cdot \frac{3}{\sqrt{9}}$$

즉, $501-2.306 \cdot (1) \le \mu \le 501+2.306 \cdot (1)$

$$\therefore\ 498.694 \le \mu \le 503.306$$

$$\text{또는 } (498.694\ ,\ 503.306)$$

이다. $t_{0.025}(8) > z_{0.025}$ 이므로 이 신뢰구간은 [예제 1]의 신뢰구간보다 길이가 더 길다. ■

(3) 모집단의 분포를 모르지만 대표본일 때

앞의 5.2절에서 설명한 중심극한정리에서 모집단의 분포가 정규분포가 아니어도 표본크기가 크면 표본평균의 분포는 정규분포에 근사함을 확인했다. 즉 $X_1, X_2, \cdots, X_n$ 이 평균이 μ 이고 분산이 σ^2 인 모집단으로부터의 확률표본일 때, $n \ge 30$ 이면

$$\sigma\text{를 알 때:}\quad Z = \frac{\overline{X} - \mu}{\sigma/\sqrt{n}} \approx N(0,1)$$

$$\sigma\text{를 모를 때:}\quad Z = \frac{\overline{X} - \mu}{S/\sqrt{n}} \approx N(0,1)$$

이다. 표본평균의 이러한 성질을 이용하면 모집단이 정규분포가 아니거나 모집단의 분포를 모르더라도 모평균에 대한 신뢰구간을 구할 수 있다. 엄격한 의미에서 이때의 신뢰구간은 '$100(1-\alpha)\%$ **근사**신뢰구간'이다.

1) 모분산을 알 때

모평균의 신뢰구간: 모분산 σ^2 을 알 때

$X_1, X_2, \cdots, X_n$ 은 평균이 μ 이고 분산이 σ^2 인 모집단으로부터의 확률표본이고, σ^2 을 알고 있으며 표본크기가 $n \ge 30$ 으로 크다고 하자.

이때 모평균 μ 에 대한 $100(1-\alpha)\%$ 신뢰구간은

$$\left(\overline{X} - z_{\alpha/2} \cdot \frac{\sigma}{\sqrt{n}}\ ,\ \overline{X} + z_{\alpha/2} \cdot \frac{\sigma}{\sqrt{n}}\right)$$

이다($0 < \alpha < 1$).

증명 $Z \sim N(0,1)$일 때,

$$P(-z_{\alpha/2} \le Z \le z_{\alpha/2}) = 1-\alpha$$

이다. $Z = \dfrac{\overline{X}-\mu}{\sigma/\sqrt{n}} \approx N(0,1)$이므로

$$P\left(-z_{\alpha/2} \le \frac{\overline{X}-\mu}{\sigma/\sqrt{n}} \le z_{\alpha/2}\right) \approx 1-\alpha$$

이고

$$P\left(\overline{X} - z_{\alpha/2} \cdot \frac{\sigma}{\sqrt{n}} \le \mu \le \overline{X} + z_{\alpha/2} \cdot \frac{\sigma}{\sqrt{n}}\right) \approx 1-\alpha$$

이다. 그러므로 모평균 μ에 대한 $100(1-\alpha)\%$ 신뢰구간은

$$(\hat{\theta}_L, \hat{\theta}_U) = \left(\overline{X} - z_{\alpha/2} \cdot \frac{\sigma}{\sqrt{n}}\ ,\ \overline{X} + z_{\alpha/2} \cdot \frac{\sigma}{\sqrt{n}}\right)$$

이다. 간략히 $\overline{X} \pm z_{\alpha/2} \cdot \dfrac{\sigma}{\sqrt{n}}$로 나타내기도 한다. ◢

2) 모분산을 모를 때

모평균의 신뢰구간: 모분산 σ^2을 모를 때

$X_1, X_2, \cdots, X_n$은 평균이 μ이고 분산이 σ^2인 모집단으로부터의 확률표본이고, σ^2을 모르며 표본크기가 $n \ge 30$으로 크다고 하자.

이때 모평균 μ에 대한 $100(1-\alpha)\%$ 신뢰구간은

$$\left(\overline{X} - z_{\alpha/2} \cdot \frac{S}{\sqrt{n}}\ ,\ \overline{X} + z_{\alpha/2} \cdot \frac{S}{\sqrt{n}}\right)$$

이다$(0 < \alpha < 1)$.

증명 표본크기가 $n \ge 30$으로 클 때, $Z = \dfrac{\overline{X}-\mu}{S/\sqrt{n}} \approx N(0,1)$이므로

$$P\left(-z_{\alpha/2} \le \frac{\overline{X}-\mu}{S/\sqrt{n}} \le z_{\alpha/2}\right) \approx 1-\alpha$$

이다. 따라서 이 경우의 신뢰구간은 앞의 모분산을 아는 경우의 신뢰구간에서 모표준편차 σ 대신 표본표준편차 S를 대입한 것이다. ◢

3) 오차한계

모집단의 분포가 정규분포가 아니거나 모집단의 분포를 모르지만 표본크기가 클 때($n \ge 30$), 모평균 μ의 추정량 $\overline{X}$의 $100(1-\alpha)\%$ 오차한계는

σ를 알 때: $z_{\alpha/2} \cdot \dfrac{\sigma}{\sqrt{n}}$

σ를 모를 때: $z_{\alpha/2} \cdot \dfrac{S}{\sqrt{n}}$

이다. 이 두 오차한계의 차이는 모표준편차 σ와 표본표준편차 S인 것뿐이다.

예 2

카이제곱분포는 연속확률분포 중의 하나로 통계학에서 많이 활용되는 분포이다. 카이제곱분포는 대체로 오른쪽 꼬리가 긴 비대칭분포로 t 분포와 같이 자유도가 분포의 형태를 결정한다. 5.2절의 중심극한정리에 관한 [예 4]에서 '경우 2'의 모집단이 자유도가 5인 카이제곱분포이다. 자유도 5인 카이제곱분포는 모평균 $\mu = 5$, 모분산 $\sigma^2 = 10$이다.

[표 6.2]는 자유도가 5인 카이제곱분포에서 크기 n인 확률표본을 $10{,}000$회 반복추출한 후, 각 표본으로부터 '모평균 μ에 대한 95% 신뢰구간'과 '표본평균 $\overline{X}$의 95% 오차한계'를 계산하여 정리한 것이다($n = 30, 50, 100, 300, 500, 1000$일 때).

예를 들어 $n = 30$일 때를 중심으로 설명하면, 이 모집단으로부터

첫 번째 추출된 표본 $(x_1, x_2, \cdots, x_{30})$으로부터

① $\overline{x} \pm z_{0.025}\dfrac{\sigma}{\sqrt{n}}$ 와 $z_{0.025}\dfrac{\sigma}{\sqrt{n}}$

② $\overline{x} \pm z_{0.025}\dfrac{s}{\sqrt{n}}$ 와 $z_{0.025}\dfrac{s}{\sqrt{n}}$ 를 계산하고,

두 번째 표본을 추출하여 또 ①, ② 계산하고

⋮

$10{,}000$ 번째 표본을 추출하여 또 ①과 ②을 계산하였다. 이 과정을 $n = 50, 100, 300, 500, 1000$ 일 때에도 동일하게 반복하였다.

[표 6.2]의 '신뢰수준'은 이렇게 계산된 $10{,}000$ 개의 신뢰구간 중 모평균 $\mu = 5$ 를 포함하는 신뢰구간의 비율이다. 한편, 모표준편차 σ 를 모를 때 오차한계의 '평균'과 '표준오차'는 위 ②에서 계산한 $10{,}000$ 개의 오차한계 $z_{0.025}\frac{s}{\sqrt{n}}$ 들에 대한 평균과 표준오차(분산의 양의 제곱근)이다.

[표 6.2]를 살펴보면

① 모표준편차 σ 를 알 때, 모든 n 에서 '신뢰수준'은 목표로 하는 신뢰수준 $1-\alpha = 0.95$ 에서 크게 벗어나지 않는다. 한편, 오차한계는 $z_{0.025}\frac{\sigma}{\sqrt{n}}$ 이므로, 표본크기 n 만 같으면 어떤 표본이 추출되든지 상관없이 모든 표본에서의 오차한계는 동일하다.

② 한편 모표준편차 σ 를 모른다고 가정하고 대신 표본표준편차 s 를 사용한 경우, 추출되는 표본에 따라 표본표준편차 s 가 달라지므로 오차한계값 $z_{0.025}\frac{s}{\sqrt{n}}$ 도 달라진다.

아래 [표 6.2]에서 σ 를 모르고 n 이 상대적으로 작을 때($n = 30, 50, 100$), 신뢰수준은 목표로 하는 신뢰수준 $1-\alpha = 0.95$ 보다 크게 작지만 n 이 증가할수록 신뢰수준은 0.95 에 근사해간다. 한편 n 이 증가할수록 오차한계들의 평균은 모표준편차를 알 때의 오차한계에 근사해가고, 오차한계의 표준오차도 크게 감소한다. 그 이유는 표본크기가 커질수록 표본표준편차(s)는 모표준편차(σ)에 근사해가는 성질 때문이다.

▌표 6.2 정규모집단에서 모평균의 신뢰구간과 $\overline{X}$ 의 95% 오차한계

n	σ를 알 때		σ를 모를 때		
	신뢰수준	오차한계	신뢰수준	오차한계	
				평균	표준오차
30	0.9502	1.132	0.9304	1.112	0.210
50	0.9477	0.877	0.9347	0.867	0.128
100	0.9470	0.620	0.9412	0.616	0.065
300	0.9506	0.358	0.9482	0.357	0.022
500	0.9509	0.277	0.9494	0.278	0.013
1000	0.9511	0.196	0.9493	0.196	0.007

❑

이 표에서 보는 바와 같이 정규모집단이 아니고 모분산을 모르는 경우, 목표로 하는 신뢰수준을 만족하는 신뢰구간을 구하기 위해서는 적절한 정도의 표본크기가 요구된다는 것을 알 수 있다.

예제 3 C 초등학교 학생 49명을 무작위로 추출하여 체질량지수(BMI)를 측정하였더니 평균 $\bar{x} = 22.5$, 표준편차 $s = 3.5$였다. 이 초등학교 전체 재학생의 평균 BMI(μ)에 대한 95% 신뢰구간을 구하라.

풀이 $n = 49$이고 $\alpha = 0.05$이므로 $z_{0.025} = 1.96$이다. 그러므로 모평균 μ의 95% 신뢰구간은

$$\bar{x} - z_{0.025} \cdot \frac{3.5}{\sqrt{49}} \le \mu \le \bar{x} + z_{0.025} \cdot \frac{3.5}{\sqrt{49}}$$

즉, $$22.5 - (1.96) \cdot (0.5) \le \mu \le 22.5 + (1.96) \cdot (0.5)$$

$$\therefore\ 21.52 \le \mu \le 23.48$$

또는 $(21.52\ ,\ 23.48)$이다. ■

6.3 모비율에 대한 구간추정

4.3절 이항분포의 정규근사에서 $X \sim B(n, p)$이고 n이 클 때($np > 5$이고 $nq > 5$일 때) 표본비율 $\hat{p} = X/n$의 분포는

$$\hat{p} \approx N\left(p, \frac{pq}{n}\right)$$

를 따르고

$$Z = \frac{\hat{p} - p}{\sqrt{pq/n}} \approx N(0, 1)$$

임을 설명하였다(여기서 $q = 1 - p$이다). 이러한 사실에 기초해서 모비율 p에 대한

신뢰구간을 구하면 다음과 같다.

모비율의 신뢰구간

$X \sim B(n, p)$ 이고 n 이 클 때, 모비율 p 에 대한 $100(1-\alpha)\%$ 신뢰구간은

$$\left(\hat{p} - z_{\alpha/2} \cdot \sqrt{\frac{\hat{p}\hat{q}}{n}} \ , \ \hat{p} + z_{\alpha/2} \cdot \sqrt{\frac{\hat{p}\hat{q}}{n}}\right)$$

이다. 이때 표본비율 $\hat{p} = X/n$ 이고, $\hat{q} = 1 - \hat{p}$ 이다.

증명 모비율의 신뢰구간은 앞에서 설명한 모평균의 신뢰구간을 구하는 절차와 동일하다. 즉 $Z = \dfrac{\hat{p} - p}{\sqrt{pq/n}} \approx N(0, 1)$ 이므로

$$P\left(-z_{\alpha/2} \le \frac{\hat{p} - p}{\sqrt{pq/n}} \le z_{\alpha/2}\right) \approx 1 - \alpha$$

이고, 괄호 안의 식을 모비율 p 에 대해 정리하면

$$P\left(\hat{p} - z_{\alpha/2} \cdot \sqrt{\frac{pq}{n}} \le p \le \hat{p} + z_{\alpha/2} \cdot \sqrt{\frac{pq}{n}}\right) \approx 1 - \alpha$$

이다. 그러므로 모평균 p 에 대한 $100(1-\alpha)\%$ 신뢰구간은

$$(\hat{\theta}_L, \hat{\theta}_U) = \left(\hat{p} - z_{\alpha/2} \cdot \sqrt{\frac{pq}{n}} \ , \ \hat{p} + z_{\alpha/2} \cdot \sqrt{\frac{pq}{n}}\right)$$

이다.

그러나 이 식의 신뢰상한과 신뢰하한에는 추정대상인 모비율 p 를 포함하고 있기 때문에 표본자료로부터 신뢰구간을 바로 계산할 수 없다.

한편 아래 [예 3]의 [표 6.3]은 표본크기가 충분히 클 때, 표본비율 $\hat{p}$ 이 모비율 p 에 근사함을 보여준다. 표본비율의 이러한 성질에 근거해서 위 신뢰구간의 p 를 $\hat{p}$ 으로 대체한다. 그 결과, 모비율 p 에 대한 $100(1-\alpha)\%$ 신뢰구간은

$$(\hat{\theta}_L, \hat{\theta}_U) = \left(\hat{p} - z_{\alpha/2} \cdot \sqrt{\frac{\hat{p}\hat{q}}{n}}\ ,\ \hat{p} + z_{\alpha/2} \cdot \sqrt{\frac{\hat{p}\hat{q}}{n}}\right)$$

이 된다. 간략히 $\hat{p} \pm z_{\alpha/2} \cdot \sqrt{\frac{\hat{p}\hat{q}}{n}}$ 로 나타내기도 한다.

이 신뢰구간의 신뢰수준은 $1-\alpha$에 근사한 값이다. 따라서 엄격한 의미에서 이 신뢰구간은 근사신뢰구간이다. ◢

예 3

4.1절의 이항분포에서 $X \sim B(n, p)$일 때 표본비율 $\hat{p} = X/n$은 평균 $E(\hat{p}) = p$, 분산 $V(\hat{p}) = pq/n$임을 설명하였다.

아래 [표 6.3]은 0과 1사이의 p중에서 임의로 $p = 0.3, 0.5, 0.7$을 선정하여 표본크기 n이 증가할 때 $E(\hat{p})$와 $V(\hat{p})$의 변화를 표로 나타낸 것이다. $E(\hat{p}) = p$이기 때문에 표본크기가 변해도 표본비율 $\hat{p}$의 평균(기댓값)은 동일하다. 그러나 n이 커지면 $V(\hat{p}) \approx 0$이 된다. 따라서 n이 충분히 크면 어떤 표본이 추출되어도 표본비율 $\hat{p} \approx p$가 된다. 이러한 성질을 성공확률 p에 대한 표본비율 $\hat{p}$의 **일치성**(consistency)이라고 한다.

▌표 6.3 표본비율 $\hat{p}$의 평균 $E(\hat{p})$과 분산 $V(\hat{p})$ (성공확률 p에 대한 표본비율 $\hat{p}$의 일치성)

n	$p = 0.3$일 때		$p = 0.5$일 때		$p = 0.7$일 때	
	평균	분산	평균	분산	평균	분산
30	0.300	0.007	0.500	0.008	0.700	0.007
50	0.300	0.004	0.500	0.005	0.700	0.004
100	0.300	0.002	0.500	0.003	0.700	0.002
500	0.300	0.000	0.500	0.001	0.700	0.000
1000	0.300	0.000	0.500	0.000	0.700	0.000
2000	0.300	0.000	0.500	0.000	0.700	0.000

❑

예제 4 대기업 A사에서 무작위로 선정된 직원 30명 중 12명이 흡연자였다. 이 기업 전체 직원의 흡연율 p에 대한 95% 신뢰구간을 구하라.

풀이 $n = 30$, $\hat{p} = 12/30 = 0.4$이고 $n\hat{p} = 12 > 5$이고 $n\hat{q} = 18 > 5$로 표본크

기는 표본비율의 정규근사 조건을 충족한다. $z_{0.025} = 1.96$ 이므로 모비율 p에 대한 95% 신뢰구간은

$$\hat{p} - z_{\alpha/2} \cdot \sqrt{\frac{\hat{p}\hat{q}}{n}} \le p \le \hat{p} + z_{\alpha/2} \cdot \sqrt{\frac{\hat{p}\hat{q}}{n}}$$

즉, $0.4 - (1.96) \cdot \sqrt{\dfrac{(0.4)(0.6)}{30}} \le p \le 0.4 + (1.96) \cdot \sqrt{\dfrac{(0.4)(0.6)}{30}}$

$$\therefore\ 0.225 \le p \le 0.575$$

또는 $(0.225,\ 0.575)$ 이다. ■

6.4 표본크기의 결정

통계조사나 실험 등에서 표본크기는 비용 · 시간 등과 직접 연관되어 있기 때문에 표본크기를 얼마로 할지를 미리 결정하는 것은 중요한 문제이다. 이 절에서는 모평균과 모비율 추정을 위하여 표본크기를 결정하는 문제를 살펴보자.

(1) 모평균의 추정을 위한 표본크기

정규모집단이거나 정규모집단이 아니지만 표본크기가 크고 σ^2을 알 때, 모평균 μ의 추정량 $\overline{X}$의 $100(1-\alpha)\%$ 오차한계는

$$z_{\alpha/2} \cdot \frac{\sigma}{\sqrt{n}}$$

이다. 신뢰수준 $1-\alpha$에서 모평균 μ에 대한 최대 허용오차한계가 K일 때

$$z_{\alpha/2} \cdot \frac{\sigma}{\sqrt{n}} \le K$$

이고, 이 부등식을 n에 대해 정리하면 표본크기는

$$n \geq \left(\frac{z_{\alpha/2} \cdot \sigma}{K} \right)^2$$

이다. 여기서 모표준편차를 모른다면 σ 대신 과거 유사한 조사나 실험 또는 예비조사 등에서 얻은 표본표준편차 s를 대체하여 사용할 수 있다.

예제 5 앞의 [예제 3]에서 표본평균 $\overline{X}$의 95% 오차한계를 구하고, 최대 허용오차한계가 2가 되도록 하는 표본크기를 결정하라.

풀이 [예제 3]에서 $n = 49$, $s = 3.5$, $z_{0.025} = 1.96$이므로 오차한계는

$$z_{\alpha/2} \cdot \frac{s}{\sqrt{n}} = (1.96)\frac{3.5}{\sqrt{49}} = 0.98$$

이다.

최대 허용오차한계 $K = 2$일 때,

$$n \geq \left(\frac{z_{\alpha/2} \cdot \sigma}{K} \right)^2$$

에서 σ를 모르므로 $s = 3.5$로 대체하면

$$n \geq \left(\frac{(1.96) \cdot (3.5)}{2} \right)^2 \fallingdotseq 11.76 \ \ (12\text{명})$$

이므로 최소 12명 이상이어야 한다. ■

(2) 모비율의 추정을 위한 표본크기

$X \sim B(n, p)$이고 표본크기 $n \geq 30$일 때, 모비율 p에 대한 $100(1-\alpha)\%$ 오차한계는

$$z_{\alpha/2} \cdot \sqrt{\frac{pq}{n}}$$

이다. 신뢰수준 $1-\alpha$에서 최대 허용오차한계가 K일 때

$$z_{\alpha/2} \cdot \sqrt{\frac{pq}{n}} \le K$$

이므로, 이 부등식을 n에 대해 정리하면

$$n \ge pq\left(\frac{z_{\alpha/2}}{K}\right)^2$$

이다. 이 식에서 모비율 p를 모른다면 과거 유사한 조사나 실험 등에서 얻은 $\hat{p}$를 p 대신 사용할 수 있다. 그러나 많은 경우 위 식의 p 자리에 $p = 0.5$를 대입하여 표본크기 n을 보수적으로 계산하기도 한다. 그 이유는 아래 [그림 6.4]에서와 같이 $(0, 1)$ 사이의 모든 p에 대해 $p = 0.5$일 때 pq가 최대가 되기 때문이다.

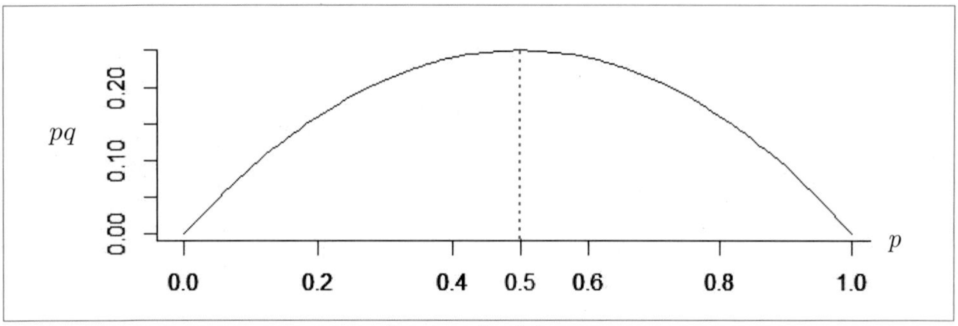

[그림 6.4] $f(p) = pq$

예 4

신뢰수준이 $0.95\,(95\%)$일 때, $z_{\alpha/2} = z_{0.025} \fallingdotseq 2$이므로 모비율 p에 대한 표본비율 $\hat{p}$의 95% 오차한계는

$$z_{\alpha/2} \cdot \sqrt{\frac{pq}{n}} \fallingdotseq 2 \cdot \sqrt{\frac{pq}{n}}$$

이 된다. 이때 이 오차한계의 최댓값은 이 식에 $p = 0.5$를 대입할 때

$$2 \cdot \sqrt{\frac{(0.5)(0.5)}{n}} = \frac{1}{\sqrt{n}}$$

이 된다. ❑

아래 [표 6.4]는 다양한 표본크기에서 '모비율 p에 대한 표본비율 $\hat{p}$의 95% 오차한계'의 최댓값을 정리한 것이다. 언론을 통해 발표되는 여론조사의 오차한계는 대부분 이 최대오차한계이다.

▌표 6.4 모비율 p에 대한 표본비율 $\hat{p}$의 95% 오차한계의 최댓값

n	최대오차한계($1/\sqrt{n}$)
100	0.100
500	0.045
1000	0.032
1500	0.026
2000	0.022
3000	0.018

예제 6 앞의 [예제 4]에서 대기업 A사 전체 직원의 흡연율 p에 대한 표본비율 $\hat{p}$의 95% 오차한계를 구하고, 최대 허용오차한계를 5%로 하고자 할 때 표본크기를 구하라.

풀이 $z_{0.025}=1.96$이므로, 표본비율 $\hat{p}$의 95% 오차한계는 신뢰구간 길이의 1/2이므로

$$z_{\alpha/2}\cdot\sqrt{\frac{\hat{p}\hat{q}}{n}}=(1.96)\cdot\sqrt{\frac{(0.4)(0.6)}{30}}\fallingdotseq 0.175\ (=17.5\%)$$

이다.

최대 허용오차한계 $K=0.05\,(5\%)$이기 위한 표본크기는

$$n\geq pq\left(\frac{z_{\alpha/2}}{K}\right)^2$$

이므로 위 식에서 p 자리에 [예제 4]의 $\hat{p}=12/30=0.4$를 대입하면

$$n\geq pq\left(\frac{z_{\alpha/2}}{K}\right)^2=(0.4)(0.6)\left(\frac{1.96}{0.05}\right)^2\fallingdotseq 368.8\,(\text{명})$$

이다. 따라서 표본크기는 최소 369명 이상이어야 한다. ■

연습문제

1. 다음은 모평균 μ인 모집단에서 크기 2인 확률표본으로부터 표본평균 $\overline{X}$의 표본분포이다.

$\overline{x} = (x_1 + x_2)/2$	도수	상대도수
1	1	0.0625
2	2	0.1250
3	3	0.1875
4	4	0.2500
5	3	0.1875
6	2	0.1250
7	1	0.0625
합계	16	1.0000

① 모평균 μ를 구하라.

② 신뢰수준 62.5%에서 모평균 μ에 대한 신뢰구간을 구하라.

③ 신뢰수준 87.5%에서 모평균 μ에 대한 신뢰구간을 구하고, ①의 신뢰구간과 비교하라.

2. 한 전구공장에서 생산되는 전구수명의 분포는 $N(\mu, 100^2)$이다. 이 회사 전구 $n = 25$개를 무작위로 추출하여 수명을 측정하였더니 $\overline{x} = 1825$시간이었다.

① 모평균 μ에 대한 95% 신뢰구간을 구하라.

② 95% 신뢰수준에서 $\overline{X}$의 오차한계를 구하라.

3. 친환경으로 운영되는 한 양계장에서 생산되는 계란 49개를 무작위로 추출해서 무게를 재었더니, $\overline{x} = 51g$, $s = 7g$이었다. 이 양계장에서 생산되는 계란의 평균무게 μ에 대한

① 95% 신뢰구간을 구하라.

② 90% 신뢰구간을 구하고 ①의 신뢰구간과 비교하라.

4. 어느 지역의 근로자 50명을 무작위추출하여 혈압을 측정하였더니 12명이 고혈압이었다. 이 지역 전체 근로자의 고혈압환자 비율을 p라 하자.

① p에 대한 95% 신뢰구간을 구하라.

② 95% 신뢰수준에서 표본비율 $\hat{p}$의 오차한계를 1%가 되게 하려고 할 때 표본크기를 구하라.

5. [연습문제 2]에서 95% 신뢰수준에서 $\overline{X}$의 오차한계가 10시간 이내가 되도록 표본크기를 구하려고 한다. 표본크기를 결정하라.

CHAPTER 7

가설검정

제 7 장 가설검정

6장에서 살펴본 통계적 추정의 주된 목적은 표본자료를 사용해서 모집단의 특성값을 추정하여 활용하는 것이라고 할 수 있다. 그러나 오늘날 현대인들은 일상에서 제기되는 많은 중요한 문제들에 대해, 신뢰할 수 있는 정보를 활용한 합리적인 의사결정을 하도록 요구받으며 살고 있다. 예를 들어 새로 개발된 암치료제의 완치율이 기존 치료제보다 더 높다고 할 수 있는지, 시험적으로 도입한 교육방법이 기존의 교육방법보다 더 효과적이라고 할 수 있는지, 새로운 공법이 기존의 공법보다 더 효과적이라고 할 수 있는지 등이다. 이때 통계적 가설검정(statistical hypothesis testing)은 매우 효과적인 의사결정방법이다. 통계적 가설검정은 표본자료를 사용하여 추정한 모집단의 특성값에 기초하여 새로운 주장의 진위여부를 판단하는 통계적 의사결정 절차이다.

이 장에서는 단일 모집단의 모평균과 모비율에 대한 가설검정을 중심으로 살펴본다.

7.1 서론

(1) 가설검정의 개념

우리나라 헌법(제27조 제4항)에는 '형사피고인은 유죄의 판결이 확정될 때까지는 무죄로 추정된다'라고 명시함으로써 무죄추정의 원칙을 헌법에서 규정하고 있다.

어떤 사람이 범죄 피의자 신분으로 경찰조사를 받는다고 하자. 무죄추정의 원칙에 따라 이 피의자는 범죄사실이 확정될 때까지는 무죄이다. 따라서 검찰과 경찰은 이 피의자의 범죄사실을 입증하기 위해 증거자료를 수집해야 한다. 수집된 자료에 기초해서 판사가 내릴 수 있는 판결은 두 가지이다. 즉 피의자는 유죄이거나 무죄이다. 이때 판사의 판결에는 두 가지 오류가 발생할 수 있다. 하나는 이 피의자가 무죄이지만 유죄라고 판결하는 오류와 피의자가 유죄이지만 무죄라고 판결하는 오류이다. 이 두 가지 오류가 전혀 발생하지 않는 것이 가장 바람직하겠지만 그렇지 못한 경우가 존재한다. 무죄추정의 원칙은 무분별한 형사기소로 인한 피고인을 보호한다는 차원에서 전자의 오류를 더 중요시 한 법의 원칙이라고 할 수 있다.

통계적 가설검정도 이와 같다. 통계적 가설검정은 표본자료에 기초해서 두 가지 대립된 의견(가설) 중에서 어느 한쪽을 선택한다. 이때 통계적 가설검정에서도 두 가지 오류가 존재한다. 통계적 가설검정에서는 설정된 두 가지 대립된 의견(가설) 중에서 그 오류가 미치는 영향이 더 심각하고 더 중요하다고 판단되는 쪽을 우선적으로 고려하는 결정을 내린다. 그 결정의 기준이 되는 '가설검정의 원리'를 가설검정의 용어와 함께 살펴보자.

(2) 가설검정의 용어

먼저 가설검정에 사용되는 주요 용어와 개념을 정리하자. 여기서 다루는 가설검정의 용어와 관련 개념들은 통계적 가설검정 전반에 적용되는 일반적인 내용들이다.

1) 통계적 가설

통계적 가설
모집단의 분포 또는 모수(들)에 대한 주장이나 추측

통계적 가설검정에서는 대립되는 두 종류의 통계적 가설(statistical hypothesis)을 설정한다. 하나는 귀무가설이고 다른 하나는 대립가설이다.

귀무가설(null hypothesis)은 주로 기존의 주장 또는 현재 널리 사실로 받아들여지는 내용으로, 연구자들이 표본자료를 통해 기각하기를 희망하여 검정 대상이 되는 가설이다. 귀무가설은 영가설이라고도 하며 H_0로 나타낸다.

대립가설(alternative hypothesis)은 귀무가설과 상반되는 새로운 주장으로 연구자들이 표본자료를 통해 참이라는 것을 입증하고자 하는 가설이다. 대립가설은 H_1 또는 H_a로 나타낸다.

예 1

앞에서 설명한 범죄 피의자의 사례에서 두 가설은 다음과 같다.

H_0 : 피의자는 무죄이다.

H_1 : 피의자는 유죄이다. ❑

예 2

한 고등학교 수학교사가 새로운 교수법을 개발하여 기존 교수법보다 더 효과적임을 입증하려고 한다고 하자. 이때 이 수학교사가 입증하고자 하는 주장은 새로운 교수법이 더 효과적이라는 것이다. 그러므로 이 가설검정에서 설정될 두 가설은 다음과 같다.

H_0 : 기존 교수법에 비해 새로운 교수법이 더 효과적이라고 할 수 없다.

H_1 : 기본 교수법에 비해 새로운 교수법이 더 효과적이다. ❑

2) 검정통계량

- **검정통계량**(test statistic): 귀무가설 H_0을 채택 또는 기각하기 위해 가설검정에 사용되는 통계량
- **기각역**(critical region 또는 rejection region): 귀무가설을 기각하게 되는 검정통계량의 영역(또는 구간)
- **기각값**(critical value): 기각역과 채택역을 구분하는 경곗값

검정통계량은 확률표본의 함수로 가설검정에 사용되는 통계량이다. 따라서 검정통계량은 확률변수이고, 가설검정에서는 검정통계량이 취할 수 있는 모든 값들을 두 개의 영역(구간)으로 구분한다. 하나는 귀무가설을 채택하게 되는 값들의 영역(구간)으로 **채택역**(acceptance region)이라고 하고, 다른 하나는 귀무가설을 기각하게 되는 값들의 영역(구간)으로 **기각역**이라고 한다. 표본자료를 검정통계량에 대입해서 계산한 값이 기각역에 속하면 귀무가설을 기각(대립가설을 채택)하고 그렇지 않으면 귀무가

설을 채택(대립가설을 기각)한다.

3) 가설검정의 두 가지 오류

서두에서 언급했던 바와 같이 가설검정에는 두 가지 형태의 오류가 발생할 수 있다.

- **제1종 오류**(type I error): 귀무가설 H_0이 참일 때 귀무가설을 기각하는 오류
- **제2종 오류**(type II error): 귀무가설 H_0이 거짓일 때 귀무가설을 기각하지 않는(H_0을 채택하는) 오류
- **유의수준**(significance level): 제1종 오류를 범할 최대 허용확률. 주로 α로 표현하며 연구자가 결정한다.

가설검정의 두 가지 오류를 정리하면 다음과 같다.

표 7.1 가설검정의 두 가지 오류

검정결과	가설의 진위	
	H_0 : 참	H_0 : 거짓
H_0 채택	옳은 결정	제2종 오류 (β)
H_0 기각	제1종 오류	옳은 결정

가설검정의 결론은 오직 두 가지뿐이다. H_0를 채택(H_1을 기각)하거나 H_0을 기각(H_1을 채택)하는 것뿐이다. 가설검정에서 두 가지 오류의 크기는 시소타기와 같이 하나가 증가하면 다른 하나가 감소하는 반비례 관계에 있다. 즉 통계적 가설검정에서는 두 가지 오류를 동시에 최소가 되게 하는 가설검정 규칙은 존재하지 않는다. 그러므로 앞에서 제시한 범죄 피의자 예에서와 같이 통계적 가설검정에서도 두 가지 오류 중 잘못된 결정으로 인한 손실이 더 심각하다고 판단되는 오류를 우선적으로 고려하는 결정을 내리게 된다. 따라서 통계학에서도 제1종 오류를 우선적으로 고려하는 검정규칙을 적용한다.

예 3

범죄 피의자 사례에서의 오류

재판결과	범죄의 진위	
	무죄	유죄
무죄	옳은 결정	제2종 오류
유죄	제1종 오류	옳은 결정

❑

4) p-값

p-값(p-value)

귀무가설이 참일 때, 표본자료로부터 계산된 검정통계량의 값보다 검정통계량이 기각역 방향으로 더 극단에 분포할 확률, **유의확률**(significance probability)이라고도 한다.

p-값은 표본자료로부터 **관찰된** '제1종 오류를 범할 확률'이고, 유의수준 α는 **연구자가 정한** '제1종 오류를 범할 최대 허용확률'이다. p-값(유의확률)이 크다는 것은 귀무가설을 기각하는 것이 잘못된 결정일 가능성이 크다는 것을 의미한다. 그러므로 p-값에 기초한 가설검정의 규칙은 다음과 같다.

p-값 $\leq \alpha$이면, H_0를 기각

p-값 $> \alpha$이면, H_0를 기각하지 못함

'p-값 $\leq \alpha$'라는 것은 표본자료의 관찰결과, 귀무가설을 기각하는 것이 잘못된 결정일 가능성이 허용된 최대 한계보다 작다는 것이므로 귀무가설 H_0을 기각하게 된다. 반대로 'p-값 $> \alpha$'라는 것은 표본자료의 관찰결과, 귀무가설을 기각하는 것이 잘못된 결정일 가능성이 허용된 최대 한계를 초과하는 것이므로 귀무가설 H_0을 기각하지 못한다.

예제 1 표본자료로부터 계산한 $p-$값을 기초로 유의수준 $\alpha=0.05$에서 귀무가설을 기각할 수 있었다. 이때

① $\alpha=0.10$에서도 H_0를 기각할 수 있는가?

② $\alpha=0.01$에서도 H_0를 기각할 수 있는가?

풀이 ① 유의수준 $\alpha=0.05$에서 기각하였으므로 $p-$값 ≤ 0.05이다. $p-$값 $\le 0.05 < 0.10$이므로 $\alpha=0.10$에서 H_0을 기각할 수 있다. ② $p-$값 ≤ 0.05이지만 0.01보다 작다고는 단언할 수 없다. 따라서 $\alpha=0.01$에서는 H_0의 기각여부를 판단할 수 없다. ■

5) 가설검정의 절차

가설검정의 표준화된 절차는 존재하지 않는다. 그러나 대체로 다음 절차에 따르면 편리하다.

[단계 1] **가설의 설정**: 주어진 문제를 분석한 후, 귀무가설 H_0와 대립가설 H_1을 설정한다. 일반적으로 새로운 주장을 H_1으로 두고, 이에 반대되는 주장 또는 예전부터 참이라고 알려져 온 내용 등을 H_0로 한다.

[단계 2] **검정통계량의 결정**: 설정된 가설과 표본자료에 적합한 검정통계량을 결정한다.

[단계 3] **유의수준 α와 기각역 결정**: 일반적으로 유의수준은 0.01, 0.05, 0.10 중의 한 값을 사용한다. 선택된 유의수준과 검정통계량의 분포에 기초하여 기각값과 기각역을 결정한다.

[단계 4] **검정통계량(과 $p-$값)의 계산**: 표본자료를 사용하여 검정통계량(과 $p-$값)을 계산한다.

[단계 5] **가설의 검정**: 검정통계량의 값과 기각역을 비교하여(또는 $p-$값과 α를 비교하여) 귀무가설 H_0의 채택 또는 기각을 결정하고 검정결과를 해석한다.

통계적 가설검정에서 유의수준이 같다면 기각역에 의한 가설검정 결과와 $p-$값에 의한 가설검정 결과는 항상 일치한다. 따라서 연구자의 필요에 따라 위 [단계 5]의 두 가지 검정기준('기각역에 의한 검정' 또는 '$p-$값에 의한 검정') 중 하나를 선택해서 검정하면 된다.

Excel, R, SAS, SPSS 등과 같은 통계처리 프로그램들은 기각역이나 기각값은 제공하지 않고 $p-$값만 제공한다. 따라서 통계처리 프로그램들의 결과를 활용하여 가설검정할 경우에는 $p-$값에 의한 결정을 내리면 된다.

다음에 제시되는 예제들에서는 부록에 첨부된 표를 이용해서 $p-$값을 계산할 수 있는 경우, 두 가지 검정기준을 각각 적용하여 검정결과들을 제시함으로써 독자들이 그 결과를 비교할 수 있게 하였다.

7.2 모평균에 대한 가설검정

단일 모집단의 모평균에 대한 가설검정을 살펴보자.

(1) 가설검정의 유형

일반적으로 가설검정을 수행할 때 세 가지 유형의 가설설정이 가능하다. 다음 예에서 단일 모평균에 대한 가설검정을 중심으로 설명한다.

예 4

C 대학에서 2학년 재학생 중 50명을 무작위로 추출하여 토익시험을 치룬 결과 평균 $\bar{x} = 580$점이었다. 이 대학본부는 취업지도를 위하여 2학년 전체 재학생의 평균 토익점수(μ)에 대한 가설검정을 하려고 한다. 이때 대학본부에서 검정하고자 하는 가설이 $\mu \neq 600$인지, $\mu > 600$인지, 또는 $\mu < 600$인지에 따라 아래 세 가지 유형의 가설이 가능하다.

[가설 1] $H_0 : \mu = 600, \quad H_1 : \mu \neq 600$

[가설 2] $H_0 : \mu \leq 600, \quad H_1 : \mu > 600$

[가설 3] $H_0 : \mu \geq 600$, $H_1 : \mu < 600$ ❑

[예 4]의 세 가지 유형의 가설 중 [가설 1]을 **양측가설**(two-sided hypothesis), [가설 2]와 [가설 3]을 **단측가설**(one-sided hypothesis)이라고 한다. 단측가설 중에서 [가설 2]를 **우측가설**(right-tailed hypothesis), [가설 3]을 **좌측가설**(left-tailed hypothesis)이라고 한다. 또 양측가설의 검정을 **양측검정**(two-sided test), 우측가설의 검정을 우측검정(right-tailed test), 좌측가설의 검정을 **좌측검정**(left-tailed test)이라고 한다.

[예 4]의 세 가지 유형의 가설을 다음과 같이 일반화할 수 있다. 여기서 μ_0는 연구자가 알고 있는 값으로 [예 4]에서는 μ_0가 600이었다.

표 7.2 단일 모평균에 대한 세 가지 유형의 가설

검정유형	귀무가설	대립가설
양측검정	$H_0 : \mu = \mu_0$	$H_1 : \mu \neq \mu_0$
우측검정	$H_0 : \mu \leq \mu_0$	$H_1 : \mu > \mu_0$
좌측검정	$H_0 : \mu \geq \mu_0$	$H_1 : \mu < \mu_0$

통계적 가설검정에서는 위의 세 가지 가설들 중 어떤 가설을 선택하든지 상관없이 검정통계량은 동일하다. 단, 모집단과 표본에 대해 미리 알려진 정보량에 따라 검정통계량은 달라진다. 지금부터 그 차이를 살펴보자.

(2) 정규모집단에서 모분산을 알 때

$X_1, X_2, \cdots, X_n$은 $N(\mu, \sigma^2)$인 모집단으로부터의 확률표본이고, σ^2을 알고 있다고 하자. $\mu = \mu_0$일 때 표본평균 $\overline{X}$의 분포는 $N\left(\mu_0, \sigma^2/n\right)$이고, $\overline{X}$를 표준화시키면 검정통계량은

$$Z_0 = \frac{\overline{X} - \mu_0}{\sigma/\sqrt{n}}$$

이 된다. 따라서 유의수준 α일 때 각 검정별 기각역은 [표 7.3]과 같다.

❙ 표 7.3 정규모집단에서 모분산을 알 때 모평균 검정에 대한 기각역

검정유형	귀무가설	대립가설	기각역
양측검정	$H_0 : \mu = \mu_0$	$H_1 : \mu \neq \mu_0$	$Z_0 \geq z_{\alpha/2}$ 또는 $Z_0 \leq -z_{\alpha/2}$
우측검정	$H_0 : \mu \leq \mu_0$	$H_1 : \mu > \mu_0$	$Z_0 \geq z_\alpha$
좌측검정	$H_0 : \mu \geq \mu_0$	$H_1 : \mu < \mu_0$	$Z_0 \leq -z_\alpha$

일부 기초통계학 교재들 중 우측검정과 좌측검정의 귀무가설을 모두 $H_0 : \mu = \mu_0$로 표현하는 교재들도 있다. 귀무가설을 이와 같이 표현하더라도 가설검정 절차와 결과는 동일하다. 단, 가설을 설정할 때 '등호(=)'는 언제나 귀무가설에 포함되어야 한다.

표본자료를 사용해서 계산한 검정통계량의 값을 z_0라고 할 때, $p-$값은 다음과 같이 계산한다. 이때 $Z \sim N(0, 1)$이다.

❙ 표 7.4 정규모집단에서 모분산을 알 때 모평균 검정에 대한 $p-$값

검정유형	귀무가설	대립가설	$p-$값
양측검정	$H_0 : \mu = \mu_0$	$H_1 : \mu \neq \mu_0$	$z_0 \leq 0$이면 $2 \cdot P(Z \leq z_0)$ $z_0 \geq 0$이면 $2 \cdot P(Z \geq z_0)$
우측검정	$H_0 : \mu \leq \mu_0$	$H_1 : \mu > \mu_0$	$P(Z \geq z_0)$
좌측검정	$H_0 : \mu \geq \mu_0$	$H_1 : \mu < \mu_0$	$P(Z \leq z_0)$

관심 있는 독자들이 참고할 수 있도록 기각역의 결정과정과 $p-$값의 계산과정에 대한 자세한 설명은 7.4절에 부록으로 첨부하였다.

예제 2 한 제과회사에서 생산되는 S과자는 중량이 $200g$으로 표기되어 있다. 이 과자의 제조공정에서 발생하는 표준편차 $\sigma = 4\text{g}$이다. 이 과자 16봉지를 무작위로 선정하여 무게를 재어보니 평균이 $\overline{x}=199.2$g이었다. 만일 $\mu>200$g이라면 회사가 손해일 것이고, $\mu<200$g라면 소비자가 손해일 것이다. 유의수준 5%에서 $\mu=200$g인지를 검정하라. 단, S과자의 중량은 정규분포를 따른다.

풀이 주어진 정보를 사용하여 $\mu=200$g인지의 여부를 검정하자.

[가설의 설정] $H_0 : \mu = 200$, $H_1 : \mu \neq 200$

[검정통계량의 결정] 정규모집단이고 $\sigma=4$, $n=16$이므로

검정통계량: $Z_0 = \dfrac{\overline{X}-\mu_0}{\sigma/\sqrt{n}} = \dfrac{\overline{X}-200}{4/\sqrt{16}}$

[유의수준과 기각역 결정] 양측검정이고 $\alpha=0.05$이므로 기각값 $z_{\alpha/2}=z_{0.025}=1.96$이다. 따라서

기각역: $Z_0 \le -1.96$ 또는 $Z_0 \ge 1.96$

[검정통계량과 p−값의 계산] $\overline{x}=199.2$이므로

① 검정통계량의 값: $z_0 = \dfrac{199.2-200}{4/\sqrt{16}} = -0.8$

② p−값: 양측검정이고 검정통계량의 값 z_0가 0보다 작으므로 p−값은 좌측검정일 때의 p−값의 2배이다. 즉,

$$2\times P(Z_0<-0.8) = 2\times P(Z_0 \ge 0.8)$$
$$= 2\times(1-0.7881) = 0.4238$$

이다. 여기서 $Z_0 \sim N(0,1)$이다.

[가설의 검정]

① 기각역에 의한 검정: $-1.96 < z_0(=-0.8) < 1.96$으로 검정통계량의 값 z_0가 기각역에 포함되지 않는다. 따라서 귀무가설 $H_0 : \mu = 200$을 기각하지 못

한다.

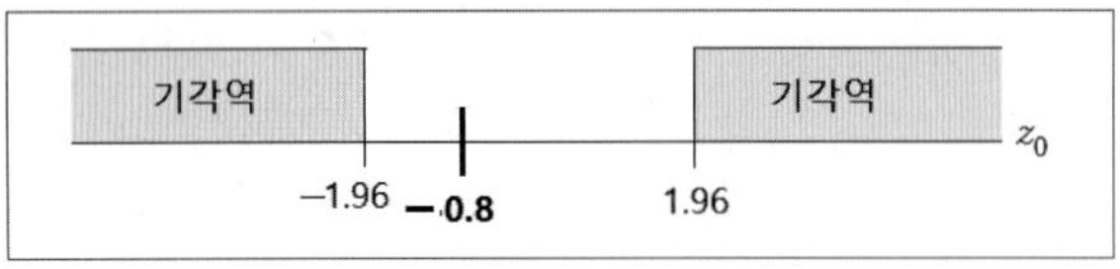

② p−값에 의한 검정: p−값 $= 0.4283 > 0.05$이다. 귀무가설 H_0를 기각하지 못한다.

∴ 유의수준 5%에서 S과자의 평균중량 $\mu = 200$g이 아니라고 할 수는 없다. ■

예제 3 A제약의 진통제는 진통효과가 나타나는데 평균 20분, $\sigma = 2.5$분인 것으로 알려져 있다. 새로운 진통제를 개발한 연구진은 신약의 진통효과가 기존의 진통제보다 5분 이상 빨라졌다고 주장한다. 이를 확인하기 위하여 25명의 환자를 무작위로 추출하여 새로운 진통제를 복용시킨 후 진통효과가 나타나는 시간을 조사하였더니, $\bar{x} = 14.40$분이었다. 연구진의 주장이 옳다고 할 수 있는지를 유의수준 5%에서 검정하라. 단, 신약의 진통효과가 나타나는 시간은 정규분포를 따르고, 신약과 구약의 표준편차는 동일하다.

풀이 주어진 표본정보로부터 연구진의 주장을 검정하자.

[가설의 설정] $\mu =$ 신약의 진통 효과가 나타나기까지 걸리는 평균시간

가설: $H_0 : \mu \geq 15$, $H_1 : \mu < 15$

[검정통계량의 결정] 정규모집단이고 $\sigma = 2.5$, $n = 25$이므로

$$\text{검정통계량: } Z_0 = \frac{\overline{X} - \mu_0}{\sigma/\sqrt{n}} = \frac{\overline{X} - 15}{2.5/\sqrt{25}}$$

[유의수준과 기각역 결정] 좌측검정이고 $\alpha = 0.05$이므로 $z_{0.05} = 1.645$이다. 따라서

기각역: $Z_0 \leq -1.645$

[검정통계량과 p−값의 계산] $\bar{x} = 14.40$ 이므로

① 검정통계량의 값: $z_0 = \dfrac{14.40 - 15}{2.5/\sqrt{25}} = -1.2$

② p−값: 좌측검정이므로

$$P(Z_0 \le -1.2) = P(Z_0 \ge 1.2) = 1 - 0.8849 = 0.1151$$

이다. 여기서 $Z_0 \sim N(0, 1)$이다.

[가설의 검정]

① 기각역에 의한 검정: $-1.645 < z_0 (= -1.2)$ 이므로 귀무가설 $H_0 : \mu \ge 15$ 을 기각하지 못한다.

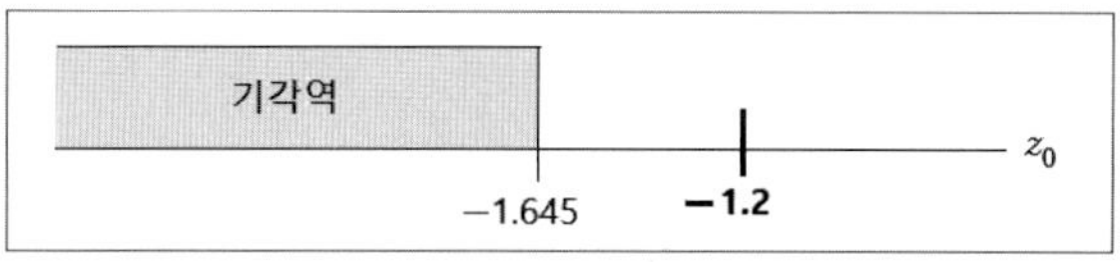

② p−값에 의한 검정: p−값 $= 0.1151 > 0.05$이므로 귀무가설 H_0을 기각하지 못한다.

∴ 유의수준 5%에서 신약의 진통효과가 기존의 진통제에 비해 5분 이상 빨라졌다고 할 수 없다. ■

(3) 정규모집단에서 모분산을 모르고 소표본일 때

$X_1, X_2, \cdots, X_n$은 $N(\mu, \sigma^2)$인 모집단으로부터의 확률표본이고, σ^2을 모른다고 하자. 모평균 $\mu = \mu_0$일 때 $\bar{X} \sim N\left(\mu_0, \sigma^2/n\right)$이므로 $\bar{X}$를 표준화한 후, 모표준편차 σ 대신 표본표준편차 S를 대입하면 검정통계량은

$$T_0 = \frac{\bar{X} - \mu_0}{S/\sqrt{n}}$$

이 된다(5.3절의 (3) T통계량의 분포 참고). 이때, $T_0 \sim t(n-1)$이고 기각역은 앞에서 모분산을 알 때와 동일한 논리에 의해 결정된다(7.4절 참고). 다만, 기각역과 p−값을

계산할 때 표준정규분포 대신 $t(n-1)$을 사용하는 것만 다르다. 따라서 유의수준이 α일 때 세 가지 검정유형별 기각역은 다음과 같다.

▌표 7.5 정규모집단에서 모분산을 모르고 소표본일 때 기각역

검정유형	귀무가설	대립가설	기각역
양측검정	$H_0 : \mu = \mu_0$	$H_1 : \mu \neq \mu_0$	$T_0 \geq t_{\alpha/2}(n-1)$ 또는 $T_0 \leq -t_{\alpha/2}(n-1)$
우측검정	$H_0 : \mu \leq \mu_0$	$H_1 : \mu > \mu_0$	$T_0 \geq t_{\alpha}(n-1)$
좌측검정	$H_0 : \mu \geq \mu_0$	$H_1 : \mu < \mu_0$	$T_0 \leq -t_{\alpha}(n-1)$

예제 4 자동차 연료의 첨가제 개발회사는 새로 개발된 첨가제가 연비(리터당 평균 주행거리)를 $1km$ 이상 높였다고 주장한다. 휘발유 연비가 $13km$로 알려진 자동차 16대에 새로 개발된 첨가제를 넣고 주행하였더니, 평균 $\overline{x} = 13.8km$, 표준편차 $s = 1.6km$였다. 이 회사의 주장이 옳다고 할 수 있는지를 유의수준 5%에서 검정하라. 단, 자동차의 연비는 정규분포를 따른다.

풀이 주어진 정보로부터 새로 개발된 첨가제가 연비를 $1km$ 이상 높였다고 할 수 있는지를 검정하자.

[가설의 설정] $\mu =$ 새로 개발된 첨가제를 사용한 자동차의 평균연비

가설: $H_0 : \mu \leq 14$, $H_1 : \mu > 14$

[검정통계량의 결정] 정규모집단이고 σ를 알지 못하고, $n = 16$이므로

$$\text{검정통계량: } T_0 = \frac{\overline{X} - \mu_0}{S/\sqrt{n}} = \frac{\overline{X} - 14}{S/\sqrt{16}}$$

[유의수준과 기각역 결정] 좌측검정이고 $\alpha = 0.05$, $n = 16$ 이므로

$t_{\alpha}(n-1) = t_{0.05}(15) = 1.753$이다. 따라서

기각역: $T_0 \geq 1.753$

[검정통계량의 계산] 표본자료로부터 $\overline{x} = 13.8$, $s = 1.6$이므로

검정통계량의 값: $t_0 = \dfrac{13.8 - 14}{1.6/\sqrt{16}} = -0.5$

[가설의 검정] $t_0 = -0.5 < 1.753$이므로 $H_0 : \mu \le 14$를 기각하지 못한다.

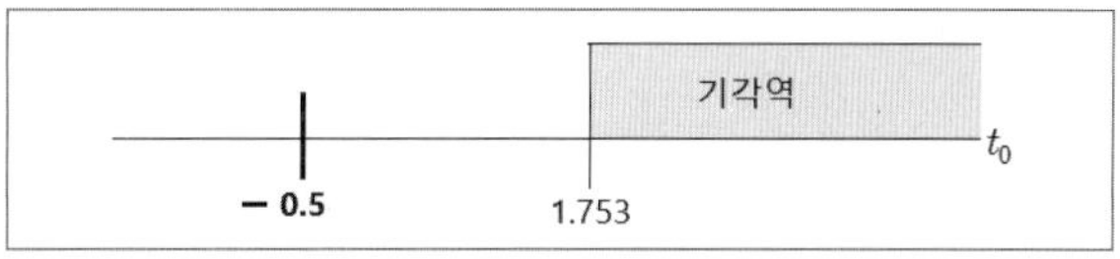

∴ 유의수준 5%에서 자동차 연료 첨가제 개발회사의 주장이 옳다고 할 수 없다. ■

(4) 모집단의 분포를 모르지만 대표본일 때

$X_1, X_2, \cdots, X_n$은 평균이 μ이고 분산이 σ^2인 모집단으로부터의 확률표본이고, $n \ge 30$라고 하자. $\mu = \mu_0$일 때, $\overline{X} \approx N(\mu_0, \sigma^2/n)$이므로 검정통계량은

$$\sigma\text{를 알 때: } \quad Z_0 = \frac{\overline{X} - \mu_0}{\sigma/\sqrt{n}}$$

$$\sigma\text{를 모를 때: } Z_0 = \frac{\overline{X} - \mu_0}{S/\sqrt{n}}$$

이다(5.2절의 표본평균의 분포 참고). 이때 $Z_0 \approx N(0, 1)$이다. 그러므로 기각역과 $p-$값의 계산과정은 모집단이 정규분포이고 모분산을 알 때와 동일하다.

표 7.6 모집단의 분포를 모르지만 대표본일 때 기각역

검정유형	귀무가설	대립가설	기각역
양측검정	$H_0 : \mu = \mu_0$	$H_1 : \mu \neq \mu_0$	$Z_0 \ge z_{\alpha/2}$ 또는 $Z_0 \le -z_{\alpha/2}$
우측검정	$H_0 : \mu \le \mu_0$	$H_1 : \mu > \mu_0$	$Z_0 \ge z_\alpha$
좌측검정	$H_0 : \mu \ge \mu_0$	$H_1 : \mu < \mu_0$	$Z_0 \le -z_\alpha$

예제 5 B회사에서 생산되는 정량이 200g으로 표기된 참치통조림 36개를 조사하였더니 $\overline{x} = 202g$이었다. 이 통조림의 실제 중량이 표기된 200g보다 많다고 할 수 있는지 유의수준 1%에서 검정하라. 이 통조림의 제조 공정에서 발생하는 표준편차 $\sigma = 4.0g$이다.

풀이 주어진 표본정보로부터 실제 중량이 표기된 200g보다 많다고 할 수 있는지를 검정하자.

[가설의 설정] $\mu =$ 참치통조림의 평균 중량

가설: $H_0 : \mu \le 200$, $H_1 : \mu > 200$

[검정통계량의 계산] $\sigma = 4.0$이고 $n = 36(>30)$이므로

$$\text{검정통계량: } Z_0 = \frac{\overline{X} - \mu_0}{\sigma / \sqrt{n}} = \frac{\overline{X} - 200}{4.0 / \sqrt{36}}$$

[유의수준과 기각역 결정] 우측검정이고 $\alpha = 0.01$ 이므로 $z_{0.01} = 2.326$이다. 따라서

기각역: $Z_0 \ge 2.326$

[검정통계량과 p−값의 계산] $\overline{x} = 202$이므로

① 검정통계량의 값: $z_0 = \dfrac{202 - 200}{4.0/\sqrt{36}} = 3.0$

② p−값: 우측검정이므로 $P(Z_0 \ge 3.0) = 1 - 0.9987 = 0.0013$

이다. 여기서 $Z_0 \sim N(0, 1)$이다.

[가설의 검정]

① 기각역에 의한 검정: $z_0 = 3.0 > 2.326$이므로 $H_0 : \mu \le 200$를 기각한다.

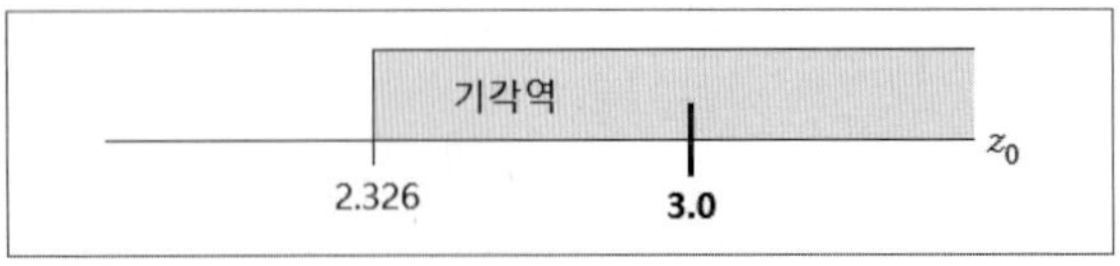

② $p-$값에 의한 검정: $p-$값 $= 0.0013 < 0.01$ 이므로 H_0를 기각한다.

$\therefore$ 유의수준 1%에서 참치통조림의 실제 중량은 표기된 $200g$보다 많다고 할 수 있다. ■

예제 6 C대학은 2학년 재학생 중 50명을 무작위로 추출하여 토익시험을 치룬 결과 표본평균 $\bar{x} = 580$점이고 표본표준편차 $s = 75$점이었다. 이 대학 2학년 재학생 전체의 평균 토익점수(μ)를 $\mu = 600$이라고 할 수 있는지 유의수준 5%와 10%에서 각각 검정하고 결과를 비교하라.

풀이 주어진 정보로부터 $\mu = 600$을 검정하자.

[가설의 설정] $H_0 : \mu = 600$, $H_1 : \mu \neq 600$

[검정통계량의 결정] $n = 50(>30)$이므로

검정통계량: $Z_0 = \dfrac{\overline{X} - \mu_0}{S/\sqrt{n}} = \dfrac{\overline{X} - 600}{S/\sqrt{50}}$

[유의수준과 기각역 결정] 양측검정이고 $\alpha = 0.05$ 일 때 $z_{0.025} = 1.96$ 이고 $\alpha = 0.10$ 일 때 $z_{0.05} = 1.645$ 이다. 따라서

유의수준 5% 기각역: $Z_0 \le -1.96$ 또는 $Z_0 \ge 1.96$

유의수준 10% 기각역: $Z_0 \le -1.645$ 또는 $Z_0 \ge 1.645$

[검정통계량과 $p-$값의 계산] $\bar{x} = 580$, $s = 75$ 이므로

① 검정통계량의 값: $z_0 = \dfrac{580 - 600}{75/\sqrt{50}} \fallingdotseq -1.89$

② $p-$값: 양측검정이고 $z_0 = -1.89$로 0보다 작으므로

$$p-\text{값} = 2\times P(Z_0 \le -1.89) = 2\times P(Z_0 \ge 1.89)$$

$$= 2\times(1-0.9706) = 0.0588$$

이다. 여기서 $Z_0 \sim N(0,1)$이다.

[가설의 검정]

① 기각역에 의한 검정: 검정통계량의 값 $z_0 = -1.89$로

유의수준 5%에서는 $-1.96 < z_0 < 1.96$

유의수준10%에서는 $z_0 < -1.645$

이다. 따라서 귀무가설 $H_0 : \mu = 600$을 유의수준 10%에서는 기각하고, 유의수준 5%에서는 기각하지 못한다.

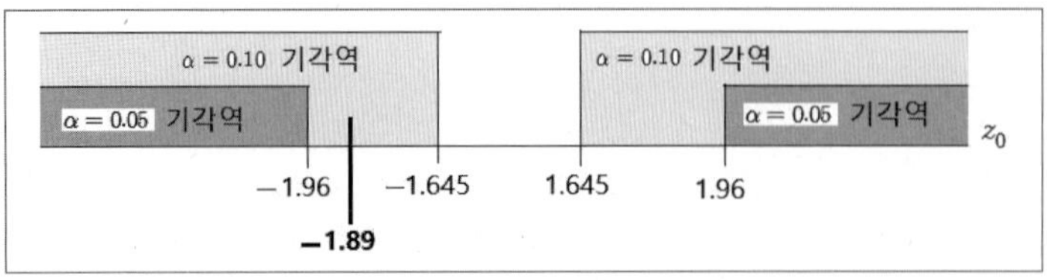

② $p-$값에 의한 검정: $p-\text{값} = 0.0588$로 $0.05 < p-\text{값} < 0.1$이다. 따라서 귀무가설 $H_0 : \mu = 600$을 유의수준 10%에서는 기각하고 유의수준 5%에서는 기각하지 못한다.

∴ 유의수준 10%에서 $\mu \ne 600$라고 할 수 있다. 그러나, 유의수준 5%에서는 $\mu \ne 600$라고 할 수 없다. ■

7.3 모비율에 대한 가설검정

$X \sim B(n,p)$이고 n이 충분히 커서 $p = p_0$일 때 $np_0 > 5$이고 $nq_0 > 5$라고 하자. $p = p_0$일 때, 표본비율 $\hat{p} = X/n$의 분포는

$$\hat{p} \approx N\left(p_0, \frac{p_0 q_0}{n}\right)$$

이다(4.3절 이항분포의 정규근사 참고). 따라서 아래 세 가지 가설검정에서 검정통계량은

$$Z_0 = \frac{\hat{p} - p_0}{\sqrt{p_0 q_0 / n}}$$

이다. 이때 $Z_0 \approx N(0, 1)$이고 $q_0 = 1 - p_0$이다. 그러므로 유의수준 α에서 모비율 p에 대한 가설검정은 다음과 같다.

표 7.7 대표본일 때 모비율에 검정에 대한 기각역

검정유형	귀무가설	대립가설	기각역
양측검정	$H_0 : p = p_0$	$H_1 : p \neq p_0$	$Z_0 \geq z_{\alpha/2}$ 또는 $Z_0 \leq -z_{\alpha/2}$
우측검정	$H_0 : p \leq p_0$	$H_1 : p > p_0$	$Z_0 \geq z_\alpha$
좌측검정	$H_0 : p \geq p_0$	$H_1 : p < p_0$	$Z_0 \leq -z_\alpha$

예제 7 C시의 시장선거에 출마한 A씨는 후보등록 후 1000명을 대상으로 실시한 여론조사에서 지지율이 45%로 나타났다. 후보등록 전 실시한 자체조사에서의 지지율 47%에 비해, 후보등록 후 지지율이 떨어졌다고 할 수 있는지 유의수준 5%에서 검정하라.

풀이 주어진 정보로부터 A씨의 지지율이 낮아졌다고 할 수 있는지를 검정하자.

[가설의 설정] $p =$ 후보등록 후 A씨의 지지율

가설: $H_0 : p \geq 0.47$, $H_1 : p < 0.47$

[검정통계량의 결정] $n = 1000$이고 $p_0 = 0.47$로 $np_0 > 5$, $nq_0 > 5$인 이항분포의 정규근사 조건을 만족한다. 따라서

검정통계량: $Z_0 = \dfrac{\hat{p} - p_0}{\sqrt{p_0 q_0 / n}} = \dfrac{\hat{p} - 0.47}{\sqrt{(0.47)(0.53)/1000}}$

[유의수준과 기각역 결정] 좌측검정이고 $\alpha = 0.05$ 이므로 $z_{0.05} = 1.645$ 이다. 따라서

기각역: $Z_0 \le -1.645$

[검정통계량과 $p-$값의 계산] $\hat{p} = 0.45$ 이므로

① 검정통계량의 값: $z_0 = \dfrac{0.45 - 0.47}{\sqrt{(0.47)(0.53)/1000}} \fallingdotseq -1.27$

② $p-$값: 좌측검정이므로

$P(Z_0 \le -1.27) = P(Z_0 \ge 1.27) = 1 - 0.8980 = 0.1020$

이다. 여기서 $Z_0 \sim N(0, 1)$ 이다.

[가설의 검정]

① 기각역에 의한 검정: $z_0 = -1.27 > -1.645$ 이므로 유의수준 5%에서 귀무가설 $H_0 : p \ge 0.47$ 을 기각하지 못한다.

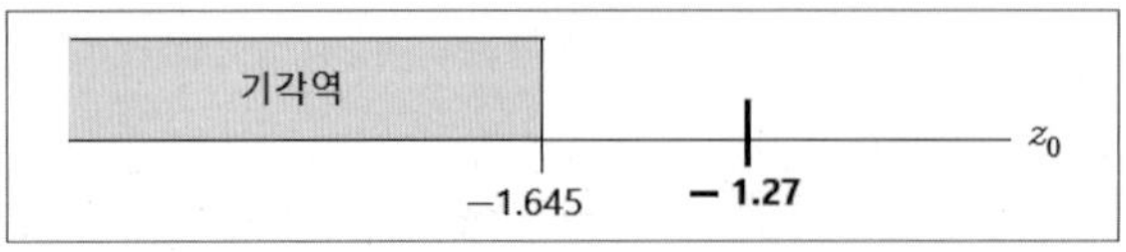

② $p-$값에 의한 검정: $p-$값$= 0.1020 > 0.05$ 이므로 유의수준 5%에서 귀무가설을 기각하지 못한다.

∴ 유의수준 5%에서 후보등록 후 A씨의 지지율이 낮아졌다고 할 수 없다. ■

이 절에서는 표본크기 n이 충분히 커서 이항분포의 정규근사조건을 만족하는 경우, 모비율에 대한 가설검정을 다루었다. 그러나 표본크기가 작아서 정규근사조건을 만족하지 못하는 경우에는 이항검정(Binonial test) 등 비모수적 검정을 사용할 수 있다. 이항검정 등은 참고문헌의 비모수적 검정 관련 통계학 서적을 참고하면 된다.

7.4 부록: 모평균에 대한 가설검정에서 기각역의 결정

이 절에서는 정규모집단에서 모분산을 알 때 모평균에 대한 가설검정의 기각역을 결정하는 과정과 $p-$값을 계산하는 과정을 자세히 살펴보자. 관심 없는 독자는 이 절을 생략해도 좋다.

(1) 기각역의 결정

이 절에서 설명하는 내용들을 보다 쉽게 이해할 수 있도록 앞의 [예 4]에서 제시하였던 사례를 중심으로 자세히 살펴보자.

7.2절의 [예 4]에서 C대학 2학년 재학생 중 50명을 무작위로 추출하여 토익시험을 치룬 결과 평균 $\overline{x} = 580$점이었다. 이 대학본부는 취업지도를 위하여 2학년 전체 재학생의 평균 토익점수(μ)에 대한 가설검정을 하려고 한다. 이때 대학본부가 실시할 수 있는 가설검정은 다음 세 가지 형태의 가설설정이 가능하다.

	가설유형	귀무가설	대립가설
[가설 1]	양측가설	$H_0 : \mu = 600$	$H_1 : \mu \neq 600$
[가설 2]	우측가설	$H_0 : \mu \le 600$	$H_1 : \mu > 600$
[가설 3]	좌측가설	$H_0 : \mu \ge 600$	$H_1 : \mu < 600$

대학본부가 이 세 가지 가설검정 중에서 어떤 가설검정을 선택하든지 상관없이 검정통계량은 동일하다. 그러나 기각역은 가설의 형태에 따라 달라진다. 5장 표본분포에서 표본평균은 모평균에 대해 좋은 특성을 가진 통계량임을 확인했다. 따라서 모평균의 신뢰구간에서와 같이 가설검정에서도 표본평균에서 출발한다.

[그림 7.1]은 서로 다른 μ에서 $\overline{X} \sim N\left(\mu, \dfrac{\sigma^2}{n}\right)$의 분포곡선들을 하나의 그래프에 함께 나타낸 것이다. 가운데 검은색 곡선은 $\mu = 600$의 곡선이다.

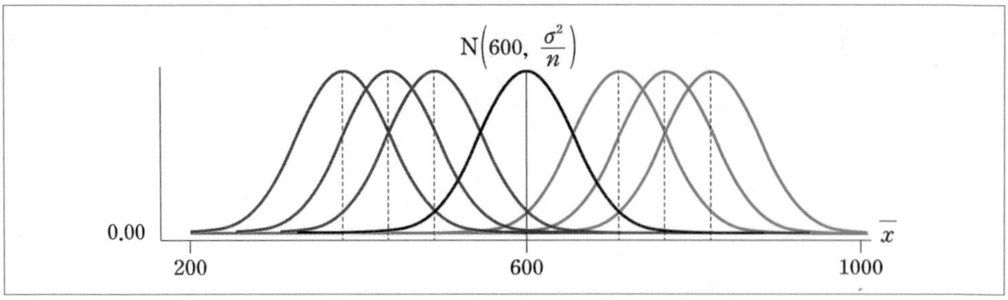

[그림 7.1] 서로 다른 μ에서 $\overline{X} \sim N\left(\mu, \frac{\sigma^2}{n}\right)$의 분포곡선

[가설 1]에서 $H_0 : \mu = 600$이 참이면, $\overline{X}$의 분포 $N(600, \sigma^2/n)$이므로 검은색 곡선만 해당된다.

[가설 2]에서 $H_0 : \mu \leq 600$이 참이면, $\overline{X}$의 분포는 가운데 검은색 곡선과 그 왼쪽에 있는 회색 곡선들이 해당된다.

[가설 3]에서 $H_0 : \mu \geq 600$이 참이면, $\overline{X}$의 분포는 검은색 곡선과 그 오른쪽에 있는 파란색 곡선들이 해당된다.

그러므로

[가설 1]에서 $H_0 : \mu = 600$이 참이면, $\bar{x}$가 모평균 $\mu = 600$에 비해 아주 작거나 아주 큰 값일 때 귀무가설이 참이 아닐 가능성이 크다.

[가설 2]에서 $H_0 : \mu \leq 600$이 참이면, $\bar{x}$가 $\mu = 600$보다 아주 큰 값일 때 귀무가설이 참이 아닐 가능성이 크다.

[가설 3]에서 $H_0 : \mu \geq 600$이 참이면, $\bar{x}$가 $\mu = 600$보다 아주 작은 값일 때 귀무가설이 참이 아닐 가능성이 크다.

이와 같이 표본평균 $\bar{x}$의 값을 기준으로 모평균에 대한 가설을 검정할 수 있다. 또, 위 세 가지 형태의 가설검정에서 귀무가설 H_0가 서로 다르게 표현되었더라도 제1종 오류는 모두 $\mu = 600$일 때 최대가 된다([그림 7.1] 참고).

따라서 세 가지 형태의 가설검정([가설 1], [가설 2], [가설 3])에서 모두 동일하게 검정통계량은 $\overline{X}$가 되고 기각역은 $\mu = 600$일 때 $\overline{X}$의 분포, 즉 $N(600, \sigma^2/n)$에 근거하여 결정된다. 양측검정([가설 1])의 기각역은 $\mu = 600$ 일 때 $\overline{X}$의 분포, $N(600, \sigma^2/n)$의 양 끝에 위치하고, 우측검정([가설 2])의 기각역은 오른쪽 끝에, 좌측검정([가설 3])의 기각역은 왼쪽 끝에 위치한다.

(2) 기각값의 결정

앞에서 표본평균 $\overline{x}$가 작거나 크면 귀무가설을 기각한다고 설명했다. 그렇다면 표본평균 $\overline{x}$가 얼마나 작거나 커야 귀무가설을 기각할 수 있는지, 세 가지 형태의 가설검정([가설 1], [가설 2], [가설 3]) 각각에 대해 기각값과 기각역을 찾아보자.

양측검정은 우측검정과 좌측검정으로부터 유도할 수 있으므로 먼저 우측검정과 좌측검정부터 살펴보자.

1) 우측검정

우측검정의 가설은

$$[\text{가설 } 2] \qquad H_0 : \mu \le 600 \ , \quad H_1 : \mu > 600$$

이다. 아래 그림은 귀무가설의 $\mu = 600$ 일 때 $\overline{X}$의 분포와, 대립가설에 속한 모평균 중에서 임의의 한 값($\mu = 700$)일 때 $\overline{X}$의 분포를 하나의 그래프에 함께 나타낸 것이다. 검은색 곡선은 $\mu = 600$ 일 때 $\overline{X}$의 분포를 나타내고 파란색 곡선은 $\mu = 700$ 일 때 $\overline{X}$의 분포를 나타낸다.

앞에서 설명한 바와 같이 기각역은 $\mu = 600$ 일 때 $\overline{X}$의 분포, 즉 $N(600, \sigma^2/n)$를 기준으로 결정된다.

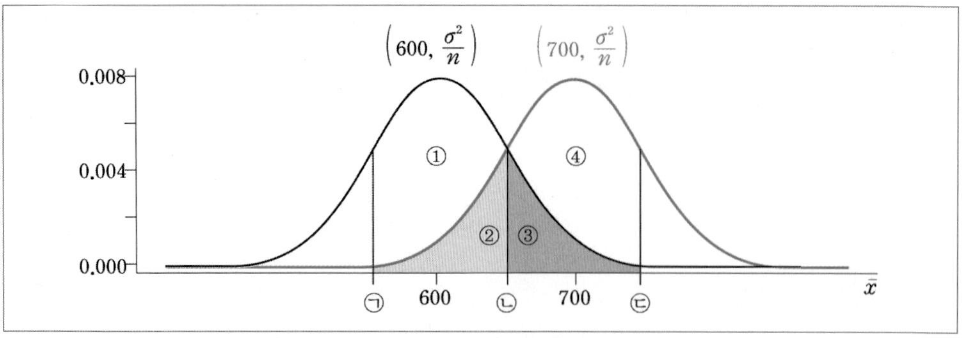

[그림 7.2] 모평균에 대한 우측검정에서 기각값의 위치 결정

앞에서 우측검정은 $\overline{X}$가 큰 값이면 귀무가설을 기각할 수 있음을 살펴보았다. 따라서 [그림 7.2]에서 기각값을 ㉢으로 결정한다고 하자. 이때 기각역은 $\overline{X} \geq$ ㉢가 된다. 이때 제1종 오류를 범할 확률은 0에 가깝지만(㉢의 오른쪽 검은색 곡선 아래 면적), 제2종 오류, 즉 실제로는 $\mu = 700$인데 $H_0 : \mu \leq 600$을 받아들이므로 발생하는 오류를 범할 확률은 ㉢보다 작은 쪽의 파란색 곡선 아래 면적인 ②+③+④로 매우 커진다.

기각값을 ㉠으로 결정한다고 하면 기각역은 $\overline{X} \geq$ ㉠이 된다. 이때 제2종 오류를 범할 확률은 0에 가깝지만(㉠의 왼편 파란색 곡선 아래 면적), 제1종 오류를 범할 확률은 ① + ② + ③으로 매우 커진다.

기각값을 ㉡으로 결정하면 기각역은 $\overline{X} \geq$ ㉡이 되어, 제1종 오류를 범할 확률은 ③, 제2종 오류를 범할 확률은 ②로 두 종류의 오류가 적당히 조정될 수 있다.

따라서 [그림 7.3]에서와 같이, 유의수준 α에서 $\alpha =$ ③이 되는 기각값을 결정하면 기각역은 '$\overline{X} \geq$ 기각값'이 되고, 제1종 오류가 발생할 확률은 최대 α가 되면서 제2종 오류를 최소로 하는 기각역을 선택할 수 있다.

여기서 잠시 독자들의 상상력을 동원하자. 대립가설이 $H_1 : \mu > 600$이므로 아래 [그림 7.3]에서 검은색 정규곡선과 기각값의 위치를 고정시킨 채, 파란색 곡선을 $\mu = 600$방향으로 수평이동하면 유의수준 α는 동일하지만 제2종 오류(β)(기각값보다 작은쪽의 파란색 곡선 아래 면적)는 커진다. 반대로 반대방향인 오른쪽으로 수평이동하면 제2종 오류(β)는 작아지고 $1-\beta$는 커진다(곡선 아래의 전체면적은 1이므로). 이때 이 $1-\beta$를 **검정력**(test of power)이라고 한다. 즉, 대립가설이 참일 때 대립가설을 기각할 확률$(1-\beta)$인 검정력은 μ가 대립가설 방향으로 600에서 멀어질수록 커진다.

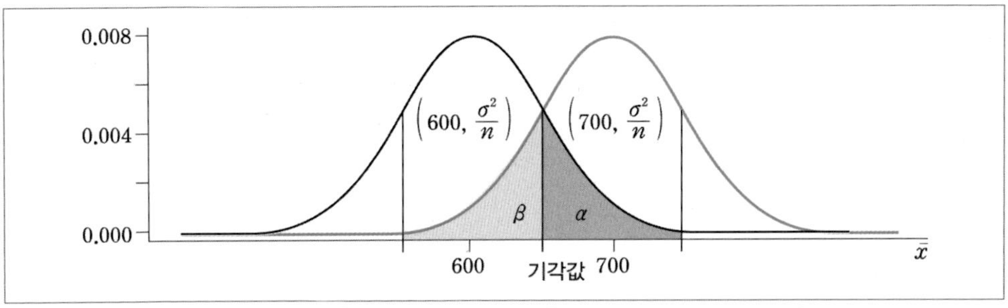

[그림 7.3] 모평균에 대한 우측검정에서 기각역의 결정

이와 같이 유의수준 α에서 우측검정

$$[\text{가설 2}] \qquad H_0 : \mu \le 600, \qquad H_1 : \mu > 600$$

의 기각역을 $\overline{X} \ge \bar{x}_\alpha$로 결정한다([그림 7.4] 참고). 이때 $\bar{x}_\alpha$는 $\mu = 600$일 때 $\overline{X}$의 표본분포에서 상위 $100\alpha\%$ 백분위수이다.

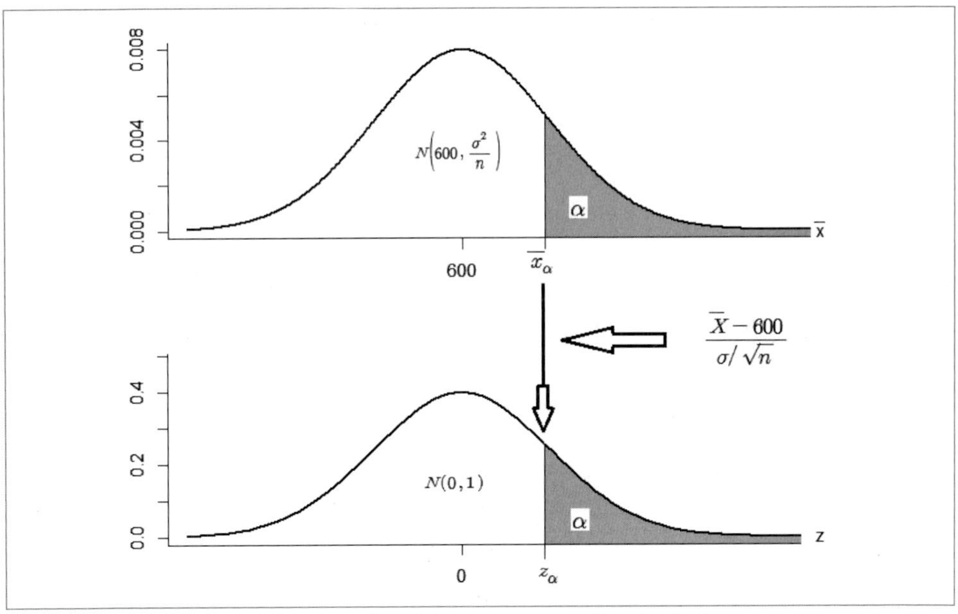

[그림 7.4] 모평균에 대한 우측검정의 기각역

[그림 7.4]의 위쪽 그래프는 $\overline{X} \sim N(600, \sigma^2/n)$의 분포곡선과 기각역을 보여준다. 기각값 $\overline{x}_\alpha$를 표준화하면

$$\frac{\overline{x}_\alpha - 600}{\sigma/\sqrt{n}} = z_\alpha \text{ 이므로} \qquad \overline{x}_\alpha = 600 + z_\alpha \frac{\sigma}{\sqrt{n}}$$

이다.

지금까지의 논의를 정리하자. 유의수준 α에서 우측검정

$$[\text{가설 } 2] \qquad H_0 : \mu \le 600, \quad H_1 : \mu > 600$$

의

① 검정통계량은 $\overline{X}$이고, 기각역은 $\overline{X} \ge 600 + z_\alpha \frac{\sigma}{\sqrt{n}}$이다.

또는

② 검정통계량은 $Z_0 = \frac{\overline{X} - 600}{\sigma/\sqrt{n}}$이고, 기각역은 $Z_0 \ge z_\alpha$이다.

앞의 ①, ② 중 어떤 것을 사용하더라도 결과는 같다. 그러나 계산의 편리함 때문에 주로 ②를 사용한다. 앞의 7.2절~7.3절에서도 표준화된 검정통계량과 기각역 ②를 사용하였다.

2) 좌측검정

우측검정과 동일한 논리를 적용해서 좌측검정

$$[\text{가설 } 3] \qquad H_0 : \mu \ge 600, \quad H_1 : \mu < 600$$

의 기각역은 $\mu = 600$일 때 $\overline{X}$의 표본분포 왼쪽 꼬리부분에 위치한다.

[그림 7.5]의 위쪽 그래프는 $\overline{X} \sim N(600, \sigma^2/n)$의 분포곡선과 [가설 3]에서의 기각역을 보여준다. 이때 기각값 $\overline{x}_{1-\alpha}$는 $\mu = 600$일 때 $\overline{X}$의 표본분포에서 상위

$100(1-\alpha)\%$ 백분위수이다([그림 7.5] 참고). 이 $\overline{x}_{1-\alpha}$를 표준화하면

$$\frac{\overline{x}_{1-\alpha}-600}{\sigma/\sqrt{n}}=-z_\alpha \text{ 이므로 } \overline{x}_{1-\alpha}=600-z_\alpha\frac{\sigma}{\sqrt{n}}$$

이다. 따라서 $H_0:\mu \geq 600$일 때, 검정통계량은 우측검정과 동일하고

① 검정통계량이 $\overline{X}$일 때, 기각역은 $\overline{X} \leq 600-z_\alpha\dfrac{\sigma}{\sqrt{n}}$이고

② 검정통계량이 Z_0일 때, 기각역은 $Z_0 \leq -z_\alpha$이다.

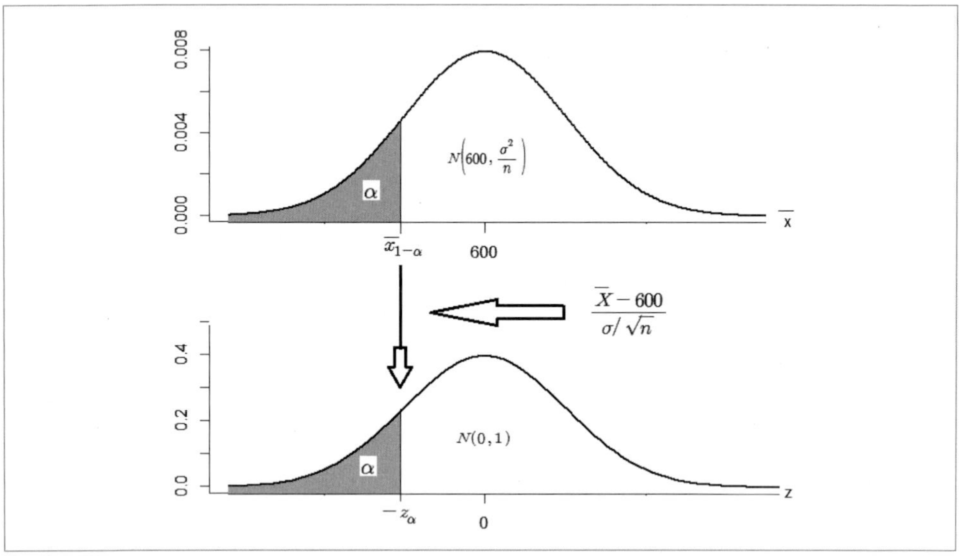

[그림 7.5] 모평균에 대한 좌측검정의 기각역

3) 양측검정

양측검정

[가설 1] $H_0:\mu=600$, $H_1:\mu \neq 600$

에서는 유의수준 α일 때 $N(600,\sigma^2/n)$의 양쪽 꼬리부분면적이 각각 $\alpha/2$가 되는 지점이 기각값이 된다. 이것은 유의수준이 α이고 검정통계량의 값 $\overline{x}$가 아주 크거

나 작으면 귀무가설을 기각할 수 있으므로 $\overline{X} \sim N(600, \sigma^2/n)$의 양쪽 꼬리부분에 $\alpha/2$씩 제1종 오류를 범할 확률을 균등하게 반으로 나눈 것이다.

그러므로 $H_0 : \mu = 600$일 때 검정통계량은 우측검정이나 좌측검정과 동일하고 기각역은

① $\overline{X} \le 600 - z_{\alpha/2}\dfrac{\sigma}{\sqrt{n}}$ 또는 $\overline{X} \ge 600 + z_{\alpha/2}\dfrac{\sigma}{\sqrt{n}}$

또는

② $Z_0 \le -z_{\alpha/2}$ 또는 $Z_0 \ge z_{\alpha/2}$

이다([그림 7.6] 참고).

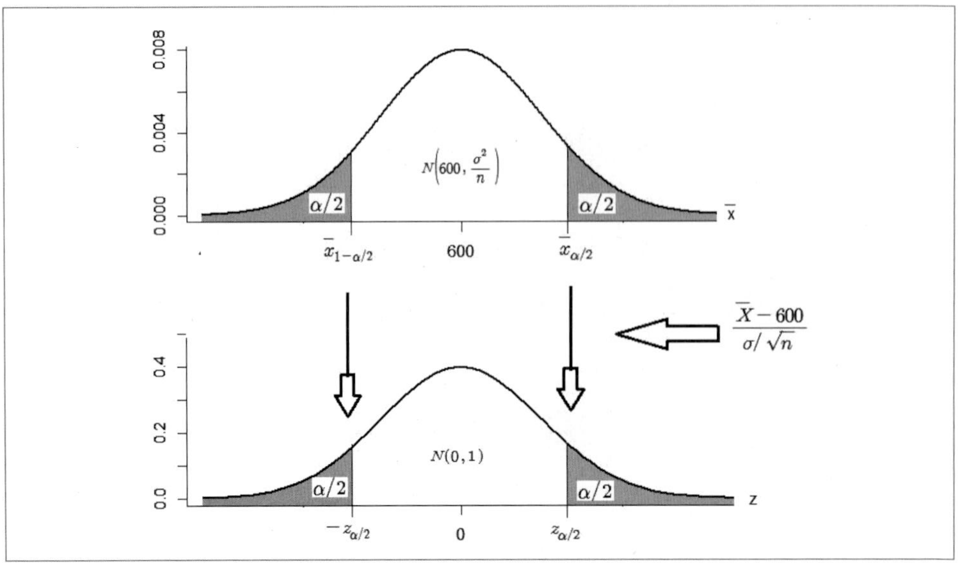

[그림 7.6] 모평균에 대한 양측검정의 기각역

위 그림에서

$$\overline{x}_{1-\alpha/2} = 600 - z_{\alpha/2}\frac{\sigma}{\sqrt{n}} \text{ 이고 } \overline{x}_{\alpha/2} = 600 + z_{\alpha/2}\frac{\sigma}{\sqrt{n}} \text{ 이다.}$$

이상의 내용을 정리하여 단일 모평균 가설검정에서 세 가지 검정유형별 기각역을 표로 나타낸 것이 7.2절의 [표 7.3]이다.

(3) p－값의 계산

앞에서 설명한 기각값의 결정에서와 같이 단측검정을 먼저 설명하는 것이 이해하기 쉽다. 따라서 p－값의 계산과정도 우측검정, 좌측검정, 양측검정 순서로 설명하기로 하자.

p－값도 기각값을 결정할 때와 마찬가지로 $\mu = \mu_0$ 일 때([예 4]에서는 $\mu = 600$ 일 때), 검정통계량의 분포와 검정통계량의 관측값에 기초하여 계산된다. [예 4]에서 $n = 50$ 이고 표본평균은 $\bar{x} = 580$ 이다. $\mu = 600$ 일 때, 검정통계량 $\overline{X}$의 분포는 $N(600, \sigma^2/50)$ 이고, $Z_0 = \dfrac{\overline{X} - 600}{\sigma/\sqrt{50}}$ 의 분포는 $Z_0 \sim N(0, 1)$ 이다.

p－값은 귀무가설이 참일 때 표본으로부터 계산된 검정통계량의 값보다 검정통계량이 기각역 방향으로 더 극단에 분포할 확률로 정의된다. 이 정의에 기초해서 각 가설검정의 유형별로 p－값을 계산하자.

1) 우측검정

우측검정

$$[\text{가설 } 2] \qquad H_0 : \mu \le 600, \qquad H_1 : \mu > 600$$

에서 기각역은 $\mu = 600$ 일 때의 $\overline{X}$ 분포에서 오른쪽 끝에 위치한다. 따라서 기각역 방향은 검정통계량 분포의 오른쪽이고, 표본으로부터 관찰된 검정통계량의 값이 $\bar{x} = 580$ 일 때 p－값은

$$p\text{－값} = P(\overline{X} \ge 580)$$

또는 $$p\text{－값} = P\left(Z_0 \ge \frac{580 - 600}{\sigma/\sqrt{50}}\right)$$

이다([그림 7.7] 참고). 이때 $\overline{X} \sim N(600, \sigma^2/50)$ 이고 $Z_0 \sim N(0, 1)$ 이다.

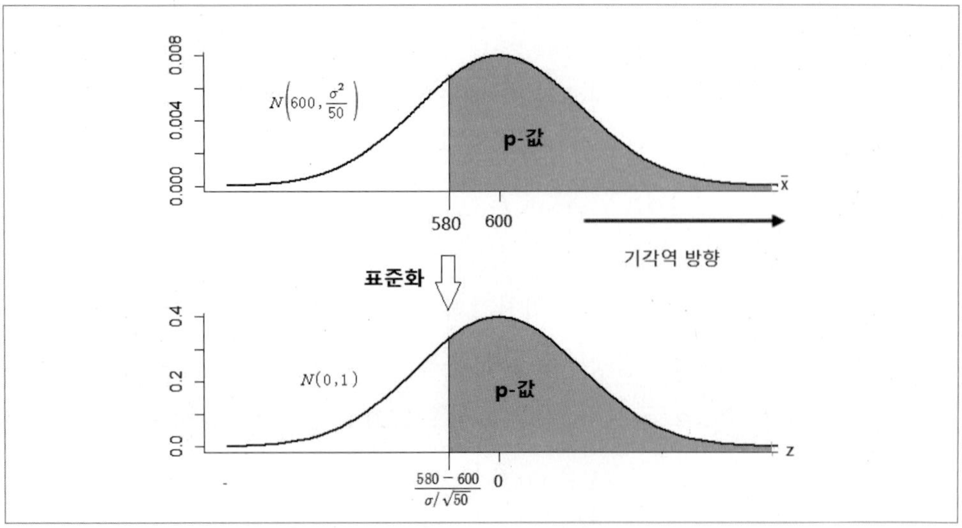

[그림 7.7] 모평균에 대한 우측검정의 $p-$값

2) 좌측검정

좌측검정

$$[\text{가설 } 3] \qquad H_0 : \mu \geq 600, \qquad H_1 : \mu < 600$$

에서 기각역은 $\mu = 600$일 때 검정통계량 $\overline{X}$의 분포 $N(600, \sigma^2/n)$의 왼쪽 끝에 위치한다. 따라서 기각역의 방향은 왼쪽이고 $\overline{x} = 580$일 때,

$$p-\text{값} = P(\overline{X} \leq 580)$$

또는 $$p-\text{값} = P\left(Z_0 \leq \frac{580-600}{\sigma/\sqrt{50}}\right)$$

이다([그림 7.8] 참고). 이때 $\overline{X} \sim N(600, \sigma^2/50)$이고 $Z_0 \sim N(0,1)$이다.

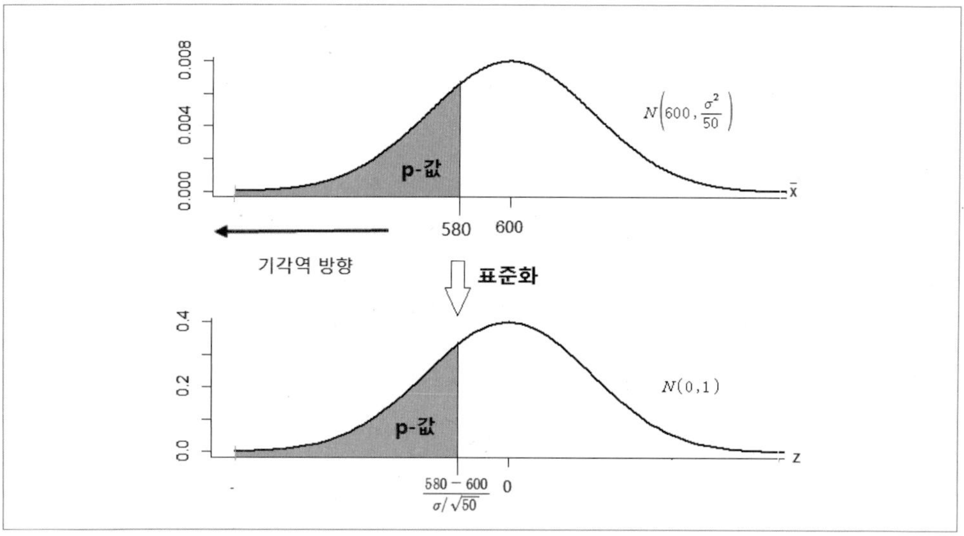

[그림 7.8] 모평균에 대한 좌측검정의 $p-$값

3) 양측검정

양측검정

$$[\text{가설 } 1] \qquad H_0 : \mu = 600, \qquad H_1 : \mu \neq 600$$

에서 기각역은 $\mu = 600$일 때 $\overline{X}$의 분포의 양쪽 끝에 위치한다. 그러므로 $p-$값도 분포의 양쪽 끝을 모두 반영하여 계산한다. 즉 양측검정에서 $p-$값은 검정통계량의 값, 즉 표본평균 $\bar{x}$가

① $\mu = 600$보다 작으면 좌측검정 $p-$값의 2배

② $\mu = 600$보다 크면 우측검정 $p-$값의 2배

가 된다. 이와 반대로 계산하면 $p-$값이 1보다 커져서 확률이 1보다 크게 되므로 논리적 모순이 발생한다.

검정통계량으로 $\overline{X}$ 대신 Z_0를 사용하는 경우, ①, ②의 기준은 $\mu = 600$ 대신 $\mu_{Z_0} = 0$이 기준이 된다(7.2절의 [표 7.4] 참고).

앞의 [예 4]에서 표본평균은 $\bar{x} = 580 < \mu = 600$ 이므로 양측검정의

$$p\text{-값} = 2 \times P(\overline{X} \le 580)$$

또는 $$p\text{-값} = 2 \times P\left(Z_0 \le \frac{580-600}{\sigma/\sqrt{50}}\right)$$

이다(앞의 [그림 7.8] 참고). 이때 $\overline{X} \sim N(600, \sigma^2/50)$ 이고 $Z_0 \sim N(0, 1)$ 이다.

이상의 내용을 정리하여 단일 모평균 가설검정에서 세 가지 검정유형별 p−값의 계산과정을 표로 나타낸 것이 7.2절의 [표 7.4]이다.

연습문제

1. 모평균에 대한 가설검정에서 p-값이 0.02보다는 크고 0.05보다는 작다. 다음 각 유의수준에서 귀무가설 H_0를 기각할 수 있는지를 그 이유와 함께 답하라.

① $\alpha = 0.10$
② $\alpha = 0.05$
③ $\alpha = 0.01$

2. 한 설문조사의 응답시간은 평균 45분, 표준편차가 3.5분인 정규분포를 따른다고 알려져 있다. 응답대상자 중 25명을 무작위로 선정하여 응답시간은 측정하니 $\bar{x} = 47$분이었다. 이 설문조사의 평균 응답시간이 45분보다 더 길다고 할 수 있는지를 유의수준 1%에서 검정하라.

3. 한 축산농가에서 사육하는 한우 수소의 평균 몸무게는 420kg이다. 이 축산농가는 새로 배합한 사료로 사육하였더니 육질이 좋아지고 몸무게도 늘어났다고 주장한다. 이 농장에서 새로 배합한 사료로 일정 기간 사육한 수소 24마리의 몸무게를 측정하니 $\bar{x} = 445kg$이고 표준편차 $s = 75kg$이었다. 이 축산농가의 주장과 같이 새로 배합한 사료로 사육한 수소의 몸무게가 늘었다고 할 수 있는지를 유의수준 5%에서 검정하라. 단, 수소의 몸무게는 정규분포를 따른다.

4. 한 전구공장에서 생산되는 전구는 평균 수명이 800시간 이상이라고 표기되어 있다. 이 회사 전구 36개를 무작위로 추출하여 수명을 측정하였더니, $\bar{x} = 796$시간, $s = 70$시간이었다. 이 전구의 표기가 과장되었다고 할 수 있는지를 유의수준 5%에서 검정하라.

5. 인터넷강의를 제공하는 한 회사는 수강생들의 공인중개사시험 합격률이 70%라고 광고하고 있다. 이 강의를 수강하는 수강생 100을 무작위로 추출하여 합격률을 확인하니 62%이었다. 이 회사의 광고가 과장되었다고 할 수 있는지를 유의수준 5%에서 검정하라.

CHAPTER 8

상관과 회귀분석

제 8 장 상관과 회귀분석

두 개 이상의 변수들 간의 관계를 규명하고 규명된 관계를 활용하는 것은 거의 모든 학문분야에서 중요한 주제이다. 국어성적과 수학성적의 관련성, 일조량과 생산량의 관련성, 학력과 소득의 관계 등 우리 생활에서 관련 변수들 간의 관련성을 규명하고 싶은 대상은 매우 많다.

통계적 분석방법인 회귀분석은 이럴 때 적용할 수 있는 매우 유용한 도구이다. 이 장에서는 두 변수들 간의 관련성을 나타내는 상관(correlation)과 그 관련성의 정도를 나타내는 공분산과 상관계수를 먼저 소개한다. 이어서 변수들 간의 관련성을 수학적 함수로 나타내고 활용하는 회귀분석을 다룬다. 여기에서는 두 변수의 함수적 관련성을 선형식으로 나타내는 단순선형회귀분석을 중심으로 살펴본다.

8.1 서론

(1) 회귀분석과 최소제곱법의 유래

회귀분석(regression anlaysis)의 '회귀'라는 개념을 최초로 개발한 사람은 영국출신의 우생학자이자 통계학자인 프랜시스 골턴[21]이다. 골턴은 대학에서 의학을 전공했고, 이후 통계학에도 능력을 나타냈다. 그는 기상학, 심리학, 인류학, 사회학, 교육학, 사람의 지문 등 여러 분야에 관심을 갖고 많은 논문을 발표하였지만 40대 이후 그가 가장 중점적으로 연구한 분야는 우생학이다. 이는 골턴 자신이 의학을 전공하기도 했지만, 의사이자 생리학자였던 외할아버지와 외사촌 찰스 다윈의 영향도 있었을 것이다. 그는 '재능이 가계혈통을 따라 유전된다는 것'을 입증하기 위해 부모 205쌍과 자녀 928명으로부터 부모 키와 자녀 키에 대한 자료를 수집하고, 부모 키와 자녀 키를 각각 몇 개의 그룹으로 나누어 표로 나타내었다. 그 결과, 부모 키의

21) Francis Galton, 1822–1911, 영국, 우생학자 · 통계학자.

각 그룹별 자녀 키의 분포나, 자녀 키의 각 그룹별 부모 키의 분포가 모두 정규분포 형태를 띠며 그룹별로 평균에 회귀하는 복귀유전법칙(초창기 회귀분석의 호칭)을 따른다는 것을 발견하였다.[1]

골턴은 찰스 피어스22)와 빌헬름 렉시스23) 등과 함께 당시 오차분포 등으로 불리던 분포함수에 정규분포라는 이름을 부여한 사람들 중 한 명이다.[2]

회귀분석의 최초 개발자가 골턴이라는 데 이의를 제기하는 사람은 없다. 그러나 8.3절에서 설명되는 최소제곱법의 최초 개발자가 누구였는지에 대해서는 논란이 있다.

16세기 이후 유럽은 항해를 통한 식민지 개척과 식민지와의 교역이 왕성했다. 항해하는 배들은 별자리를 보며 배의 위치와 뱃길을 결정했기 때문에 혜성·행성들의 정확한 위치와 궤도를 아는 것은 매우 중요한 일이었고 당시 천문학은 매우 중요한 위치를 차지하는 학문분야였다. 갈릴레오 갈릴레이, 아이작 뉴턴, 카를 프리드리히 가우스 등과 같은 천재적인 수학자들이 모두 천문학에 뛰어난 업적을 보인 것만으로도 충분히 짐작할 수 있다.

오늘날 통계학에서 매우 중요한 위치를 차지하는 최소제곱법도 행성의 궤도를 결정하는 문제로부터 탄생되었다. 최소제곱법을 최초로 세상에 알린 사람은 프랑스 수학자 르장드르24)이다. 1805년 르장드르는 〈혜성의 궤도를 결정하는 새로운 방법〉이라는 제목의 논문을 발표하면서 "최소제곱법에 관하여"란 제목의 부록을 첨부하여 최소제곱법을 처음으로 세상에 알렸다.

한편, 가우스는 1809년 〈원뿔의 단면 위에서 태양 주위를 운동하는 천체들의 움직임에 대한 이론〉이라는 제목의 책을 발표하면서 책의 마지막 부분에 르장드르의 것보다 훨씬 완성된 최소제곱법을 소개하였다. 가우스는 여기에서 자신은 이 방법(최소제곱법)을 1795년부터 발견하여 사용하고 있었다고 주장했고, 최소제곱법의 우선권에 대한 논쟁이 시작되었다. 이후, 르장드르가 논문을 발표했던 1805년 이전에 이미 가우스가 동료들과 주고받았던 서신들에서 최소제곱법에 대한 내용이 있었음이 세상에 알려지면서 가우스가 먼저 발견했음이 밝혀졌다.

---

22) Charles S. Peirce, 1839 ~ 1914, 미국, 수학자.
23) Wilhelm Lexis, 1937 ~ 1914, 독일, 경제학자 · 통계학자.
24) Adrien Marie Legendre, 1752 ~ 1833, 프랑스, 수학자.

그러나 이 방법을 세상에 처음 알린 사람은 르장드르이므로 우선권은 르장드르에게 있다고 보는 견해와 가우스를 최초의 개발자로 보는 견해는 여전히 나누어진다.[1-3]

오늘날 통계학에서 변수들 간의 관련성을 탐색하는 방법으로 자주 사용되는 회귀분석의 분석방법은 골턴의 회귀이론과 최소제곱법의 결합된 형태이다.

(2) 산점도

두 변수의 관련성을 파악하는 첫 단계는 산점도(scatter plot)를 그려보는 것이다. 산점도는 좌표평면 위에 관측값 (x, y)들을 점으로 나타내어 두 변수 간의 관계를 시각적으로 파악할 수 있게 한다. 산점도를 통해서

① 두 변수 간의 관계가 있는지 또는 없는지, 만약 함수적 관련성이 있다면 1차함수 관계인지 또는 2차함수 이상의 곡선 관계인지

② 이상값이 존재하는지

③ 단일분포인지 또는 2개 이상의 분포가 섞여 있는지

등을 파악할 수 있다. 따라서 산점도를 그리는 것은 쉽고 간단하지만 상관분석과 회귀분석을 실시하기에 앞서 반드시 필요한 과정이다. 산점도는 엑셀을 포함한 거의 모든 통계프로그램을 사용해서 그릴 수 있다.

예 1

다음은 통계학을 수강하는 학생 10명이 중간고사를 대비해 공부한 시간(x)과 시험점수(y)의 자료이다. [그림 8.1]은 이 자료의 산점도이다. 공부시간과 통계학 시험점수는 대체로 선형관계(1차함수의 관계)를 보임을 확인할 수 있다.

공부시간	4	8	10	15	4	7	12	22	1	17
시험점수	25	50	65	73	37	44	60	95	19	84

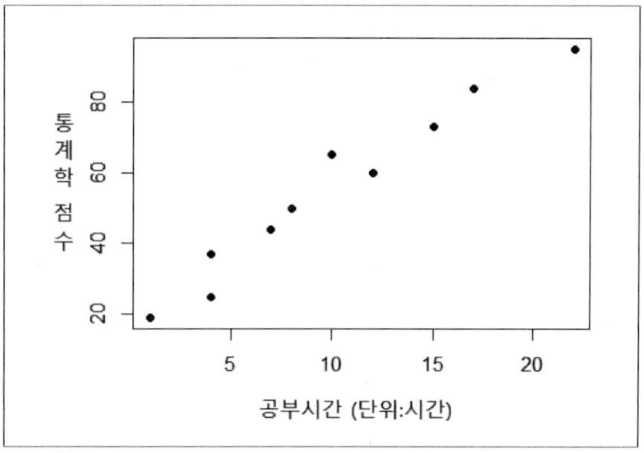

[그림 8.1] 공부시간과 통계학 시험점수의 산점도

□

8.2 공분산과 상관계수

이 절에서는 두 변수의 관련성의 정도를 나타내는 공분산과 상관계수를 살펴보자.

(1) 공분산

두 확률변수 X, Y의 공분산(covariance)은 다음과 같이 정의한다.

공분산

두 확률변수 X, Y의 공분산은

$$E[(X-\mu_x)(Y-\mu_y)] = E(XY) - \mu_x \mu_y$$

이다. 여기서 $\mu_x = E(X)$이고 $\mu_y = E(Y)$이다.

확률변수 X, Y의 공분산은 주로 $Cov(X, Y)$ 또는 $cov(X, Y)$ 등으로 나타내거나, σ_{xy}로 나타내고 '시그마 x,y'로 읽는다.

확률변수 X가 큰 값일 때 확률변수 Y도 큰 값이거나 X가 작은 값일 때 Y도 작은 값일 가능성이 높으면, $Cov(X, Y)$는 양의 값을 갖는다. 또, 확률변수 X가 큰 값일 때 Y는 작은 값이거나 X가 작은 값일 때 Y는 큰 값이 되는 반비례 관계일 가능성이 높으면, $Cov(X, Y)$는 음의 값을 가진다.

[그림 8.2]에서 이러한 관계를 그림으로 보여준다. 그림 (다)와 (라)는 두 변수 중 한 변수의 증가 또는 감소가 다른 변수에 전혀 영향을 미치지 못하므로 공분산은 0 이다.

독립인 두 확률변수의 공분산

두 확률변수 X, Y가 독립이면 공분산은 0이다. 그러나 공분산이 0이어도 X, Y는 독립이 아닐 수 있다.

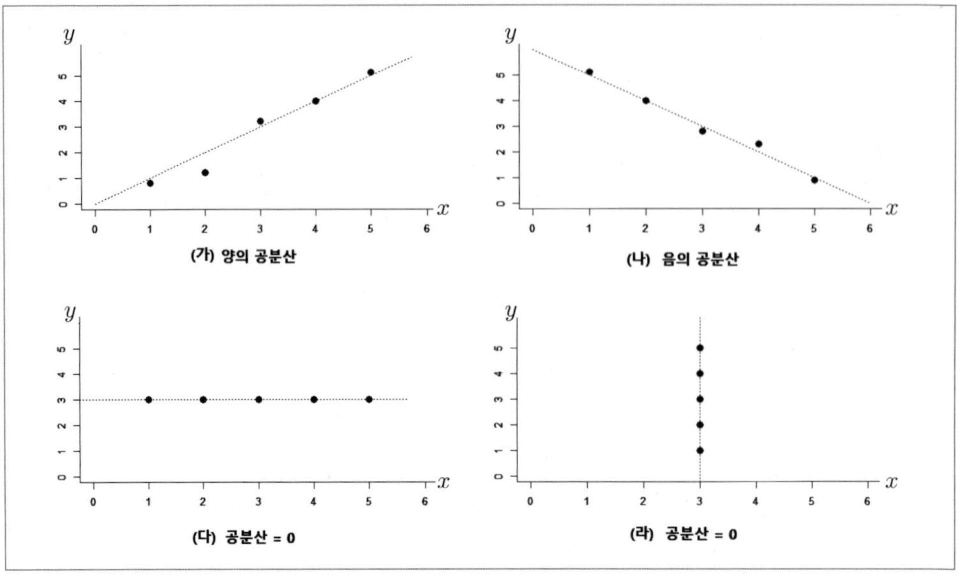

[그림 8.2] 두 변수 (x, y)에 대한 산점도와 공분산

예제 1 두 확률변수 X, Y의 결합확률분포가 다음과 같다. X, Y의 공분산을 구하고 두 확률변수가 독립인지의 여부를 확인하라.

x \ y	1	2	3	합계
1	1/12	1/6	0	1/4
2	1/6	0	1/3	1/2
3	1/12	1/6	0	1/4
합계	1/3	1/3	1/3	1

풀이 먼저 두 확률변수 X, Y의 공분산을 구해보자. 공분산은 $Cov(X, Y) = E(XY) - E(X)E(Y)$이므로 먼저 $E(XY)$를 계산하자.

$$E(XY) = \sum_{i=1}^{3}\sum_{j=1}^{3} x_i y_j \cdot f(x_i, y_j)$$

이므로, 그 계산과정을 표로 나타내면 다음과 같다.

x	y	xy	$f(x,y)$	$(xy)\cdot f(x,y)$
1	1	1	1/12	1/12
1	2	2	1/6	2/6
1	3	3	0	0
2	1	2	1/6	2/6
2	2	4	0	0
2	3	6	1/3	6/3
3	1	3	1/12	3/12
3	2	6	1/6	6/6
3	3	9	0	0
합 계			1	48/12=4

따라서 $E(XY) = 4$이다. 한편, 이 예제에서 제시된 결합확률분포표에서 오른쪽 끝 열(세로줄)에 있는 합계는 X의 분포, 마지막 행(가로줄)에 있는 합계는 Y의 분포를 나타내므로

$$E(X) = 1 \cdot \frac{1}{4} + 2 \cdot \frac{1}{2} + 3 \cdot \frac{1}{4} = 2$$

$$E(Y) = 1 \cdot \frac{1}{3} + 2 \cdot \frac{1}{3} + 3 \cdot \frac{1}{3} = 2$$

이다. 따라서 $Cov(X, Y) = E(XY) - E(X)E(Y) = 4 - (2)(2) = 0$이다.

한편, 두 확률변수 X, Y가 독립이 되려면 모든 (x, y)쌍에 대해

$$P(X=x, Y=y) = P(X=x) \cdot P(Y=y)$$

이어야 한다. 그러나 위 결합확률분포에서는 이러한 관계가 성립하지 않는 (x, y)쌍이 여러 개 존재한다. 따라서 X, Y는 종속이다(3.3절의 [예제 5] 참고).

그러므로 두 확률변수 X, Y의 공분산은 0이지만 독립은 아니다. ■

공분산은 두 확률변수의 관련성을 나타내는 통계량이기는 하지만

① 측정단위에 영향을 받고

② 해석하기가 어렵다

는 한계를 가진다. 다음 예들을 이러한 한계를 잘 보여준다.

예 2

아래 표에서 왼쪽의 측정값 (x, y)는 센티미터(cm)로 나타낸 자료이고, 오른쪽 (x, y)는 동일한 대상을 밀리미터(mm)로 나타낸 자료이다.

x (단위: cm)	y (단위: cm)	x (단위: mm)	y (단위: mm)
6	6.8	60	68
8	8.4	80	84
19	17.2	190	172
30	26.0	300	260
32	27.6	320	276
52	43.6	520	436
55	46.0	550	460
57	47.6	570	476
61	50.8	610	508
63	52.4	630	524

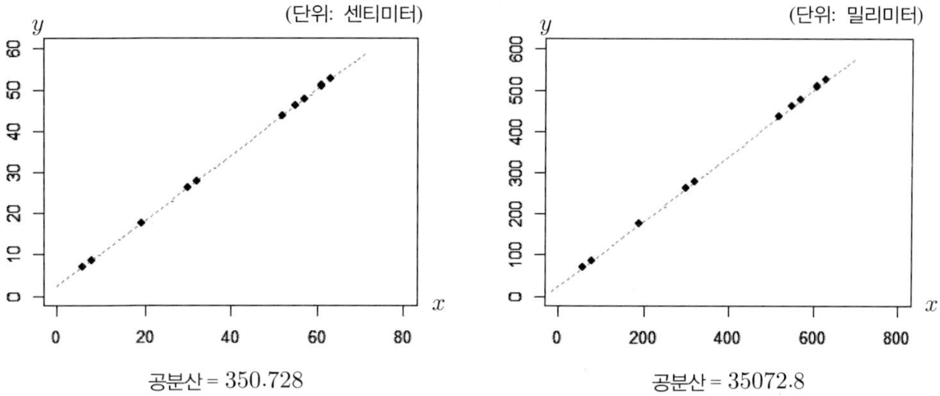

단위가 센티미터인 경우

$$E(XY) = \frac{1}{10}(6\times 6.8 + 8\times 8.4 + \cdots + 63\times 52.4) = 1600.84$$

$$\mu_x = \frac{1}{10}(6 + 8 + \cdots + 63) = 38.3$$

$$\mu_y = \frac{1}{10}(6.8 + 8.4 + \cdots + 52.4) = 32.64$$

이므로, 공분산 $Cov(X, Y) = 1600.84 - (38.3)(32.64) = 350.728$ 이다.

한편, 단위가 밀리미터로 바뀌는 경우

$$Cov(X, Y) = E(XY) - \mu_x\mu_y$$

$$= 160084 - (383)(326.4) = 35072.8$$

이다. 결국, 동일한 자료라 하더라도 측정단위에 따라서 공분산 값이 달라진다. 이 예에서, 밀리미터로 측정된 자료는 센티미터로 측정된 자료보다 공분산 값이 100배나 더 크다. ❑

예 3

[그림 8.3]에는 공분산이 양인 그래프 2개(상단)와 공분산이 음인 그래프 2개(하단)가 있다.

상단의 왼쪽 그래프는 모든 (x, y)가 $y = x$ 상에 있고 강한 선형관계를 나타낸다. 한편, 오른쪽 그래프에서는 점들이 직선으로부터 약간 벗어나 있다. 그럼에도 불구하고 오른쪽 그래프에서 공분산이 더 크다.

하단의 음의 공분산에서도 동일한 현상을 보인다. 두 변수들 간의 선형관계의 정도는 왼쪽 그래프가 더 강함에도 불구하고 오른쪽 그래프에서 공분산의 절댓값이 더 크다.

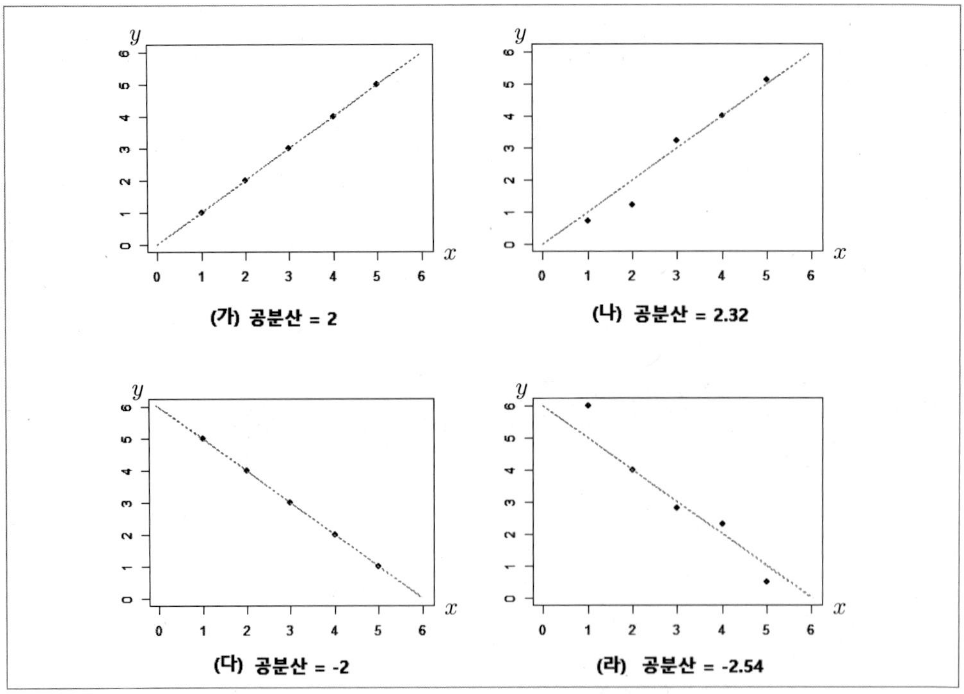

[그림 8.3] 공분산과 선형관계의 정도

❑

표본공분산

$(X_1, Y_1), (X_2, Y_2), \cdots, (X_n, Y_n)$는 평균이 (μ_x, μ_y), 분산이 (σ_x^2, σ_y^2)인 모집단으로부터의 확률표본이라고 하자. 두 확률변수 X, Y의 표본공분산은

$$S_{xy} = \frac{1}{n-1}\sum_{i=1}^{n}(X_i - \overline{X})(Y_i - \overline{Y})$$

이다. 여기서 $\overline{X}$는 X들의 표본평균, $\overline{Y}$는 Y들의 표본평균이다.

표본공분산(sample covariance)은 다음의 간편 계산식을 이용하면 계산이 간편해진다.

$$S_{xy} = \frac{1}{n-1}\left(\sum_{i=1}^{n} X_i Y_i - n\overline{X}\,\overline{Y}\right)$$

(2) 상관계수

상관계수

확률변수 X, Y의 상관계수는

$$\rho = \frac{\sigma_{xy}}{\sigma_x \sigma_y} \quad (-1 \le \rho \le 1)$$

이다. 여기서 $\sigma_x = \sqrt{V(X)}$ 이고 $\sigma_y = \sqrt{V(Y)}$ 이다.

상관계수(correlation coefficient)는 두 변수의 선형관계의 정도를 측정하는 척도로 표준화된 두 변수의 공분산이다. 즉,

$$\rho = \frac{\sigma_{xy}}{\sigma_x \sigma_y} = \frac{E[(X-\mu_x)(Y-\mu_y)]}{\sigma_x \sigma_y}$$

$$= E\left[\left(\frac{X-\mu_x}{\sigma_x}\right)\left(\frac{Y-\mu_y}{\sigma_y}\right)\right]$$

$$= E(Z_x Z_y) - E(Z_x)\,E(Z_y) = Cov(Z_x, Z_y)$$

이다. 여기서, $Z_x = \dfrac{X-\mu_x}{\sigma_x}$ 의 평균과 분산은

$$E(Z_x) = E\left(\frac{X-\mu_x}{\sigma_x}\right) = \frac{E(X)-\mu_x}{\sigma_x} = 0$$

$$V(Z_x) = V\left(\frac{X-\mu_x}{\sigma_x}\right) = \frac{V(X-\mu_x)}{\sigma_x^2} = 1$$

이고, $Z_y = \dfrac{Y-\mu_y}{\sigma_y}$ 의 평균과 분산도 $E(Z_y) = 0$, $V(Z_y) = 1$ 이다.

이상의 내용을 정리하면 다음과 같다.

상관계수

확률변수 (X, Y)의 평균이 (μ_x, μ_y), 분산이 (σ_x^2, σ_y^2)이고,

X와 Y의 표준화 변수 $Z_x = \dfrac{X-\mu_x}{\sigma_x}$와 $Z_y = \dfrac{Y-\mu_y}{\sigma_y}$ 일 때,

X, Y의 상관계수 ρ는 다음과 같다.

$$\rho = \frac{\sigma_{xy}}{\sigma_x \sigma_y} = Cov(Z_x, Z_y)$$

예 4

앞의 [그림 8.3]에서 상관계수는

그림 (가): $\rho = \dfrac{\sigma_{xy}}{\sigma_x \sigma_y} = \dfrac{2}{\sqrt{2}\sqrt{2}} = 1$

그림 (나): $\rho = \dfrac{\sigma_{xy}}{\sigma_x \sigma_y} = \dfrac{2.32}{\sqrt{2}\sqrt{2.7704}} \fallingdotseq 0.986$

그림 (다): $\rho = \dfrac{\sigma_{xy}}{\sigma_x \sigma_y} = \dfrac{-2}{\sqrt{2}\sqrt{2}} = -1$

그림 (라): $\rho = \dfrac{\sigma_{xy}}{\sigma_x \sigma_y} = \dfrac{-2.54}{\sqrt{2}\sqrt{3.3146}} \fallingdotseq -0.983$

이다. 이와 같이 상관계수는 두 변수가 완전한 선형관계에 있을 때는 $\rho = +1$ 또는 $\rho = -1$이고, 선형관계(직선)에서 벗어날수록 그 절댓값은 0에 가까워진다. ❑

상관계수는 두 변수의 선형관계의 정도를 측정하는 척도로써 두 변수가 곡선관계에 있을 때는 그 관련성을 설명하지 못한다.

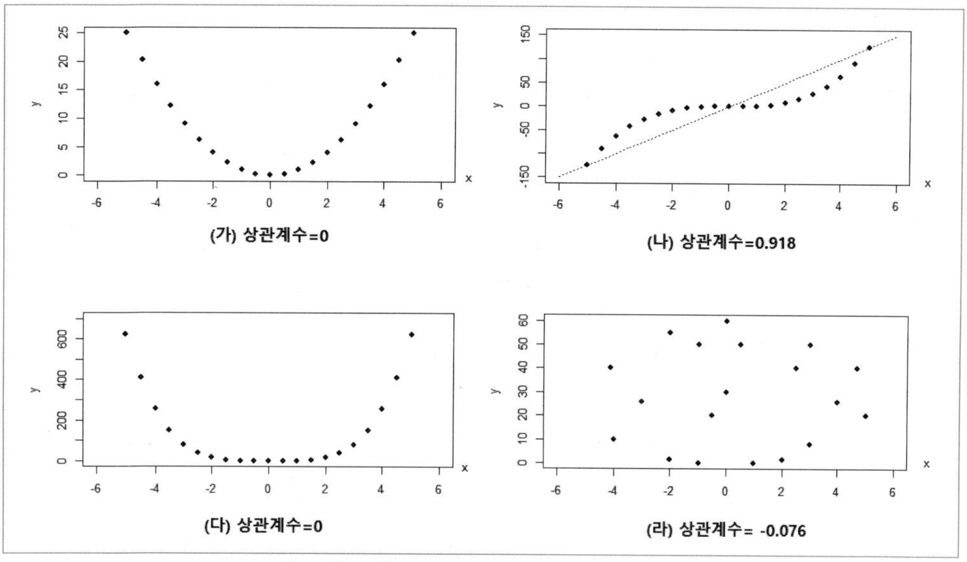

[그림 8.4] 두 변수의 곡선관계와 상관계수

[그림 8.4]에서 두 변수 (X, Y)의 관계가

(가)는 $Y = X^2$ 이고 상관계수 $\rho = 0$

(나)는 $Y = X^3$ 이고 $\rho = 0.918$

(다)는 $Y = X^4$ 이고 $\rho = 0$

(라)는 랜덤이고 $\rho = -0.076$

이다. 특히 그림 (나)의 경우, 두 변수의 관계는 3차함수 관계지만 단순히 상관계수만 보면 강한 선형(1차함수)관계로 오판할 소지가 있다. 따라서 상관계수를 해석할 때 상관계수는 두 변수의 '선형관계의 정도'를 측정하는 척도라는 점을 유의할 필요가 있다.

표본상관계수

$(X_1, Y_1), (X_2, Y_2), \cdots, (X_n, Y_n)$은 모상관계수가 ρ인 모집단으로부터의 확률표본일 때, 확률변수 X, Y의 표본상관계수는

$$r = \frac{S_{xy}}{S_x\ S_y} = \frac{\sum_{i=1}^{n}(X_i - \overline{X})(Y_i - \overline{Y})}{\sqrt{\sum_{i=1}^{n}(X_i - \overline{X}) \sum_{i=1}^{n}(Y_i - \overline{Y})}} \quad (-1 \le r \le 1)$$

이다. 여기서 S_{xy}는 두 변수의 표본공분산이고, S_x와 S_y는 각각 X와 Y의 표본표준편차이다.

표본상관계수(sample correlation)에 대한 해석도 모상관계수 ρ와 동일하다. 즉 $r = \pm 1$에 가까울수록 강한 양 또는 음의 선형(1차함수)관계에 있고, $r = 0$에 가까울수록 선형관계가 약함을 나타낸다.

참고로, 모상관계수와 마찬가지로 표본상관계수 역시 두 변수 X와 Y의 표준화된 변수들 간의 표본공분산이다. 즉, $U_i = \dfrac{X_i - \overline{X}}{S_x}$와 $V_i = \dfrac{Y_i - \overline{Y}}{S_y}$라 할 때

$$r = \frac{S_{xy}}{S_x\ S_y} = \frac{1}{n-1}\sum_{i=1}^{n}(U_i - \overline{U})(V_i - \overline{V}) = s_{uv}$$

이다. 여기서 $\overline{U}$, $\overline{V}$는 U_i와 V_i들의 표본평균이다.

예제 2 [예 1] 학생들의 공부시간과 통계학 시험점수 자료에 대한 표본상관계수를 구하라.

공부시간(x)	4	8	10	15	4	7	12	22	1	17
시험점수(y)	25	50	65	73	37	44	60	95	19	84

풀이 10개의 표본자료로부터

$$\sum_{i=1}^{10}(x_i - \overline{x})^2 = 388, \quad \sum_{i=1}^{10}(y_i - \overline{y})^2 = 5555.6, \quad \sum_{i=1}^{10}(x_i - \overline{x})(y_i - \overline{y}) = 1438$$

이므로,

$$r = \frac{\sum_{i=1}^{n}(x_i - \overline{x})(y_i - \overline{y})}{\sqrt{\sum_{i=1}^{n}(x_i - \overline{x}) \sum_{i=1}^{n}(y_i - \overline{y})}} = \frac{1438}{\sqrt{(388)(5555.6)}} \fallingdotseq 0.98$$

이다. 따라서 공부시간과 통계학 시험점수는 강한 선형 상관관계가 있다고 할 수 있다. ■

8.3 단순회귀분석

회귀분석은 두 변수들 사이에 존재하는 함수적 관계를 규명하여 한 변수가 변화할 때 다른 변수의 변화를 설명 또는 예측하는 통계적 방법이다. 이때 반응값을 설명하는 또는 반응값에 영향을 주는 변수를 **설명변수**(explanatory variable) 또는 **독립변수**(independent variable)라고 하고, 설명되는 또는 영향을 받는 변수를 **반응변수**(response variable) 또는 **종속변수**(dependent variable)라고 한다. 경우에 따라서 독립변수가 두 개 이상이 될 수도 있다.

예를 들어, 대학신입생들이 입학할 때의 수능성적과 대학 4년간 평균학점의 관계를 규명하기 위하여 회귀분석을 실시한다면 수능성적은 설명변수(독립변수)가 되고, 대학 4년간의 평균학점은 반응변수(종속변수)가 된다. 또 학력이 높은 사람이 연봉도 높은지를 확인하기 위해 회귀분석을 실시한다면 학력은 설명변수가 되고, 연봉은 반응변수가 된다.

(1) 단순회귀모형

두 변수 (X, Y)의 관찰값 $(x_1, y_1), (x_2, y_2), \cdots (x_n, y_n)$의 산점도가 선형(또는

1차함수)관계를 나타낸다면 다음과 같은 단순선형회귀모형(simple linear regression model)을 설정할 수 있다.

단순선형회귀모형

$$Y_i = \beta_0 + \beta_1 x_i + \epsilon_i, \ (i = 1, 2, \cdots, n)$$

여기서,

① β_0는 절편, β_1은 기울기라고 하며,
β_0와 β_1을 회귀계수(regression coefficients)라고 한다.

② $\epsilon_1, \epsilon_2, \cdots, \epsilon_n$는 오차항으로 서로 독립이고 $\epsilon_i \sim N(0, \sigma^2)$이다.

여기서, 오차항에 대한 가정 ②를 기호로 $\epsilon \sim iid\ N(0, \sigma^2)$으로 나타내기도 한다. iid는 서로 독립이고 동일한 분포(independent and identically distributed)를 따르는 것을 의미한다.

위 모형의 명칭에서 '단순(simple)'은 설명변수가 한 개임을 의미하고, '선형(linear)'은 두 변수 X, Y의 함수적 관련성이 선형(또는 1차함수)관계임을 의미한다. 통계학 서적에 따라서는 선형을 빼고 '단순회귀모형'이라고 표현하기도 한다. 지금부터 이 책에서도 '단순선형회귀모형' 대신 '**단순회귀모형**'으로 표현하기로 한다.

설명변수가 두 개 이상인 선형모형을 중선형회귀모형(multiple linear regression model) 또는 중회귀모형이라고 한다.

아래 [그림 8.5]는 단순회귀모형을 그림으로 나타낸 것이다.

각 x_i값에서 반응변수 Y의 기댓값(평균)은 $E(Y|x_i) = \beta_0 + \beta_1 x_i$으로 이 기댓값은 회귀직선상에 위치한다. 여기서 $E(Y|x_i)$는 설명변수의 값이 x_i일 때 반응변수 Y의 평균(기댓값)을 나타낸다.

또, 오차항 ϵ_i의 분포는 모든 x에서 동일하게 $N(0, 1)$이기 때문에 각 x에서의 정규곡선의 모양이 동일하다.

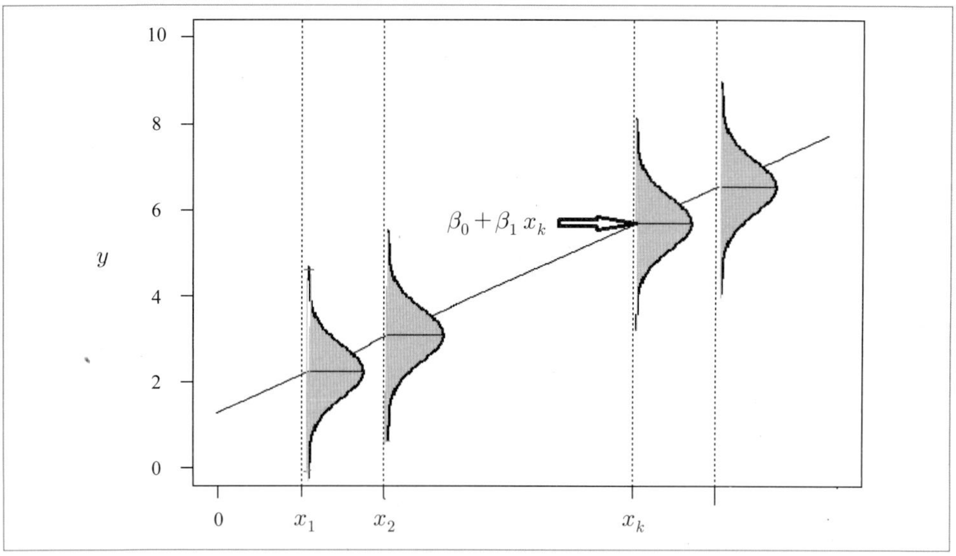

[그림 8.5] 단순회귀모형에서 $Y \sim N(\beta_0 + \beta_1 x, \sigma^2)$ 의 관계

앞의 [예 1] 학생들의 공부시간과 통계학 시험점수 자료에 대해, 공부시간을 설명변수로 하고 통계학 시험점수를 반응변수로 하여 단순회귀모형을 적합하는 경우를 생각해 보자. 이때 모집단에서 x_i 시간 공부한 학생들의 점수는 평균 $E(Y|x_i) = \beta_0 + \beta_1 x_i$ 이다. 따라서 $x_i = 14$ 시간일 때 14 시간 공부한 학생들의 통계학 점수는 평균

$$E(Y|14) = \beta_0 + 14\beta_1$$

이다. 또, $x = 14$ 일 때 통계학 성적의 분포는

$$Y|_{x=14} = \beta_0 + 14\beta_1 + \epsilon, \quad \epsilon \sim N(0, \sigma^2)$$

이다. [그림 8.5]에서 x_k 값에 14를 대응시킨 것과 같다. 여기서 $Y|_{x=14}$ 는 $x = 14$ 시간일 때의 통계학 점수로 확률변수이다. 그러므로

$$Y|_{x=14} \sim N(\beta_0 + 14\beta_1, \sigma^2)$$

이다(4.2절의 (4) 정규분포의 성질 참고). 즉, 동일한 14 시간을 공부한다 할지라도 시험점수의 분포는 $N(\beta_0 + 14\beta_1, \sigma^2)$ 를 따르므로 학생에 따라 시험점수가 다를 수 있음

을 의미한다.

(2) 최소제곱법

단순회귀모형에서 회귀계수 β_0, β_1는 표본자료로부터 추정된다.

단순회귀모형

$$Y_i = \beta_0 + \beta_1 x_i + \epsilon_i$$

에서 오차항

$$\epsilon_i = Y_i - (\beta_0 + \beta_1 x_i)$$

이고, 이 오차항들을 제곱해서 더한 값, 즉 오차항의 제곱합은

$$S = \sum_{i=1}^{n} \epsilon_i^2 = \sum_{i=1}^{n} [\, Y_i - (\beta_0 + \beta_1 x_i)\,]^2$$

이다. 이 S가 최소가 되도록 하는 β_0와 β_1을 추정하는 방법을 **최소제곱법**(method of least squares)이라고 하며, 이렇게 추정된 회귀계수를 **최소제곱추정량**(least square estimator, LSE)이라고 한다.

표본 관찰값 $(x_1, y_1), (x_2, y_2), \cdots, (x_n, y_n)$을 이 S에 대입하면, S에서 오직 β_0와 β_1만 미지수(未知數)이고 S는 β_0와 β_1에 대한 2차함수가 된다. 이 S가 최소가 되는 β_0와 β_1은 이 두 미지수에 대한 S의 1차 편미분이 0이 되는 값이다. 따라서 β_0와 β_1에 대해 각각 1차 편미분을 실시하면

$$\frac{\partial S}{\partial \beta_0} = -2\sum_{i=1}^{n}(y_i - \beta_0 - \beta_1 x_i)$$

$$\frac{\partial S}{\partial \beta_1} = -2\sum_{i=1}^{n} x_i (y_i - \beta_0 - \beta_1 x_i)$$

이다. 이때 미지수가 두 개인 편미분이므로 기호 d 대신 ∂을 사용하였다.

최소제곱추정량은 이 편미분의 결과를 각각 0으로 놓은 후 β_0와 β_1에 대해 연립방정식을 푼 것이므로, 앞의 두 식을 모두 0으로 놓고 회귀계수의 추정량임을 나타내기 위해 β_0, β_1 자리에 대신 b_0, b_1을 대입해서 정리하면

$$\sum_{i=1}^{n} y_i = nb_0 + b_1 \sum_{i=1}^{n} x_i$$

$$\sum_{i=1}^{n} x_i y_i = b_0 \sum_{i=1}^{n} x_i + b_1 \sum_{i=1}^{n} x_i^2$$

이 된다. 이 식을 **정규방정식**(normal equation)이라고 한다.

단순회귀모형의 정규방정식

$$\sum_{i=1}^{n} y_i = nb_0 + b_1 \sum_{i=1}^{n} x_i$$

$$\sum_{i=1}^{n} x_i y_i = b_0 \sum_{i=1}^{n} x_i + b_1 \sum_{i=1}^{n} x_i^2$$

이 정규방정식을 b_0와 b_1에 대해 정리하면

$$b_1 = \frac{\sum_{i=1}^{n}(x_i - \bar{x})(y_i - \bar{y})}{\sum_{i=1}^{n}(x_i - \bar{x})^2} = \frac{\sum_{i=1}^{n} x_i y_i - n\bar{x}\bar{y}}{\sum_{i=1}^{n} x_i^2 - n\bar{x}^2}$$

$$b_0 = \bar{y} - b_1 \bar{x}$$

이다. 이 (b_0, b_1)을 회귀계수 (β_0, β_1)의 **최소제곱추정량**이라고 한다.

최소제곱추정량 (b_0, b_1)은 표본 $(x_1, y_1), (x_2, y_2), \cdots, (x_n, y_n)$이 바뀌면 (b_0, b_1)도 달라진다. 즉 (b_0, b_1)은 통계량이므로 각각의 표본분포를 갖는다.

최소제곱추정량의 유도과정 등에 대한 자세한 내용에 관심 있는 독자는 수리통계학 및 회귀분석 관련 서적을 참고하기 바란다. 참고로, 여기서 논의한 내용 중 편미

분 등에 대해서 이해하지 못해도 좋다. 다만, 정규방정식과 최소제곱추정량은 기억하기 바란다.

(3) 회귀식의 추정

단순회귀모형은

$$Y_i = \beta_0 + \beta_1 x_i + \epsilon_i, \quad \epsilon_i \sim iid\ N(0, 1)$$

이고, x_i에서 종속변수 Y의 평균(기댓값)은 $E(Y|x_i) = \beta_0 + \beta_1 x_i$이다. 여기에 최소제곱추정량 b_0, b_1을 대입하면

$$\hat{y}_i = b_0 + b_1 x_i$$

을 얻는다. 이 식을 **적합된 회귀식**(fitted regression equation)이라고 한다.

> **단순회귀모형의 적합된 회귀식**
>
> $$\hat{y}_i = b_0 + b_1 x_i$$
>
> 이다. 여기서 (b_0, b_1)은 (β_0, β_1)의 최소제곱추정량이다.

이 적합된 회귀식은 개별 y_i의 추정량이 아니고, 설명변수의 값이 x_i일 때 반응변수 Y의 기댓값 $E(Y|x_i)$에 대한 추정량이다. 즉,

$$\hat{E}(Y|x_i) = \hat{y}_i = b_0 + b_1 x_i$$

이다.

적합된 회귀식 $\hat{y} = b_0 + b_1 x$에서 기울기 b_1은 보통 '설명변수 X가 1단위 증가할 때 반응변수 Y의 변화율'로 해석한다. 즉 설명변수 X가 1단위 증가할 때, 기울기 $b_1 > 0$이면 Y는 b_1만큼 증가하고, $b_1 < 0$이면 Y는 $|b_1|$만큼 감소한다. 그러나 엄격한 의미에서 b_1은 Y의 기댓값(평균)의 변화율이다.

단순회귀모형에서 오차항 $\epsilon_i = Y_i - (\beta_0 + \beta_1 x_i)$ 이고, y_i와 $\hat{y}_i$의 차이

$$e_i = y_i - \hat{y}_i = y_i - \hat{E}(Y|x_i)$$

를 **잔차**(residual)라고 한다. 이 잔차는 오차항의 가정에 대한 검토와 오차항의 분산 (σ^2) 추정 등에 사용된다.

(4) 적합된 회귀식에 대한 유의성 검정

회귀계수의 최소제곱추정량(b_0, b_1)과 적합된 회귀식($\hat{y}_i$)은 모두 통계량이다. 그러나 현실은 단 하나의 표본자료를 사용해서 회귀계수 추정값과 적합된 회귀식을 계산한다. 따라서 적합된 회귀식이 실제로 의미 있는 결과인지에 대한 검토가 필요하다. 이때 사용되는 통계적 방법이 **분산분석**(analysis of variance)이다. 분산분석은 반응변수의 총변동을 적합된 회귀식에 의해 설명되는 변동과 설명되지 않는 변동으로 나누어 적합된 회귀식이 적절한지 여부를 검정하는 통계적 방법이다. 분산분석의 절차를 정리하면 다음과 같다.

1) 총변동의 분해

관측값 y_i와 표본평균 $\bar{y}$와의 차인 편차는 다음과 같이 분해할 수 있다([그림 8.6] 참고).

$$(y_i - \bar{y}) = (\hat{y}_i - \bar{y}) + (y_i - \hat{y}_i)$$

이때

$(y_i - \bar{y})$: 총변동(total variation) 또는 총편차(total deviation)

$(\hat{y}_i - \bar{y})$: 적합된 회귀식에 의해 설명되는 변동

$(y_i - \hat{y}_i)$: 적합된 회귀식에 의해 설명되지 않는 변동

이다. 적합된 회귀식에 의해 설명되지 않는 변동은 잔차 e_i이다. 여기서,

① 모든 i에 대한 총변동의 합 $\sum_{i=1}^{n}(y_i - \bar{y}) = 0$

② $\hat{y}_i$들의 평균은 $\bar{y}$와 같으므로 $\sum_{i=1}^{n}(\hat{y}_i - \bar{y}) = 0$

③ $\sum_{i=1}^{n}(y_i - \hat{y}_i) = \sum_{i=1}^{n}e_i = 0$

이다. 여기서 ② 와 ③은 앞의 정규방정식의 첫 번째 식으로부터 유도된다. 따라서 이 변동들의 단순합은 별 의미가 없다. 그러므로 제곱해서 합한다.

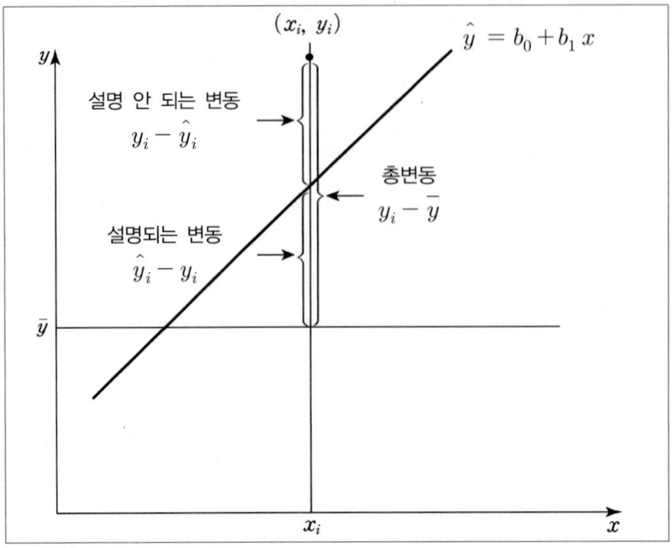

[그림 8.6] 총변동의 분해

앞의 총변동을 분해한 식에서 양변을 제곱하고 모든 관찰값 i에 대해 합한 후 정리하면 다음과 같다.

$$\sum_{i=1}^{n}(y_i - \bar{y})^2 = \sum_{i=1}^{n}(\hat{y}_i - \bar{y})^2 + \sum_{i=1}^{n}(y_i - \hat{y}_i)^2$$

이때

$$SST = \sum_{i=1}^{n}(y_i - \overline{y})^2$$: 총제곱합(total sum of squares)

$$SSR = \sum_{i=1}^{n}(\hat{y}_i - \overline{y})^2$$: 회귀제곱합(regression sum of squares)

$$SSE = \sum_{i=1}^{n}(y_i - \hat{y}_i)^2$$: 잔차제곱합(residual sum of squares)

이라고 한다.

2) 제곱합의 자유도

총제곱합이 회귀제곱합과 잔차제곱합으로 분해되는 것과 마찬가지로 총제곱합의 자유도(ϕ_T) 역시 회귀제곱합의 자유도(ϕ_R)와 잔차제곱합의 자유도(ϕ_E)로 분해된다. 즉 $\phi_T = \phi_R + \phi_E$이다.

자유도란 스스로 값을 결정할 수 있는 변수들의 개수이다. 예를 들어, 아무런 제약이 없는 세 변수 (a_1, a_2, a_3)의 자유도는 3이다. 그러나 $a_1 + a_2 + a_3 = 0$이라는 제약조건이 주어질 때 세 변수 중 두 변수만 알면 나머지 하나는 자동적으로 결정되므로 자유도는 $3-1=2$가 된다.

① 총제곱합은 n개의 편차 $(y_i - \overline{y})$로 구성되어 있고, 모든 i에 대한 편차의 합 $\sum_{i=1}^{n}(y_i - \overline{y}) = 0$이므로 총제곱합의 자유도 ϕ_T는 $n-1$이다.

② 회귀제곱합의 자유도는 설명변수의 개수이다. 단순회귀모형에서는 설명변수가 한 개이므로 $\phi_R = 1$이다.

③ 잔차제곱합의 자유도는 $\phi_E = \phi_T - \phi_R$이므로 $\phi_E = n-2$이다.

3) 분산분석표와 유의성 검정

지금까지 설명한 내용을 아래와 같이 하나의 표로 나타낼 수 있다. 이 표를 **분산분석표**(analysis of variance table: ANOVA table)라고 한다. 분산분석표는 종종 간단히

'ANOVA table'이라고 표현되고 '아노바 테이블'이라고 읽는다.

표 8.1 단순회귀모형의 분산분석표

요인	제곱합	자유도	제곱평균	검정통계량
회귀	SSR	1	$MSR = SSR/\phi_R$	$F_0 = MSR/MSE$
잔차	SSE	$n-2$	$MSE = SSE/\phi_E$	
계	SST	$n-1$		

위 분산분석표에서 MSR은 **회귀제곱평균**(regression mean squares), MSE는 **잔차제곱평균**(residual mean squares)이라고 한다.

위 분산분석표에서 검정할 가설은 다음과 같다.

$$\begin{cases} H_0 : \text{적합된 회귀식은 유의하지 않다} \\ H_1 : \text{적합된 회귀식은 유의하다.} \end{cases} \Leftrightarrow \begin{cases} H_0 : \beta_1 = 0 \\ H_1 : \beta_1 \neq 0 \end{cases}$$

귀무가설 $H_0 : \beta_1 = 0$이 참이면, 설명변수 X가 변하더라도 반응변수 Y에는 아무런 영향을 미치지 못함을 의미한다. 이런 의미에서 위 가설의 검정을 회귀식에 대한 **유의성 검정**(test of significance)이라고 한다.

귀무가설 H_0이 참일 때, 검정통계량 F_0는 분자자유도가 1이고 분모자유도가 $n-2$인 F분포 $F(1, n-2)$를 따른다. 검정통계량 F_0가 크다는 것은 반응변수 Y의 변동 중에서 설명변수 X에 의해 설명되는 부분이 크고 따라서 X가 Y를 잘 설명하고 있음을 의미한다. 따라서 유의수준 α에서

$$H_0\text{의 기각역: } F_0 \geq F_\alpha(1, n-2)$$

이다.

오차분산의 추정량

- $E(MSE) = \sigma^2$
- 오차분산의 추정량 $\hat{\sigma}^2 = MSE$

[표 8.1]의 분산분석표는 하나의 표본자료로부터 작성된 것이다. 그러나 추출되는 표본에 따라서 분산분석표가 달라진다. 즉 [표 8.1]의 SSR, SSE, SST, MSR, MSE, F_0는 모두 통계량이다.

모집단에서 크기 n인 모든 가능한 표본을 추출하고, 각 표본으로부터 MSE를 계산한 후 그 값들을 평균하면 오차분산 σ^2과 같다. 즉,

$$E(MSE) = \sigma^2$$

이다. 따라서 MSE는 오차분산의 추정량으로 사용된다. 즉 $\hat{\sigma}^2 = MSE$이다.

4) 결정계수(R^2)

결정계수는 총제곱합 SST 중에서 회귀제곱합 SSR이 차지하는 비중을 나타내는 값으로, 적합된 회귀식이 얼마나 타당한지를 판단하는 데 유용하게 사용된다.

$$\text{결정계수: } R^2 = \frac{SSR}{SST} = 1 - \frac{SSE}{SST} \qquad (0 \le R^2 \le 1)$$

결정계수 R^2이 1에 가까울수록 반응변수의 관측값들이 적합된 회귀식 주위에 분포하고, 적합된 회귀식이 반응변수와 설명변수의 관계를 잘 표현하고 있음을 나타낸다.

예제 3 [예 1]의 학생들의 공부시간과 통계학 시험점수 자료에서 단순회귀모형을 적합하고, 유의수준 1%에서 적합된 회귀식에 대한 유의성을 검정하라. 또 오차분산의 추정값과 결정계수를 구하고, 14시간 공부한 학생의 통계학 점수를 예측하라.

공부시간(x)	4	8	10	15	4	7	12	22	1	17
시험점수(y)	25	50	65	73	37	44	60	95	19	84

풀이

① 먼저, 주어진 자료로부터 회귀계수 β_0, β_1의 추정값과 분산분석표 작성에 필요한 값들을 계산하자.

$n = 10$,

$\sum_{i=1}^{10} x_i = 100$, $\bar{x} = 10$, $\sum_{i=1}^{10} x_i^2 = 1388$,

$\sum_{i=1}^{10} y_i = 552$, $\bar{y} = 55.2$, $\sum_{i=1}^{10} y_i^2 = 36026$,

$\sum_{i=1}^{10} x_i y_i = 6958$

② 최소제곱추정값

$$b_1 = \frac{\sum x_i y_i - n\bar{x}\bar{y}}{\sum x_i^2 - n\bar{x}^2} = \frac{6958 - (10)(10)(55.2)}{1388 - (10)(10^2)} \fallingdotseq 3.71$$

$$b_0 = \bar{y} - b_1\bar{x} = 55.2 - (3.71)(10) = 18.1$$

③ 적합된 회귀식: $\hat{y} = 18.1 + 3.71\,x$

④ 분산분석

$$SST = \sum_{i=1}^{n}(y_i - \bar{y})^2 = \sum_{i=1}^{n} y_i^2 - n\bar{y}^2 = 36026 - (10)(55.2^2) = 5555.60$$

$$SSR = \sum_{i=1}^{n}(\hat{y}_i - \bar{y})^2 = b_1^2 \sum_{i=1}^{n}(x_i - \bar{x})^2 = b_1^2\left(\sum_{i=1}^{10} x_i^2 - n\bar{y}^2\right)$$

$$\therefore\ SSR = (3.71)^2\{1388 - (10)(10^2)\} \fallingdotseq 5340.47$$

$$SSE = SST - SSR = 5555.60 - 5340.47 = 215.13$$

총제곱합의 자유도: $\phi_T = n - 1 = 9$

회귀제곱합의 자유도: $\phi_R = 1$

잔차제곱합의 자유도: $\phi_R = 8$

위 계산결과를 사용하여 분산분석표를 작성하면 다음과 같다.

▌분산분석표

요인	제곱합	자유도	제곱평균	검정통계량 F_0
회귀	5340.47	1	5340.47	198.60
잔차	215.13	8	26.89	
계	5555.60	9		

⑤ 유의성 검정

가설: $H_0 : \beta_1 = 0$, $H_1 : \beta_1 \neq 0$

기각역: $F_{0.01}(1, 8) = 11.26$ 이므로 기각역은 $F_0 \geq 11.26$

검정결과: 검정통계량이 198.60 으로 유의수준 1% 의 기각역에 포함되므로, 유의수준 1% 에서 적합된 회귀식은 유의하다고 할 수 있다.

⑥ 오차항의 분산 추정값: $\hat{\sigma}^2 = MSE = 26.89$

결정계수: $R^2 = \dfrac{5340.47}{5555.60} \fallingdotseq 0.96$

그러므로 통계학 시험점수의 변동 중 약 96% 가 $\hat{y} = 18.1 + 3.71\,x$ 에 의해 설명된다고 할 수 있다.

⑦ $x = 14$ 시간일 때 예상되는 통계학 점수는

$\hat{y}\,|_{x=14} = 18.1 + 3.71 \times 14 = 70.04$ 이다. ■

(5) 기타 논의

적합된 회귀식은 **흥미영역**(region of interest) 안에서만 의미가 있다. 흥미영역이란 추정에 사용된 설명변수(x)의 영역 또는 가정한 회귀모형이 의미를 갖는 설명변수의 영역을 말한다. [예제 3]의 공부시간과 통계학 시험점수의 예에서 공부시간의 최댓값은 22 시간이고, 그 때의 통계학 시험점수는 95 점이다. 그보다 훨씬 더 많은 시간을 공부한다고 해도 시험점수는 크게 높아지지 않을 수도 있다. 예를 들어, 이 적합된 회귀식을 그대로 적용하여 25시간 공부한 학생의 통계학 시험점수를 예측한다면

$$\hat{y}\,|_{x\,=\,25} = 18.1 + 3.71 \times 25 = 110.85$$

이 된다. 만약 100점 만점인 시험이라면 예측 점수는 만점을 초과하게 된다. 그러므로 이 경우 적합된 회귀식을 가지고 25시간 공부한 학생의 시험점수를 예측하는 것은 적절하지 않다. 이것은 설명변수의 값 25시간이 흥미영역 내의 값이 아니기 때문이다.

이상에서 설명한 최소제곱법, 분산분석, 결정계수 등은 단순회귀모형뿐만 아니라 설명변수가 2개 이상인 중회귀모형이나 실험계획법의 각종 모형추정에서도 사용된다. 또한 엑셀을 포함한 거의 모든 통계분석 프로그램에서 최소제곱추정량과 분산분석표, 결정계수를 구할 수 있다. 그러므로 여기서 살펴본 내용에서 계산공식을 암기하기보다는 분석결과를 어떻게 해석하는가에 더 유념할 필요가 있다. 그러나 계산과정에 대한 명확한 이해는 분석결과의 정확한 해석과 활용에 도움이 될 것이다.

참고문헌

1. 조재근 (2005). 통계학의 역사, 한길사, 301–318, 505–550.
2. Stigler, S. M. (1999). Statistics on the table: The History and Statistical Concepts and Methods, Harvard University Press, London, 320–331, 415–420, 404.
3. 이우영, 신항균, 이홍렬 (1996). 수학의 황제 가우스, 경문사, 109–117.

연습문제

1. 다음은 무작위로 추출한 20개 시 · 구의 2009년 주민등록인구(단위: 만 명) 대비 강력범죄 발생건수이다.

번호	인구수(x)	범죄건수(y)	번호	인구수(x)	범죄건수(y)
1	47	2854	11	31	2160
2	33	2503	12	27	1405
3	53	3656	13	40	1817
4	43	2649	14	54	2712
5	6	422	15	26	1434
6	8	1017	16	28	1181
7	45	2498	17	17	1218
8	11	1495	18	20	1051
9	21	1094	19	16	517
10	64	3129	20	14	668

참고로,

$$\bar{x} = 30.2, \quad \bar{y} = 1774,$$

$$\sum_{i=1}^{20}(x-\bar{x})^2 = 5305.2, \quad \sum_{i=1}^{20}(y-\bar{y})^2 = 16{,}576{,}034,$$

$$\sum_{i=1}^{20}(x_i-\bar{x})(y_i-\bar{y}) = 269{,}394$$

이다. 다음 질문에 답하라.

① 주민등록인구 대비 강력범죄 발생건수의 산점도를 그려라.

② 주민등록인구 대비 강력범죄 발생건수의 표본상관계수를 구하라.

③ 단순회귀모형을 적합하여,

ⓐ 적합된 회귀식을 구하고,

ⓑ 유의수준 1%에서 적합된 회귀식에 대한 유의성을 검정하라.

ⓒ 오차분산을 추정하고,

ⓓ 결정계수(R^2)를 구하라.

④ 인구 50만 명인 도시의 강력범죄 발생건수를 예측하라.

2. 다음 자료에 대한 질문에 답하라.

x	−2.5	−1.5	−1	0	1	2	2.5
y	3.5	1.8	1	1	2	4	6

① 위 자료의 산점도를 그려라.

② 이 자료의 표본상관계수를 구하라.

③ 단순회귀모형을 적합하고, 유의수준 5%에서 적합된 회귀식에 대한 유의성을 검정하라.

④ (x^2, y)의 산점도를 그리고, 표본상관계수를 구하라.

⑤ x 대신 x^2을 사용하여 단순회귀모형을 적합하고, 유의수준 5%에서 적합된 회귀식에 대한 유의성을 검정하라.

3. 회귀제곱합

$$SSR = \sum_{i=1}^{n}(\hat{y}_i - \bar{y})^2 = b_1^2\left(\sum_{i=1}^{10} x_i^2 - n\bar{y}^2\right)$$

이 됨을 보여라.

4. 다음이 성립함을 보여라.

① $\sum_{i=1}^{n}(\hat{y}_i - \bar{y}) = 0$

② $\sum_{i=1}^{n}(y_i - \hat{y}_i) = \sum_{i=1}^{n} e_i = 0$

CHAPTER 9

분산분석

제 9 장 분산분석

새로 개발된 약은 기존의 약보다 얼마나 더 효과적인가, 어떤 종류의 비료가 작물의 생산성을 더 높일 수 있는가, 콘크리트의 강도를 높일 수 있는 시멘트와 모래의 최적배합비율은 얼마인가, 어떤 수업방법이 가장 효과적인가 등 우리 주위에 실험을 통해서 확인하고자 하는 문제는 무수히 많다.

실험계획법(experiment design)은 실험결과(반응값)에 어떤 인자가 영향을 미치는지 또 영향을 미치는 인자의 어떤 수준(처리)에서 최적반응을 나타내는지 등을 탐색하는 통계적 방법이다. 실험계획법의 주요한 통계적 분석방법은 분산분석(ANOVA, analysis of variance)이다. 실험결과에 영향을 미치는 인자가 한 개일 때 **일원배치법**(one-way factorial design), 두 개일 때 **이원배치법**(two-way factorial design), 세 개 이상일 때 **다원배치법**(multi-way factorial design)이라고 한다. 이 장에서는 실험계획법의 주요 용어와 일원배치법을 중심으로 설명한다. 또 이원배치법 이상에서 탐색 가능한 교호작용효과에 대해서도 살펴본다.

9.1 서론

(1) 확률화의 원리

소아마비는 전염성이 매우 강한 질병으로 수천 년 동안 인류를 괴롭혀왔다. 그러나 최근에는 우리 주위에서 소아마비 환자를 찾아보기 어렵다. 이는 저렴한 비용으로 예방접종이 가능해진 소아마비 백신 덕분이다.

1916년 미국은 전역에서 소아마비가 대유행했다. 이후 40년 동안 미국에서만 수십만 명의 환자가 발생하였고, 신속한 예방백신 개발이 절실히 필요했던 1952년 조너스 소크[25]가 죽은 소아마비 바이러스로부터 백신개발에 성공하였다. 실험을 통해서 백신의 안전성과 소아마비 바이러스 항체가 생성됨을 확인한 후, 1954년 임상실험에 들어갔다. 임상실험을 위해 감염위험이 높은 지역과 연령대를 기준으로 미국 전역에서 초등학교 1 ~ 3학년 200만 명을 임상실험 대상자로 선정하였다.

첫 번째 임상실험에서는 초등학교 2학년 어린이들 중 부모가 백신접종에 동의한 어린이들은 처리그룹에 포함시켜 백신을 접종했고 나머지 어린이들은 통제그룹에 포함시켜 백신을 접종하지 않았다.

그 과정에서 고소득층 부모가 백신접종에 동의하는 경우가 저소득층 부모보다 훨씬 많다는 사실이 드러났다. 한편 소아마비는 역설적이게도 고소득층 가정의 어린이들에게서 훨씬 더 많이 발병하는 것으로 알려져 있다. 그 이유는 위생상태가 나쁜 저소득층 어린이들의 경우, 어머니의 항체로부터 보호받고 있던 유아기에 약하게 소아마비 바이러스에 감염되었다가 항체가 형성된 이후 훨씬 강력한 바이러스가 침투되었을 때 스스로 방어할 수 있게 된다. 그러나 상대적으로 위생상태가 좋은 환경의 고소득층 어린이들은 유아기에 소아마비 바이러스 항체가 형성될 기회를 얻지 못했고 강력한 바이러스가 침투되었을 때 발병하게 되는 것이다.

부모의 소득은 이 외에도 어린이의 전반적인 건강상태, 생활습관, 교우관계 등 여러 변수에 영향을 끼칠 수 있다. 따라서 이 임상실험은 부모 소득의 효과와 백신접종의 효과를 따로 분리하여 검출할 수 없다는 문제점을 안고 있었다.

이러한 문제를 해결하기 위해서 두 번째 임상실험에서는 먼저 실험대상으로 선정된 어린이들을 랜덤하게 두 그룹으로 나누었다. 즉 동전을 던져 앞면이면 처리그룹, 뒷면이면 통제그룹으로 나누는 식으로 이루어졌다. 처리그룹에는 소아마비 백신을 접종했고, 통제그룹에는 건강에 무해한 식염수를 접종했다. 또, 어떤 어린이가 어느 그룹에 속했는지는 실험설계자만 알고 어린이나 진단하는 의사조차도 알지 못하게 했다. 이렇게 실험함으로써 백신효과 이외의 다른 변수가 실험결과에 영향을 미치는 것을 원천적으로 차단할 수 있었다. 이렇게 잘 관리된 실험의 결과, 소크가 개발한 소아마비 백신은 안전하고 매우 효과적임이 판명되었고 세상에 출시되게 되었다.[1-3]

25) Jonas Salk, 1914 ~ 1995, 미국, 의학자.

실험에서 반응값에 영향을 미치는 인자의 효과를 확인하기 위해서는 **확률화의 원리**(principle of randomization)가 지켜져야 한다. 확률화의 원리는 앞에서 설명한 '소아마비 백신개발에 대한 두 번째 실험'과 같이 실험에서 고려된 인자(위 임상실험에서는 백신접종 여부) 이외의 다른 변수들이 실험결과에 영향을 미치는 것을 방지해야 한다는 원리이다. 확률화의 원리가 지켜지는 실험설계를 **완전확률화설계**(completely randomized design)라고 한다. 확률화의 원리가 지켜지지 못하면 실험결과에서 미리 고려되지 못한 다른 변수들의 효과와 실험을 통해 확인하려는 인자의 효과가 서로 혼합되고, 그 결과 확인하고자 하는 인자의 효과를 따로 분리하여 검출할 수 없게 된다. 그 경우, 실험에 아무리 많은 시간, 노력, 비용 등이 투입되었더라도 그 실험결과는 무용지물이 될 수도 있다.

(2) 인자와 수준

먼저, 실험계획법에서 사용되는 용어들을 정리하자.

- **반응값**(response value): 실험결과로 관측된 값. 특성값(characteristic value)이라고도 함
- **인자**(factor): 반응값에 영향을 미치는 변수들 중 실험에서 고려된 변수. 요인이라고도 함
- **인자수준**(factor level): 인자의 여러 조건. 수준(level)이라고도 함
- **처리**(treatment): 각 실험단위(실험대상)에 특정 실험조건을 적용하는 것
- **반복**(replication): 동일한 인자수준에서 실험을 되풀이하는 것

예 1

원료종류와 가공온도가 제품강도에 미치는 효과를 조사하려고 한다. 3종류(A, B, C)의 원료와 4수준(180 ℃, 200 ℃, 220 ℃, 240 ℃)의 가공온도가 고려대상이다. 이때

- 인자: 원료종류와 가공온도 두 가지
- 인자수준: 원료종류의 수준은 A, B, C (3수준),
  가공온도의 수준은 180 ℃, 200 ℃, 220 ℃, 240 ℃ (4수준)

• 처리조합은 3 수준 $\times$ 4 수준 $=$ 12 가지이고 각 처리조합은 다음과 같다.

$(A, 180\ ℃)$	$(A, 200\ ℃)$	$(A, 220\ ℃)$	$(A, 240\ ℃)$
$(B, 180\ ℃)$	$(B, 200\ ℃)$	$(B, 220\ ℃)$	$(B, 240\ ℃)$
$(C, 180\ ℃)$	$(C, 200\ ℃)$	$(C, 220\ ℃)$	$(C, 240\ ℃)$

참고로, 인자가 한 개인 실험에서는 각 수준이 처리가 되고, 각 수준에서 실험을 3 회 반복한다면 반복수는 3 이 된다. ❑

(3) 분산분석

실험계획법의 분산분석과 확률화의 원리는 현대통계학의 아버지로 불리는 피셔[26]에 의해 개발되었다.[4]

실험계획법의 분산분석(analysis of variance: ANOVA)은 8장에서 설명한 회귀분석의 분산분석과 유사하다. 반응값들의 편차제곱합인 총제곱합을 인자들에 의해 설명되는 제곱합과 설명되지 않는 제곱합으로 분해하여 반응값에 영향을 주는 인자를 찾아내는 통계적 분석방법이다.

실험에서 고려된 인자가 한 개이면 **일원분산분석**(one-way ANOVA), 두 개이면 **이원분산분석**(two-way ANOVA), 세 개 이상이면 **다원분산분석**(multi-way ANOVA)이라고 한다.

9.2 일원배치법

실험에서 고려된 인자가 하나인 일원배치법을 살펴보자.

(1) 자료의 구조

일원배치법에서는 실험에서 고려된 인자가 한 개이므로 인자의 각 수준이 처리가 된다. 각 수준에서 반복수는 같거나 다를 수 있다. 반복수가 같은 경우는 다른 경우

26) Ronald Aylmer Fisher, 1890~1962, 영국, 통계학자.

의 특수한 경우이므로 여기서는 반복수가 다른 경우를 중심으로 살펴보자.

실험에서 고려된 인자의 수준수가 k이고 각 수준에서의 반복수가 n_i $(i=1,2,\cdots,k)$인 경우, 총 실험횟수는 $N=n_1+n_2+\cdots+n_k$이다.

X_{ij} : i번째 처리, j번째 반복에서의 반응값

T_i : i번째 처리합, $T_i = X_{i1}+\cdots+X_{i,n_i} = \sum_{j=1}^{n_i} X_{ij}$

$\overline{X}_i$: i번째 처리평균, $\overline{X}_i = \dfrac{T_i}{n_i}$

T: 모든 반응값들의 총합, $T = \sum_{i=1}^{k}\sum_{j=1}^{n_i} X_{ij} = \sum_{i=1}^{k} T_i$

$\overline{X}$: 반응들의 총평균, $\overline{X} = \dfrac{T}{N}$

이라 할 때, 반복수가 서로 다른 일원배치법의 자료구조는 다음과 같다.

표 9.1 일원배치법의 자료구조

	반응값	처리합	처리평균
처리 1	$X_{11}, X_{12}, \cdots, X_{1,n_1}$	T_1	$\overline{X}_1$
처리 2	$X_{21}, X_{22}, \cdots, X_{2,n_2}$	T_2	$\overline{X}_2$
⋮	⋮	⋮	⋮
처리 i	$X_{i1}, X_{i2}, \cdots, X_{i,n_i}$	T_i	$\overline{X}_i$
⋮	⋮	⋮	⋮
처리 k	$X_{k1}, X_{k2}, \cdots, X_{k,n_k}$	T_k	$\overline{X}_k$

(2) 통계적 모형

i번째 처리의 참값을 μ_i라고 하자$(i=1,2,\cdots,k)$. 각 처리의 반응값 X_{ij}는 참

값 μ_i와 같거나 다를 수 있다. 따라서

$$X_{ij} = \mu_i + \epsilon_{ij}$$

로 나타낼 수 있다. 이때 ϵ_{ij}는 반응값과 참값 μ_i 간의 차이를 나타내는 오차항이다 $(i = 1, 2, \cdots, k;\ j = 1, 2, \cdots, n_i)$.

관리상태에서 잘 실시된 실험이라면 반응값 x_{ij}가 참값 μ_i에 가까울 가능성은 높고 μ_i에서 멀어질 가능성은 낮을 것이다. 그러므로 오차항 ϵ_{ij}는 평균이 0, 분산이 σ^2인 정규분포를 따른다고 가정한다. 즉, $\epsilon_{ij} \sim N(0, \sigma^2)$이다. 이때 실험설계는 완전확률화설계를 가정하므로 모든 처리에서 오차분산은 σ^2으로 동일하다. 이것을 각 처리별로 나타내면 다음과 같다.

	반응값	오차분포	반복
처리 1	$X_{1j} = \mu_1 + \epsilon_{1j}$		$j = 1, 2, \cdots, n_1$
처리 2	$X_{2j} = \mu_2 + \epsilon_{2j}$		$j = 1, 2, \cdots, n_2$
⋮	⋮	$\epsilon_{ij} \sim N(0, \sigma^2)$	⋮
처리 i	$X_{ij} = \mu_i + \epsilon_{ij}$	$(i = 1, 2, \cdots, k)$	$j = 1, 2, \cdots, n_i$
⋮	⋮		⋮
처리 k	$X_{kj} = \mu_k + \epsilon_{kj}$		$j = 1, 2, \cdots, n_k$

오차항의 분포가 $\epsilon_{ij} \sim N(0, \sigma^2)$일 때, $X_{ij} = \mu_i + \epsilon_{ij}$의 분포는

$$X_{ij} \sim N(\mu_i, \sigma^2)$$

이 된다. 이때 참값 μ_i는 X_{ij}의 모평균, 즉 i번째 처리의 모평균이다.

[그림 9.1]은 i번째 처리에 대한 반응값 X_{ij}의 통계적 모형을 그림으로 나타낸 것이다. 첫 번째 처리$(i = 1)$의 반응값 X_{1j}와 오차항 ϵ_{1j}의 분포는

$$X_{1j} \sim N(\mu_1, \sigma^2),\ \epsilon_{1j} \sim N(0, \sigma^2)$$

이므로, [그림 9.1]에서 (e_{ij}, x_{ij}, μ_i)를 (e_{1j}, x_{1j}, μ_1)로 대체하면 X_{1j}의 분포곡선

과 ϵ_{1j}의 분포곡선이 된다. 처리 $i=2,3,\ \cdots,k$ 에 대해서도 동일하다. 여기서 (e_{ij}, x_{ij})는 확률변수 (ϵ_{ij}, X_{ij})의 임의의 값을 나타낸다. 이때 모든 처리에서 분산이 동일하므로 분포곡선의 모양은 동일하고, 처리평균 μ_i 들의 위치만 변한다.

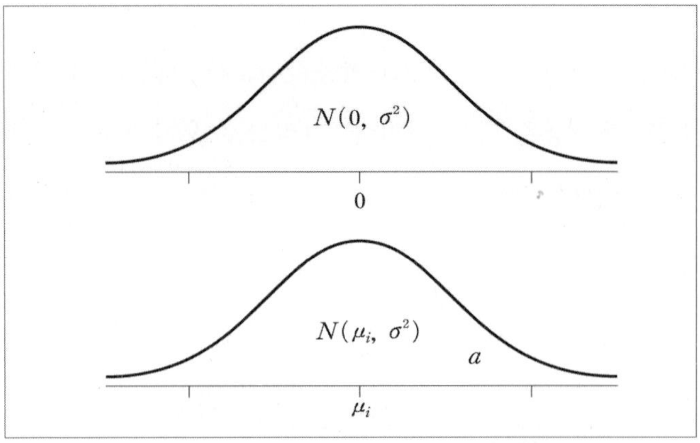

[그림 9.1] ϵ_{ij}의 분포(위)**와 X_{ij}의 분포**(아래)

여기서 일원배치법의 통계적 모형에 대한 다른 표현을 생각해보자.

$X_{ij}=\mu_i+\epsilon_{ij}$ 의 등호 오른쪽에 $0=\mu-\mu$를 더해 보자. 0을 더해도 좌우등식은 달라지지 않는다. 즉,

$$\begin{aligned} X_{ij} &= \mu_i+\epsilon_{ij} \\ &= \mu_i+(\mu-\mu)+\epsilon_{ij}=\mu+(\mu_i-\mu)+\epsilon_{ij} \end{aligned}$$

이므로

$$X_{ij}=\mu+\alpha_i+\epsilon_{ij}$$

로 나타낼 수 있다. 이때 $\alpha_i=\mu_i-\mu$이다.

μ를 처리평균 μ_i 들의 평균 $\mu=(\mu_1+\mu_2+\ \cdots\ +\mu_k)/k$로 정의하면 α_i는 i 번째 처리로 인한 효과(i 번째 처리효과)가 된다. 이때 α_i 들의 합 $\alpha_1+\alpha_2+\ \cdots\ +\alpha_k=0$이다.

지금까지의 내용을 정리한 일원배치법의 통계적 모형은 다음과 같다.

일원배치법의 통계적 모형

[모형1] $X_{ij} = \mu_i + \epsilon_{ij}$

또는 [모형2] $X_{ij} = \mu + \alpha_i + \epsilon_{ij},\ i = 1, 2, \cdots, k;\ j = 1, 2, \cdots, n_i$

여기서

① μ_i : i 번째 처리평균

② μ : 총평균

③ $\alpha_i = \mu_i - \mu$: i 번째 처리효과. $\sum_{i=1}^{k} \alpha_i = 0$

④ ϵ_{ij} : 오차항으로 서로 독립이고 $N(0, \sigma^2)$를 따르는 확률변수

(3) 인자효과에 대한 가설

실험에서 고려된 인자가 반응값에 영향을 미치고 인자효과가 존재한다면 처리평균들($\mu_1, \mu_2, \cdots, \mu_k$)이 모두 동일하지는 않을 것이다. 그러나 인자효과가 존재하지 않는다면 μ_i 들은 모두 동일할 것이고, 모든 i 에 대해 $\alpha_i = \mu_i - \mu$는 0이 된다.

그러므로 인자A를 실험에서 고려된 인자라고 할 때, 인자 A의 요인효과에 대한 유의성검정을 위한 가설은 다음과 같다.

$$\begin{cases} H_0 : \text{인자}A\text{는 반응에 유의한 영향을 미치지 않는다.} \\ H_1 : \text{인자}A\text{는 반응에 유의한 영양을 미친다.} \end{cases}$$

모형에 사용된 기호를 사용해서 가설을 표현하면 다음과 같다.

$$[\text{모형1}] \quad \begin{cases} H_0 : \mu_1 = \mu_2 = \cdots = \mu_k \\ H_1 : \text{적어도 하나의 } \mu_i \text{는 다르다.} \end{cases}$$

[모형2] $\begin{cases} H_0 : \alpha_1 = \alpha_2 = \cdots = \alpha_k (= 0) \\ H_1 : \text{적어도 하나의 } \alpha_i \text{는 0이 아니다.} \end{cases}$

(4) 분산분석

인자가 하나인 분산분석을 일원분산분석(one-way analysis of variance)이라고 한다. 분산분석은 인자효과의 존재여부를 검정하기 위한 분석법이다. 인자효과에 대한 가설검정을 위해서는 먼저 반응값의 총변동을 인자에 의해 설명되는 변동과 설명되지 않는 변동으로 구분한다.

1) 총변동의 분해

임의의 반응값 x_{ij}와 전체평균 $\overline{x}$와의 차인 총편차는 다음과 같이 분해할 수 있다. 여기서 $\overline{x}_i$는 i번째 처리에서 반응값들의 평균이다.

$$(x_{ij} - \overline{x}) = (\overline{x}_i - \overline{x}) + (x_{ij} - \overline{x}_i)$$

여기서,

$(x_{ij} - \overline{x})$: 총변동(total variation) 또는 총편차(total deviation)

$(\overline{x}_i - \overline{x})$: i번째 처리로 인한 변동

$(x_{ij} - \overline{x}_i)$: 오차로 인한 변동, 잔차

라고 한다. 이때 모든 (i, j)에 대한

① 총변동의 합 $\sum_{i=1}^{k}\sum_{j=1}^{n_i}(x_{ij} - \overline{x}) = 0$

② 처리변동의 합 $\sum_{i=1}^{k}\sum_{j=1}^{n_i}(\overline{x}_i - \overline{x}) = 0$

③ 오차변동의 합 $\sum_{i=1}^{k}\sum_{j=1}^{n_i}(x_{ij} - \overline{x}_i) = 0$

이다. 따라서 이 변동들의 단순합은 모두 0이 되므로 별 의미가 없다. 그러므로 인

자효과의 존재여부를 검정하기 위해서 변동들을 제곱해서 합하게 된다.

위에서 변동을 분해한 식의 양변을 제곱하고 모든 (i, j)에 대해 합한 후 정리하면 다음과 같다.

$$\sum_{i=1}^{k}\sum_{j=1}^{n_i}(x_{ij}-\bar{x})^2=\sum_{i=1}^{k}\sum_{j=1}^{n_i}(\bar{x}_i-\bar{x})^2+\sum_{i=1}^{k}\sum_{j=1}^{n_i}(x_{ij}-\bar{x}_i)^2$$

이때

$$SST=\sum_{i=1}^{k}\sum_{j=1}^{n_i}(x_{ij}-\bar{x})^2 : \text{ 총제곱합(total sum of squares)}$$

$$SSA=\sum_{i=1}^{k}\sum_{j=1}^{n_i}(\bar{x}_i-\bar{x})^2 : \text{ 처리제곱합(treatment sum of squares)}$$

$$SSE=\sum_{i=1}^{k}\sum_{j=1}^{n_i}(x_{ij}-\bar{x}_i)^2 : \text{ 잔차제곱합(residual sum of squares)}$$

이라고 한다.

2) 제곱합 계산을 위한 간편식

다음 간편식을 이용하면 각 제곱합의 계산은 간단해진다.

$$\text{총제곱합:}\quad SST=\sum_{i=1}^{k}\sum_{j=1}^{n_i}(x_{ij}-\bar{x})^2=\sum_{i=1}^{k}\sum_{j=1}^{n_i}x_{ij}^2-CT$$

$$\text{처리제곱합:}\quad SSA=\sum_{i=1}^{k}\sum_{j=1}^{n_i}(\bar{x}_i-\bar{x})^2=\sum_{i=1}^{k}\frac{T_i^2}{n_i}-CT$$

$$\text{잔차제곱합:}\quad SSE=\sum_{i=1}^{k}\sum_{j=1}^{n_i}(x_{ij}-\bar{x}_i)^2=SST-SSA$$

여기서 $T_i=\sum_{j=1}^{n_i}x_{ij}$이고, 수정항(correction term) $CT=\frac{T^2}{N}$, $T=\sum_{i=1}^{k}\sum_{j=1}^{n_i}x_{ij}$, $N=\sum_{i=1}^{k}n_i$이다.

3) 제곱합의 자유도

총제곱합의 자유도(ϕ_T) 역시 처리제곱합의 자유도(ϕ_A)와 잔차제곱합의 자유도(ϕ_E)로 분해된다. 즉 $\phi_T = \phi_A + \phi_E$이다.

① 총제곱합은 N개의 편차 $(x_{ij} - \overline{x})$로 구성되어 있고, 모든 (i, j)에 대한 편차의 합 $\sum_{i=1}^{k}\sum_{j=1}^{n_i}(x_{ij} - \overline{x}) = 0$이다. 따라서 자유도를 하나 잃게 되므로 $\phi_T = N - 1$이다.

② 처리제곱합은

$$\sum_{i=1}^{k}\sum_{j=1}^{n_i}(\overline{x}_i - \overline{x})^2 = \sum_{i=1}^{k} n_i(\overline{x}_i - \overline{x})^2$$

으로 k개의 $(\overline{x}_i - \overline{x})$로 구성되어 있다. 한편

$$\sum_{i=1}^{k}\sum_{j=1}^{n_i}(\overline{x}_i - \overline{x}) = \sum_{i=1}^{k} n_i(\overline{x}_i - \overline{x}) = 0$$

으로, $(\overline{x}_i - \overline{x})$과 n_i의 가중합은 0이다. 따라서 $k-1$개의 $(\overline{x}_i - \overline{x})$를 알면 나머지 하나는 자동으로 결정된다. 그러므로 자유도를 하나 잃어서 $\phi_A = k-1$이다.

예를 들어, 세 변수 (a_1, a_2, a_3)에 대해 $2a_1 + 3a_2 + 4a_3 = 0$라는 조건이 주어질 때, 세 변수 중 두 변수의 값이 결정되면 나머지 하나는 자동으로 결정되어 자유도는 2가 되는 것과 같은 이치이다.

처리제곱합 자유도(ϕ_A)는 항상 인자의 수준수보다 하나 작다.

③ $\phi_T = \phi_A + \phi_E$이므로 잔차제곱합의 자유도 $\phi_E = \phi_T - \phi_A = N - k$이다.

4) 분산분석표와 가설검정

요인 A가 반응에 유의한 영향을 미치는지의 여부를 검정하기 위한 **일원분산분석표**(one-way analysis of variance table: one-way ANOVA table)는 다음과 같다.

[표 9.2] 일원배치법의 분산분석표

요인	제곱합	자유도	제곱평균	검정통계량
처리	SSA	$k-1$	$MSA = SSA/\phi_A$	$F_0 = MSA/MSE$
잔차	SSE	$N-k$	$MSE = SSE/\phi_E$	
계	SST	$N-1$		

[표 9.2]의 분산분석표에서 MSA는 인자A의 처리제곱평균(treatment mean squares), MSE는 잔차제곱평균(residual mean squares)이다. 이때 MSE는 회귀분석에서와 같이 오차분산 σ^2의 추정량이 된다. 즉 $\hat{\sigma}^2 = MSE$이다.

귀무가설 H_0가 참일 때, 검정통계량 F_0는 분자자유도 $k-1$, 분모자유도 $N-k$인 F분포를 따른다. 즉 $F_0 \sim F(k-1, N-k)$이다.

검정통계량 F_0값이 크다는 것은 인자A의 효과가 유의하게 존재하므로 각 처리평균 μ_i들이 모두 같지는 않고, 총제곱합에서 처리제곱합이 차지하는 비중이 유의하게 크다는 것을 의미한다. 그러므로 유의수준 α에서

$$H_0\text{의 기각역:}\quad F_0 \ge F_\alpha(k-1, N-k)$$

이다.

예제 1 세 종류 교수법 (A, B, C)의 효과가 동일한지를 확인하기 위해 실력이 비슷한 초등학교 5학년 12명을 무작위로 4명씩 배정하여 교수법별로 한 학기동안 교육하였다. 다음은 학기말 시험 결과이다. 교수법에 따라 성적에 유의한 차이가 있는지를 유의수준 5%에서 검정하라.

교수법A	53	65	58	52
교수법B	58	56	62	60
교수법C	72	80	75	77

풀이

① 가설설정

$$\begin{cases} H_0 : \text{교수법은 성적에 유의한 영향을 미치지 않는다.} \\ H_1 : \text{교수법은 성적에 유의한 영양을 미친다.} \end{cases}$$

또는

[모형1] $\begin{cases} H_0 : \mu_A = \mu_B = \mu_C \\ H_1 : \text{적어도 하나의 } \mu_i \text{는 다르다.} \ (i = A, B, C) \end{cases}$

[모형2] $\begin{cases} H_0 : \alpha_A = \alpha_B = \alpha_C \ (= 0) \\ H_1 : \text{적어도 하나의 } \alpha_i \text{는 } 0\text{이 아니다.} \ (i = A, B, C) \end{cases}$

② 제곱합의 계산: $N = 12$, $k = 3$, $n_A = n_B = n_C = 4$

처리	합계 (T_i)	평균 $(\overline{x_i})$
교수법A	228	57.0
교수법B	236	59.0
교수법C	304	76.0
전 체	768	64.0

자료의 총합 $T = \sum_{i=1}^{k}\sum_{j=1}^{n_i} x_{ij} = 768$, 수정항 $CT = \dfrac{T^2}{N} = \dfrac{768^2}{12} = 49,152$

총제곱합: $SST = \sum_{i=1}^{3}\sum_{j=1}^{4} x_{ij}^2 - CT$

$$= (53^2 + 65^2 + \cdots + 77^2) - CT$$

$$= 50,184 - 49,152 = 1032$$

처리제곱합: $SSA = \sum_{i=1}^{3} \dfrac{T_i^2}{n_i} - CT$

$$= \left(\frac{228^2}{4} + \frac{236^2}{4} + \frac{304^2}{4}\right) - 49,152 = 872$$

잔차제곱합: $SSE = SST - SSA = 1035 - 872 = 160$

총제곱합의 자유도: $\phi_T = N - 1 = 11$

처리제곱합의 자유도: $\phi_A = k-1 = 2$

잔차제곱합의 자유도: $\phi_E = N-k = 9$

처리제곱평균: $MSA = \dfrac{SSA}{\phi_A} = \dfrac{872}{2} = 436$

잔차제곱평균: $MSE = \dfrac{SSE}{\phi_E} = \dfrac{160}{9} \fallingdotseq 17.78$

③ 위 계산결과를 사용하여 분산분석표를 작성하면 다음과 같다.

▎분산분석표

요인	제곱합	자유도	제곱평균	검정통계량 F_0
처리	872	2	436.00	24.52
잔차	160	9	17.78	
계	1032			

④ 가설검정

기각값 $F_{0.05}(2,9) = 4.26$ 이므로 기각역은 $F_0 \geq 4.26$ 이다. 분산분석표에서 검정통계량값은 24.52 로 기각역에 포함되므로 귀무가설을 기각한다. 따라서 유의수준 5% 에서 교수법에 따라 학생들의 성적은 유의한 차이가 있다고 할 수 있다.

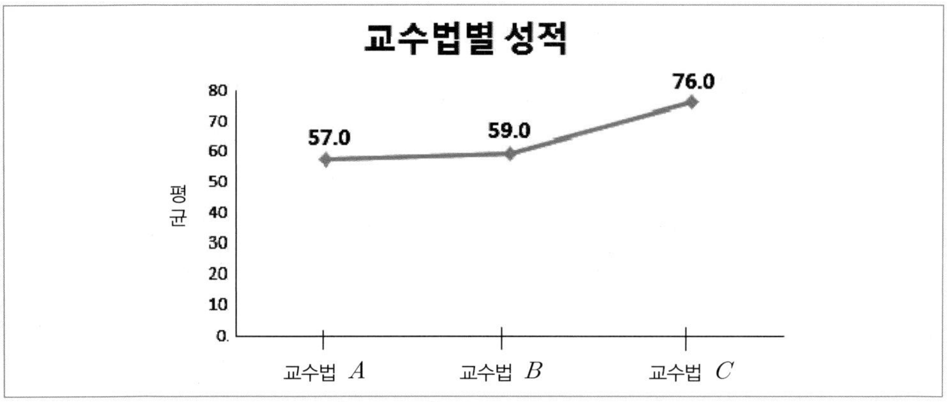

[그림 9.2] 교수법별 성적 평균

(5) 분산분석 후의 추정

분산분석의 결과 인자수준들 간에 유의한 차이가 있다는 것이 확인되면 추가로 최적 반응값을 갖는 수준을 탐색하고자 할 것이다. 최적반응조건 탐색에는 여러 다양한 방법들이 있으나 자세한 내용은 참고문헌의 실험계획법 서적들을 참고하기 바란다. 여기에서는 6장에서 설명한 단일 모평균에 대한 신뢰구간추정을 적용하여 각 처리평균 μ_i에 대한 신뢰구간을 구하는 방법을 살펴본다.

일원배치법의 통계적 모형에서 $X_{ij} \sim N(\mu_i, \sigma^2)$이고 $X_{i1}, X_{i2}, \cdots, X_{i,n_i}$는 모집단 $N(\mu_i, \sigma^2)$으로부터의 크기 n_i인 확률표본이 된다. 따라서 i번째 처리의 표본평균의 분포는

$$\overline{X}_i \sim N\left(\mu_i, \sigma^2/n_i\right)$$

이다. 그러므로

① σ^2을 알 때: $\dfrac{\overline{X}_i - \mu_i}{\sigma/\sqrt{n_i}} \sim N(0, 1)$, 표준정규분포

② σ^2을 모를 때: $\dfrac{\overline{X}_i - \mu_i}{\sqrt{\dfrac{MSE}{n_i}}} \sim t(\phi_E)$, 자유도 $\phi_E = N - k$인 t분포

이다. 5장의 표본분포에서는 σ^2을 모를 때 $\sqrt{MSE}$ 대신 표본표준편차 S를 사용했다.

인자의 각 수준별 처리평균에 대한 신뢰구간을 구해보자. 이때 신뢰구간은 6장에서 다룬 모평균에 대한 신뢰구간의 논리를 동일하게 적용한다.

따라서 i번째 처리평균 μ_i에 대한 $100(1-\alpha)\%$ 신뢰구간은 다음과 같다.

$$\overline{X}_i - t_{\alpha/2}(\phi_E)\sqrt{\frac{MSE}{n_i}} \le \mu_i \le \overline{X}_i + t_{\alpha/2}(\phi_E)\sqrt{\frac{MSE}{n_i}}$$

여기서 $t_{\alpha/2}(\phi_E)$는 자유도 ϕ_E인 t분포의 상위 $100(\alpha/2)\%$ 백분위수이다(5.3절의 t

분포 참고). 이 신뢰구간을 간단히

$$\overline{X}_i \pm t_{\alpha/2}(\phi_E)\sqrt{\frac{MSE}{n_i}}$$

로 나타내기도 한다.

예제 2 앞의 [예제 1]에서 각 교수법별 처리평균 μ_i에 대한 95% 신뢰구간을 구하고, 그 결과를 해석하라.

풀이 자료로부터 표본크기: $n_A = n_B = n_C = 4$

표본평균: $\overline{x}_A = 57.0$, $\overline{x}_B = 59.0$, $\overline{x}_C = 76.0$

이다. 또 분산분석분석표로부터 $MSE = \dfrac{160}{9} ≒ 17.78$, $\phi_E = 9$ 이고, $\alpha = 0.05$ 이므로 부록 [표 2]의 t 분포표로부터 $t_{0.025}(9) = 2.262$ 이다. 모든 처리에서 반복수 $n_i = 4$ 로 동일하므로

$$t_{0.025}(9)\sqrt{\frac{MSE}{n_i}} = (2.262)\sqrt{\frac{17.78}{4}} ≒ 4.77$$

이고, μ_i 에 대한 95% 신뢰구간은

$$\overline{x}_i - 4.77 \le \mu_i \le \overline{x}_i + 4.77$$

이 된다($i = A, B, C$).

그러므로 각 수준별 처리평균 μ_i에 대한 95% 신뢰구간은 다음과 같다.

교수법 A : $52.23 \le \mu_A \le 61.77$

교수법 B: $54.23 \le \mu_B \le 63.77$

교수법 C: $71.23 \le \mu_C \le 80.77$

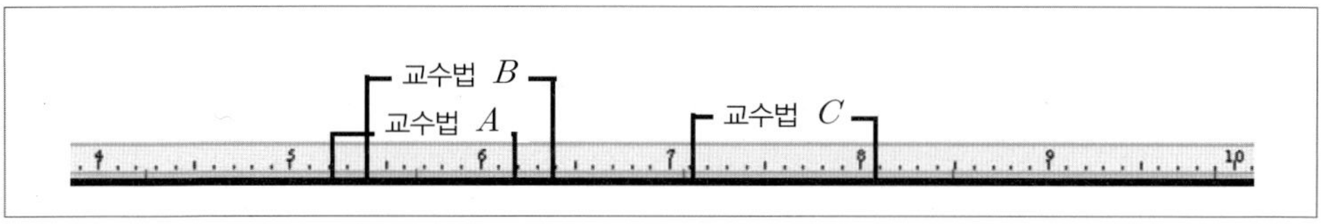

신뢰수준 95% 신뢰구간에서 교수법 A와 B의 신뢰구간은 서로 중복되는 구간이 존재하므로 유의수준 5%에서 교수법 A와 B는 차이가 있다고 할 수 없다. 그러나 교수법 C는 다른 두 신뢰구간과 중복되는 구간이 없고 월등이 높다. 그러므로 교수법 C가 가장 효과적인 교수법이라고 할 수 있다. ■

9.3 교호작용

이 절에서는 반복있는 이원배치법 이상의 실험배치에서 탐색 가능한 교호작용효과(interaction effect)에 대해 간단히 살펴본다.

(1) 교호작용효과

교호작용(interaction)이란 실험에서 고려한 인자수가 2개 이상일 때 인자들의 수준이 결합되어 반응값에 영향을 미치는 것을 말하며 그 효과를 **교호작용효과**(interaction effect)라고 한다. 교호작용의 존재여부를 검정하기 위해서는 각 처리조합에서 반복실험이 필요하다. 예를 들어, 인자수가 두 개인 이원배치법일 때 각 수준들 간의 조합인 모든 처리조합에서 반복실험을 해야 한다. 반복실험이 없는 경우 교호작용효과(interaction effect)는 오차에 포함되어 교호작용효과를 분리해서 분석할 수 없다. 인자가 두 개이고 반복이 있는 실험을 **반복있는 이원배치법**(two-way factorial design with replacement)이라고 한다.

반복이 있는 이원배치법의 간단한 예를 통해 교호작용의 의미를 살펴보자. 두 개의 인자 A, B가 있고 각 인자의 수준수는 3이고, 각 처리에서 $r(\geq 2)$회의 반복실험을 한다고 하자. 다음 표는 각 처리조합별 관측값들의 평균을 나타낸 표이다.

인자A	인자B		
	B_1	B_2	B_3
A_1	$\overline{x}_{11}$	$\overline{x}_{12}$	$\overline{x}_{13}$
A_2	$\overline{x}_{21}$	$\overline{x}_{22}$	$\overline{x}_{23}$
A_3	$\overline{x}_{31}$	$\overline{x}_{32}$	$\overline{x}_{33}$

여기서 $\overline{x}_{ij}$는 처리조합 (A_i, B_j)에서 $r(\geq 2)$회 반복 측정하여 얻은 반응값들의 평균이다.

[그림 9.3]은 교호작용효과가 있는 경우와 없는 경우를 구분하여 도표로 나타낸 것이다.

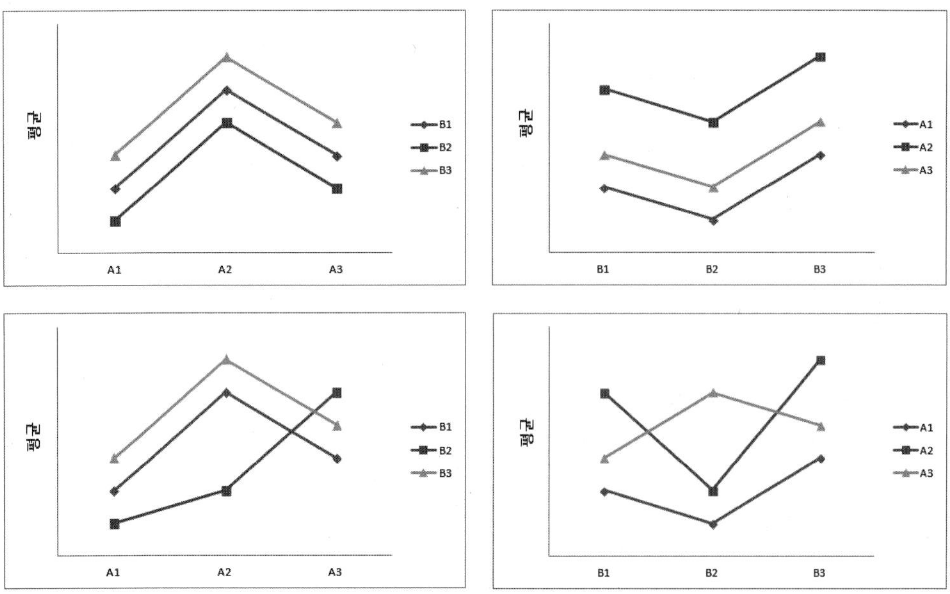

[그림 9.3] 교호작용효과가 없는 경우(위)와 있는 경우(아래)의 교호작용도

교호작용효과가 존재하지 않는 경우([그림 9.3]의 위쪽 두 그래프), 인자A의 각 수준에서 인자B의 평균 반응값이 일정한 크기로 증가 또는 감소한다. 즉 인자A의 모든 수준에서 B_1, B_2, B_3의 증가 또는 감소폭이 동일하고 인자A의 모든 수준에서 B_3이 가장 높은 반응값을 보인다(왼쪽 그래프). 인자B를 기준으로 한 해석도 동일하다. 또,

인자B의 모든 수준에서 A_2의 반응값이 가장 높다(오른쪽 그래프).

그러므로 두 인자 A, B의 교호작용효과가 존재하지 않는 경우에는 각 인자별 해석이 가능하다. 즉, 인자A에서 가장 높은 반응값을 주는 수준은 A_2이고 인자 B에서 가장 높은 반응값을 주는 수준은 B_3라는 식의 해석이 가능하다.

그러나 교호작용효과가 존재하는 경우([그림 9.3]의 아래쪽 두 그래프), 인자A의 효과는 인자B의 각 수준에 따라 달라지므로 [그림 9.3] 교호작용도의 아래쪽 그래프들과 같이 각 평균 반응값들을 연결한 선이 교차하게 된다. 교차하는 정도가 강할수록 교호작용효과가 강하게 존재하는 것으로 예측할 수 있다. [그림 9.3]의 하단 왼쪽 그래프에서, 인자A의 수준 A_1에서는 B_3의 반응값이 가장 높으나, 수준 A_3에서는 B_2의 반응값이 가장 높다. 또 인자A의 각 수준에서 B_1, B_2, B_3에 따라 반응값의 증가 또는 감소하는 정도가 다르다. 인자B를 기준으로 한 해석도 마찬가지다(오른쪽 그래프).

이와 같이 교호작용 효과가 존재하는 경우, 인자A의 효과가 인자B의 각 수준에 따라 변하고 반대로 인자B의 효과도 인자A의 각 수준에 따라 변하기 때문에 인자별 해석은 큰 의미가 없다. 이 경우는 인자A의 각 수준을 조건으로 한 인자B의 효과, 또는 인자B의 각 수준을 조건으로 한 인자A의 효과를 해석해야 한다. [그림 9.3]의 아래쪽에 있는 두 그래프의 경우와 같이 교호작용효과가 존재하는 경우에는 인자A의 수준이 A_2이고 인자B의 수준이 B_3인 처리조합 (A_2, B_3)에서 반응값들의 평균이 가장 높음을 알 수 있다.

(2) 기타 논의

각 관측값들이 정규분포를 따르고 분산이 동일하며 서로 독립일 때, 일원배치법은 두 개 이상인 모집단들의 평균차이 검정에도 적용할 수 있다. 보통 두 모집단의 평균차이 검정에는 t분포를 사용하지만 분산분석의 F분포를 사용해도 결과는 같다. 이것은 분자자유도가 1인 F분포와 t분포와의 관계에서, 확률변수 $X \sim t(k)$일 때 $X^2 \sim F(1,k)$이기 때문이다. 이에 대한 자세한 내용은 참고문헌의 수리통계학 서적을 참고하기 바란다.

참고문헌

1. Freedman, D., Pisani, R. and Purves, R. (1998). Statistics(3rd ed.), 1–6.
2. 이사빈, 이제학, 이민희 (2010). 죽기 전에 꼭 알아야 할 세상을 바꾼 발명품 1001, 마로니에북스, 서울, 711.
3. https://www.biography.com/people/jonas-salk-9470147
4. Bax, J. F. (1980). R.A. Fisher and the Design of Experiment, 1922–1926, The American Statistician, 1980, Vol. 34 (1), 1–7.

연습문제

1. 다음은 세 종류 미세먼지 차단 마스크의 미세먼지 차단효과가 차이가 있는지를 알아보기 위해 마스크별 미세먼지 차단율(%)을 측정한 결과이다.

종류	마스크1	마스크2	마스크3
미세먼지 차단율	84	91	99
	83	95	97
	85	92	95
	80	93	96
	83	94	98
합계	420	465	485
평균	84	93	97

① 요인효과의 유무를 검정하기 위한 가설을 설정하라.

② 분산분석표를 완성하라.

요인	제곱합	자유도	제곱평균	검정통계량 F_0
처리				
잔차				
계				

③ 유의수준 5%에서 기각역을 구하고 검정하라.

④ 마스크 종류별 미세먼지 차단율의 모평균 μ_i에 대한 95% 신뢰구간을 구하라.

2. 다음은 3종류 다이어트 식품의 콜레스테롤 함량에 차이가 있는지 알아보기 위해 종류별로 중량이 $30g$인 5봉지를 랜덤하게 추출하여 측정한 결과(단위: mg)이다.

종류	종류1	종류2	종류3
콜레스테롤 함량 (mg)	4.1 3.6 4.1 4.3 3.8	3.3 3.1 3.6 3.8 3.4	3.7 3.7 4.2 4.3 3.9
합계 (x_i)	19.9	17.2	19.8
평균 ($\overline{x}_i$)	3.98	3.44	3.96
분산 (s_i^2)	0.077	0.073	0.078

① 아래 분산분석표를 완성하라.

요인	제곱합	자유도	제곱평균	검정통계량 F_0
처리	0.937	(ⓑ)	(ⓓ)	(ⓔ)
잔차	(ⓐ)	(ⓒ)	0.076	
계	1.849			

② 3종류의 다이어트 식품의 콜레스테롤 함량에 차이가 있는지를 유의수준 5%에서 검정하라.

③ 아래 식(6장의 식)을 사용하여 i번째 식품 콜레스테롤 함량의 모평균 μ_i에 대한 95% 신뢰구간을 구하라($i = 1, 2, 3$).

$$\overline{X}_i - t_{\alpha/2}(n_i - 1)\frac{S_i}{\sqrt{n_i}} \le \mu_i \le \overline{X}_i + t_{\alpha/2}(n_i - 1)\frac{S_i}{\sqrt{n_i}}$$

④ 분산분석표의 MSE를 사용하여 모평균 μ_i에 대한 95% 신뢰구간을 구하라 ($i = 1, 2, 3$).

$$\overline{X}_i - t_{\alpha/2}(\phi_E)\sqrt{\frac{MSE}{n_i}} \le \mu_i \le \overline{X}_i + t_{\alpha/2}(\phi_E)\sqrt{\frac{MSE}{n_i}}$$

⑤ 위 ③과 ④에서 구한 두 신뢰구간을 서로 비교하라.

3. 다음은 반복있는 이원배치법의 실험결과이다. 이때 표 안의 숫자는 $\overline{x}_{ij}$로, 처리 (A_i, B_j)에서 반응값들의 평균이다. 이 $\overline{x}_{ij}$들을 이용하여 아래 도표에 교호작용도를 작성하고 교호작용효과의 존재 여부를 추측하라.

인자 A	인자 B		
	B_1	B_2	B_3
A_1	55	66	49
A_2	75	59	66
A_3	50	63	73

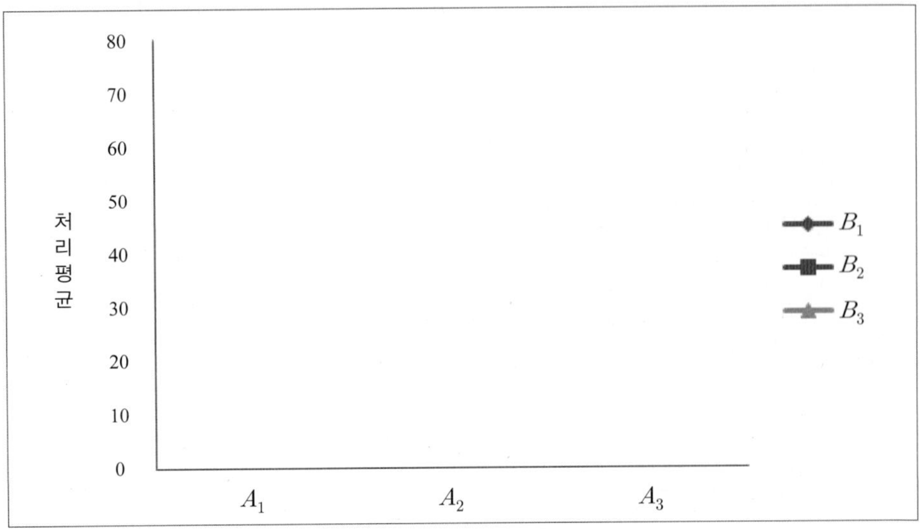

CHAPTER 10

범주형자료의 분석

제10장 범주형자료의 분석

좋아하는 색상, 범주화된 만족도(매우 만족, 만족, 매우 불만족), 출신지역 등과 같이 측정 대상을 몇 개의 범주로 구분할 목적으로 정의된 변수를 **범주형변수**(categorial variable)라고 하고 범주형변수로 측정된 자료를 **범주형자료**(categorical data)라고 한다. 두 범주형변수들 간의 관련성을 분석할 때, 앞에서 살펴본 회귀분석을 사용하는 것은 한계가 있다. 범주형자료의 관련성 분석에서 가장 빈번히 사용되는 것이 카이제곱 동일성검정과 독립성검정이다.

이 장에서 동일성검정과 독립성검정과 함께 이 검정 방법들의 기초가 되는 카이제곱분포와 다항분포를 살펴본다.

10.1 서론

명목자료와 순서자료는 범주형자료이다. 그러나 구간자료와 비자료와 같은 양적자료도 몇 개의 구간으로 범주화하여 범주형자료의 분석 방법을 적용할 수 있다. 여기에서는 먼저 범주형자료 분석방법의 이론적 기초가 되는 카이제곱분포와 다항분포를 살펴보자.

(1) 카이제곱분포

카이제곱분포(chi-square distribution)는 모분산에 대한 검정이나 범주형자료의 분할표 검정 등에 사용되는 분포로서 통계학에서 매우 빈번하게 사용되는 연속확률분포들 중 하나이다.

1) 카이제곱분포의 확률밀도함수

카이제곱분포

확률변수 X의 확률밀도함수가

$$f(x) = \frac{1}{\Gamma(k/2)2^{k/2}} x^{(k/2)-1} e^{-x/2}, \quad 0 \le x < \infty, \ k = 1, 2, \cdots$$

일 때, 확률변수 X는 '자유도 k인 카이제곱 분포를 따른다'라고 하고, $X \sim \chi^2(k)$로 나타낸다.

위에서 $\Gamma(\ )$는 5장 표본분포에서 t 분포와 F분포의 확률밀도함수에서 사용되었던 감마함수이다. 5장의 t 분포에서와 같이 카이제곱분포도 k만 알면 확률변수 X가 취할 수 있는 모든 양의 실수에 대해서 $f(x)$값을 알 수 있다. 따라서 5장의 t분포에서와 마찬가지로 카이제곱분포의 분포형태도 이 k에 의해 결정되고, 이 k를 자유도라고 한다.

카이제곱분포는 대체로 오른쪽 꼬리가 긴 좌경분포이다. 그러나 자유도가 증가할수록 좌우대칭에 점점 가까워진다.

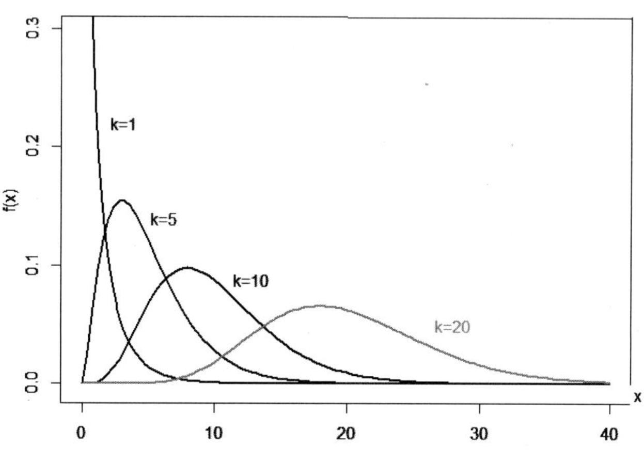

[그림 10.1] 자유도 k인 카이제곱분포

2) 카이제곱분포의 평균과 분산

카이제곱분포의 평균과 분산

$X \sim \chi^2(k)$일 때, X의 평균과 분산은 다음과 같다.

$$E(X) = k, \qquad V(X) = 2k$$

3) 카이제곱분포의 백분위수

카이제곱분포의 백분위수

$X \sim \chi^2(k)$이고, α는 0과 1 사이의 실수라고 하자. 이때

$$P(X > c) = \alpha$$

인 c를 자유도 k인 카이제곱분포의 '상위 $100\alpha\%$ 백분위수'라고 하고, $\chi^2(k,\alpha)$ 또는 $\chi^2_\alpha(k)$로 나타낸다.

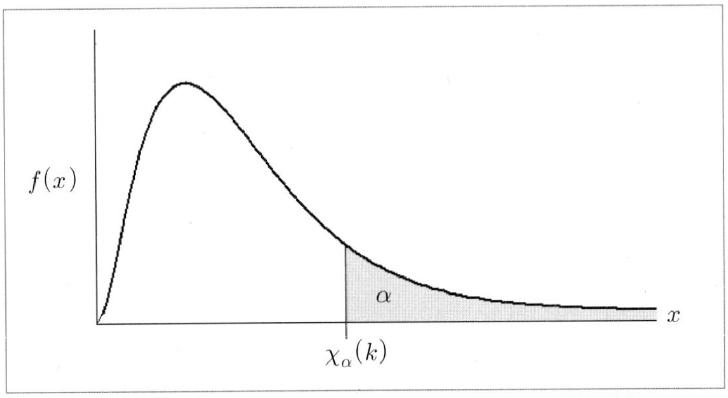

[그림 10.2] 카이제곱분포의 상위 $100\alpha\%$ 백분위수

부록 [표 3]의 카이제곱분포표에는 통계분석에서 자주 사용되는 $\alpha = 0.995, 0.99, 0.975, 0.95, 0.05, 0.025, 0.01, 0.005$에 대한 $\chi^2_\alpha(k)$가 주어져 있다. 카이제곱분포표의 첫 번째 행(가로줄)에는 α, 첫 번째 열(세로줄)에는 자유도 k가 주어져 있고 표

안에 있는 숫자가 $\chi^2_\alpha(k)$이다. 이 표를 사용하는 방법은 부록 [표 2]의 t 분포표(5장 참고)와 동일하다.

예제 1 $X \sim \chi^2(k)$일 때, c 또는 백분위수를 구하라.

① $k=5$일 때 $P(X \geq c) = 0.95$인 c

② $k=7$일 때 $P(X \leq c) = 0.01$인 c

③ $\chi^2_{0.90}(20)$

④ $\chi_{0.05}(15)$

풀이 카이제곱분포표를 이용하는 방법은 t 분포표와 동일하다.

① $X \sim \chi^2(5)$이므로 $P(X \geq c) = 0.95$인 c는 $\chi_{0.95}(5)$이다. 부록 [표 3] 카이제곱분포표에서 $k=5$의 가로줄과 $\alpha = 0.95$의 세로줄이 만나는 지점의 값이 $\chi_{0.95}(5)$이다. 즉 $c = \chi^2_{0.95}(5) = 1.1455$이다.

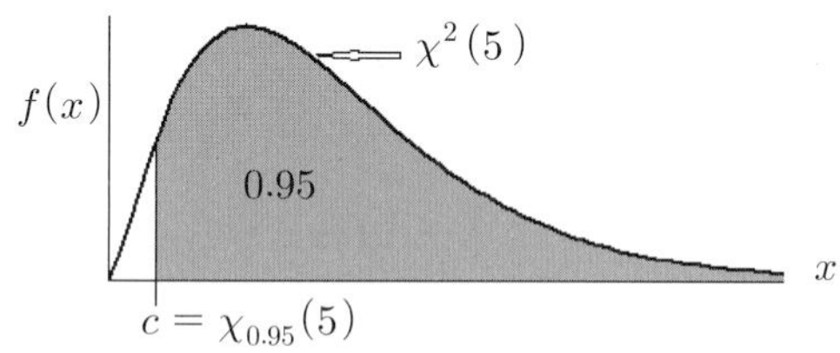

② $c = \chi_{0.99}(7) = 1.2390$

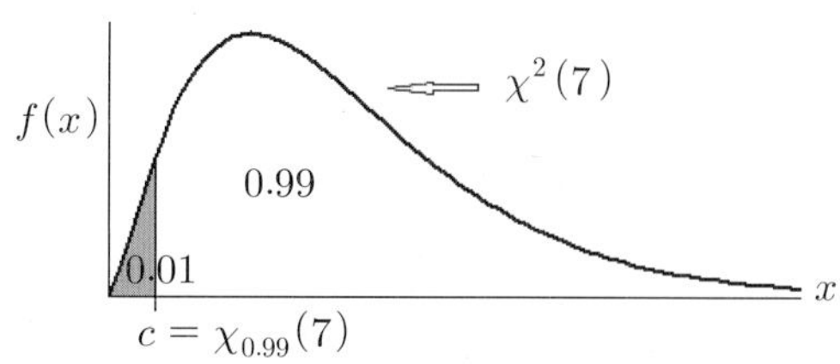

③ $\chi^2_{0.975}(20) = 9.5908$

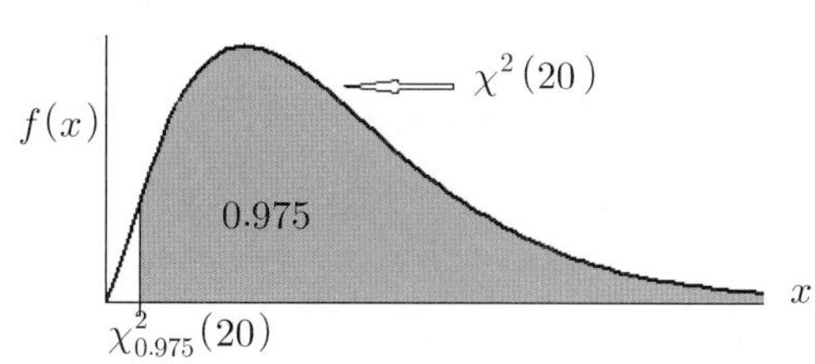

④ $\chi_{0.05}(15) = 24.9958$

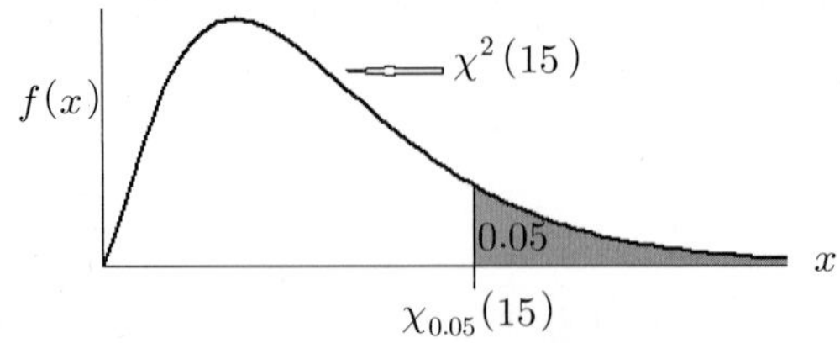

■

4) 카이제곱분포의 가법성

서로 독립인 카이제곱분포를 따르는 확률변수들의 합은 카이제곱분포를 따른다. 이러한 성질을 카이제곱분포의 가법성이라고 한다.

카이제곱분포의 가법성

독립인 두 확률변수 V_1과 V_2가 각각 $V_1 \sim \chi^2(k_1)$와 $V_2 \sim \chi^2(k_2)$일 때

$$V = V_1 + V_2 \sim \chi^2(k_1 + k_2)$$

이다.

이 정리는 카이제곱분포를 따르는 서로 독립인 3개 이상의 확률변수들의 합인 경우로 확장할 수 있다. 이 정리에 대한 수리적 증명은 참고문헌의 수리통계학 서적들을 참고하기로 하고, 아래 예에서 그래프를 통해 카이제곱분포의 가법성을 확인하자.

예 1

확률변수 V_1, V_2, V_3는 서로 독립이고, $V_1 \sim \chi^2(2)$, $V_2 \sim \chi^2(3)$, $V_3 \sim \chi^2(4)$이다. 이때

① $V_1 \sim \chi^2(2)$에서 무작위로 추출한 한 값이 v_1,

② $V_2 \sim \chi^2(3)$에서 무작위로 추출한 한 값이 v_2,

③ $V_3 \sim \chi^2(4)$에서 무작위로 추출한 한 값이 v_3

일 때,

④ 이 (v_1, v_2, v_3)으로부터 $v = v_1 + v_2 + v_3$을 계산한다.

아래 그래프는 ①~④의 과정을 r회 반복한 r개의 v값들을 가지고 히스토그램을 그린 것이

다. 각 히스토그램 위에 $\chi^2(9)$ 의 분포곡선(파란색 곡선)을 함께 그렸다.

왼쪽 그래프는 반복수 $r = 10{,}000$인 경우이고 오른쪽 그래프는 $r = 1{,}000{,}000$ 인 경우이다. v 값들의 히스토그램은 $\chi^2(9)$ 에 매우 근사한다는 것을 확인할 수 있다. $r = 10{,}000$인 경우(왼쪽 그래프)보다 $r = 1{,}000{,}000$ (오른쪽 그래프)인 경우가 $\chi^2(9)$ 에 더 근사함을 확인할 수 있다. 반복수가 $r = \infty$ 이면, $V = V_1 + V_2 + V_3 \sim \chi^2(9)$ 가 될 것이다.

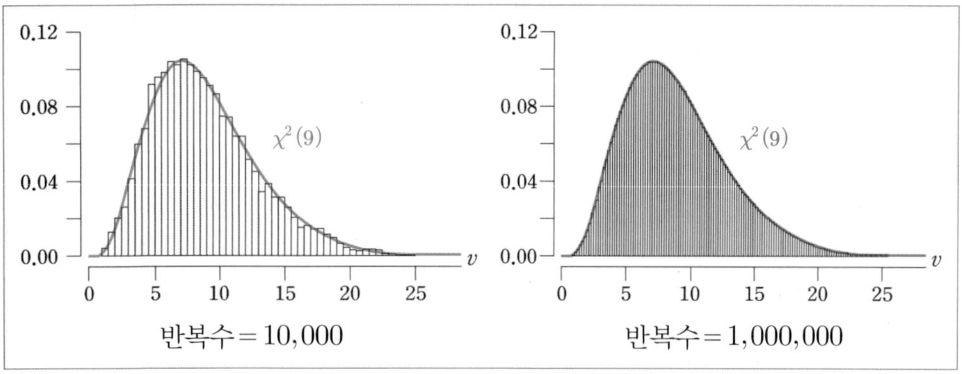

[그림 10.3] 카이제곱분포의 가법성

❑

(2) 다항분포

이 장에서 설명하는 독립성검정과 동일성검정은 범주형자료가 다항분포(multinomial distribution)를 따른다는 가정을 만족할 때 사용할 수 있는 통계적 방법이다. 다항분포는 4.1절에서 설명한 이항분포의 확장이다. 이항분포에서는 매 시행에서 출현 가능한 결과가 오직 두 가지뿐이었으나 다항분포에서는 매 시행에서 출현 가능한 결과가 3가지 이상인 경우이다. 매 시행에서 출현 가능한 결과가 3가지 이상인 시행을 **다항시행**(multinomial trial)이라고 하며, 다항시행의 출현 가능한 결과들은 상호배반이어야 한다.

다항분포

- 매 시행에서 출현 가능한 사상이 $k\ (\geq 3)$ 가지인 다항시행에서 i 번째 사상이 출현할 확률은 p_i 이다($i = 1,2,\cdots,k$). $\left(단,\ \sum_{i=1}^{k} p_i = 1\right)$
- 다항시행을 n 번 독립적으로 실시할 때, i 번째 사상이 출현한 도수를 N_i 라 하자. 이때 확률변수 $N_1, N_2, \cdots, N_k$ 는 모수가 $(n, p_1, p_2, \cdots, p_k)$ 인 다항분포를 따른다고 하고

$$(N_1, N_2, \cdots, N_k) \sim m(n, p_1, p_2, \cdots, p_k)$$

  로 나타낸다.
- $(N_1 = n_1, N_2 = n_2, \cdots, N_k = n_k)$ 일 확률은

$$P(N_1 = n_1, N_2 = n_2, \cdots, N_k = n_k) = \frac{n!}{n_1! n_2! \cdots n_k!} p_1^{n_1} p_2^{n_2} \cdots p_k^{n_k}$$

  이다. 단, $n_1 + n_2 + \cdots + n_k = n$ 이다.

예 2

공정한 주사위를 던지는 실험에서 세 사상 A_1, A_2, A_3 을 다음과 같이 정의하자.

A_1 = 1 의 눈이 나오는 사상 $= \{1\}$

A_2 = 2,3 의 눈이 나오는 사상 $= \{2,\ 3\}$

A_3 = 4,5,6 의 눈이 나오는 사상 $= \{4,\ 5,\ 6\}$

이때 주사위를 던지는 행위는 다항시행이고

$p_1 = P(A_1) = 1/6$

$p_2 = P(A_2) = 2/6 = 1/3$

$p_3 = P(A_3) = 3/6 = 1/2$

이다.

이 주사위를 20 번 던질 때 사상 A_i 가 출현한 횟수를 N_i 라 하면, 확률변수 N_1, N_2, N_3 는 모수가 $(20, 1/6, 1/3, 1/2)$ 인 다항분포를 따르고

$$(N_1, N_2, N_3) \sim m\left(20, \frac{1}{6}, \frac{2}{6}, \frac{3}{6}\right)$$

이다. 또 $(N_1 = n_1, N_2 = n_2, N_3 = n_3)$ 일 확률은

$$P(N_1 = n_1, N_2 = n_2, N_3 = n_3) = \frac{20!}{n_1!\, n_2!\, n_3!}\left(\frac{1}{6}\right)^{n_1}\left(\frac{1}{3}\right)^{n_2}\left(\frac{1}{2}\right)^{n_3}$$

이다. 여기서 $n_1 + n_2 + n_3 = 20$ 이다.

이때 $(N_1 = 3, N_2 = 6, N_3 = 11)$ 일 확률은

$$P(N_1 = 3, N_2 = 6, N_3 = 11) = \frac{20!}{3!\,6!\,11!}\left(\frac{1}{6}\right)^{3}\left(\frac{1}{3}\right)^{6}\left(\frac{1}{2}\right)^{11} \fallingdotseq 0.044$$

이다. ❑

$(N_1, N_2, \cdots, N_k) \sim m(n, p_1, p_2, \cdots, p_k)$ 일 때, 확률변수 N_i 의 분포는 성공 확률이 p_i 인 이항분포를 따른다. 즉 $N_i \sim B(n, p_i)$ 이다.

다항분포의 성질 1.

$(N_1, N_2, \cdots, N_k) \sim m(n, p_1, p_2, \cdots, p_k)$ 일 때, i 번째 사상의 출현 도수를 N_i 라 할 때 $N_i \sim B(n, p_i)$ 이고,

$$\text{평균: } E(N_i) = np_i, \quad \text{분산: } V(N_i) = np_i(1-p_i)$$

이다.

예 3

앞의 [예 2]에서 사상 A_1 이 일어나면 성공, 나머지는 실패라고 하자. 이것은 주사위를 던져 1 의 눈이 나오면 성공이고 나머지는 실패인 경우와 동일하다. 주사위를 20 번 던져 사상 A_1 이 일어난 횟수를 N_1 이라 하면 $N_1 \sim B(20, 1/6)$ 이다. 따라서

$$E(N_1) = 20 \times \left(\frac{1}{6}\right), \quad V(N_1) = 20 \times \left(\frac{1}{6}\right) \times \left(\frac{5}{6}\right)$$

마찬가지로 주사위를 던져 $A_3 = \{4,\ 5,\ 6\}$ 가 일어나면 성공, 아니면 실패라고 하자. 주사위를 20 번 던져서 A_3 가 발생하는 성공 횟수를 N_3 이라고 하면, $N_3 \sim B(20, 1/2)$ 이다. 이와 같이, (N_1, N_2, N_3) 가 동시에 발생할 (N_1, N_2, N_3) 의 결합확률분포는 다항분포이지만, 개별 N_i 의 분포는 이항분포이다. ❑

다항분포의 성질 2.

$(N_1, N_2, \cdots, N_k) \sim m(n, p_1, p_2, \cdots, p_k)$이고 모든 i에 대해서 $np_i \geq 5$일 때($i = 1,2,\cdots,k$)

$$V = \sum_{i=1}^{k} \frac{(N_i - np_i)^2}{np_i} \approx \chi^2(k-1)$$

이다.

이 정리에 대한 수리적 증명은 생략하고 여기서는 다음 두 예를 통해서 그래프로 확인하자.

예 4

앞의 [예 2]에서

$$(N_1, N_2, N_3) \sim m\left(n, \frac{1}{6}, \frac{2}{6}, \frac{3}{6}\right)$$

였다. 이제, 공정한 주사위를 100회 던져($n = 100$),

① 사상 A_1, A_2, A_3가 나타난 도수 $(N_1 = n_1, N_2 = n_2, N_3 = n_3)$를 관찰하고,

② 관찰된 (n_1, n_2, n_3)로부터 $v = \sum_{i=1}^{3}(n_i - np_i)^2/np_i$를 계산하는 과정을 r회 반복하자. $n = 100$일 때, 모든 i에 대해 $np_i \geq 5$이다($i = 1, 2, 3$).

[그림 10.4]는 앞의 ①, ②를 $r = 10{,}000$번 반복하여 얻은 10,000개의 v를 가지고 히스토그램을 그린 것이다. 파란 곡선은 자유도 2인 카이제곱분포 $\chi^2(2)$의 분포곡선이다. v들의 히스토그램이 $\chi^2(2)$에 매우 근사함을 확인할 수 있다. $r = \infty$일 때, $V = \sum_{i=1}^{3}(N_i - np_i)^2/np_i \approx \chi^2(2)$일 것이다.

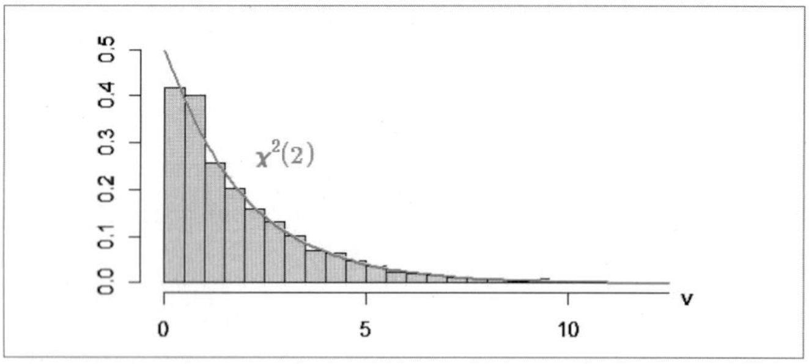

[그림 10.4] 통계량 $V = \sum_{i=1}^{3}(N_i - np_i)^2/np_i$의 $\chi^2(2)$에 근사

❑

예 5

아래 [그림 10.5]는

$$(N_1, N_2, N_3, N_4, N_5) \sim m(n, 0.2, 0.3, 0.2, 0.2, 0.1)$$

인 분포에서 $n = 200$ 일 때

① $(N_1 = n_1, N_2 = n_2, \cdots, N_5 = n_5)$ 을 관찰하고

② 관찰된 $(n_1, n_2, \cdots, n_5)$ 에 대해 $v = \sum_{i=1}^{5}(n_i - np_i)^2/np_i$ 를 계산하는 과정을 $r = 10{,}000$ 회 반복하여 $10{,}000$ 개의 v 들에 대해 히스토그램을 그린 것이다. 파란색 곡선은 자유도 4 인 카이제곱분포이다. $n = 200$ 일 때, 모든 i 에 대해 $np_i \geq 5$ 을 만족한다($i = 1, 2, \cdots, 5$). 앞의 [예 4]에서와 마찬가지로 이 경우에도 v 들의 히스토그램이 $\chi^2(4)$ 에 근사함을 확인할 수 있다. $r = \infty$ 일 때, $V = \sum_{i=1}^{5}(N_i - np_i)^2/np_i \approx \chi^2(4)$ 일 것이다.

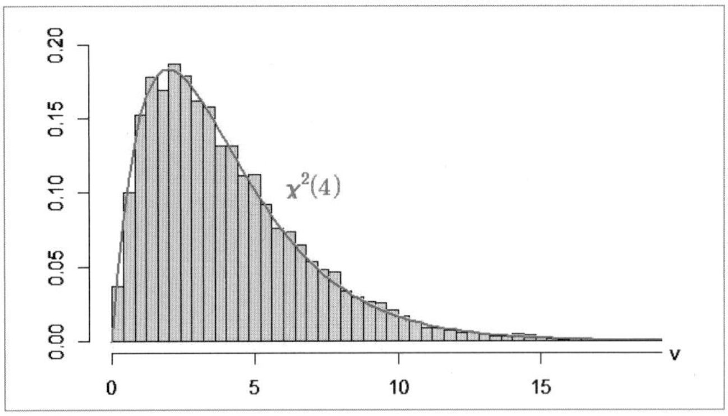

[그림 10.5] 함수 $V = \sum_{i=1}^{5}(N_i - np_i)^2/np_i$ 의 $\chi^2(4)$ 에 근사

❑

10.2 독립성검정

이 절에서는 두 범주형변수가 서로 독립이라고 할 수 있는지를 검정하는 독립성검정(test of independence)을 살펴본다.

(1) 독립성검정의 자료구조

두 확률변수 (X, Y) 는 범주형변수이고,

확률변수 X는 r 개 범주(또는 사상): $A_1, A_2, \cdots, A_r$

확률변수 Y는 c 개 범주(또는 사상): $B_1, B_2, \cdots, B_c$

를 갖는다($r, c \geq 2$). 이때 각 범주들은 서로 겹치지 않는 배반사상이다.

표본크기 n인 자료를 다음 표와 같이 (A_i, B_j)에 속한 도수별로 정리한 표를 **$r \times c$ 분할표**(contingency table)라고 한다.

▌표 10.1 독립성검정의 자료구조

X \ Y	B_1	B_2	$\cdots$	B_j	$\cdots$	B_c	합계
A_1	N_{11}	N_{12}	$\cdots$	N_{1j}	$\cdots$	N_{1c}	$N_{1\cdot}$
A_2	N_{21}	N_{22}	$\cdots$	N_{2j}	$\cdots$	N_{2c}	$N_{2\cdot}$
$\vdots$	$\vdots$	$\vdots$	$\ddots$	$\vdots$	$\ddots$	$\vdots$	$\vdots$
A_i	N_{i1}	N_{i2}	$\cdots$	N_{ij}	$\cdots$	N_{ic}	$N_{i\cdot}$
$\vdots$	$\vdots$	$\vdots$	$\ddots$	$\vdots$	$\ddots$	$\vdots$	$\vdots$
A_r	N_{r1}	N_{r2}	$\cdots$	N_{rj}	$\cdots$	N_{rc}	$N_{r\cdot}$
합계	$N_{\cdot 1}$	$N_{\cdot 2}$	$\cdots$	$N_{\cdot j}$	$\cdots$	$N_{\cdot c}$	n

여기서,

N_{ij} = 범주 A_i 와 B_j에 속하는 표본 자료수

$$N_{i\cdot} = \sum_{j=1}^{c} N_{ij} \text{ = 범주 } A_i\text{에 속하는 표본 자료수}$$

$$N_{\cdot j} = \sum_{i=1}^{r} N_{ij} \text{ = 범주 } B_j\text{에 속하는 표본 자료수}$$

이다. 이때 $N_{ij}, N_{i\cdot}, N_{\cdot j} (i = 1, 2, \cdots, r;\ j = 1, 2, \cdots, c)$는 모두 확률변수이다. 이 자료구조에서 고정된 값은 오직 표본크기 n 뿐이고, 나머지 도수들은 표본이 어떻게 추출되는가에 따라 변하는 확률변수이다. 이 분할표에서 각 (A_i, B_j)를 '셀'이라고 한다.

예를 들어, $r = c = 2$ 일 때 가능한 조합 (A_i, B_j)는 모두 4가지이다. $n = 20$ 일 때 각 조합의 출현횟수가 아래의 왼쪽 표와 같다고 하자. 이 결과를 분할표로 정리한다면 아래의 오른쪽 표가 된다.

X	Y	도수
A_1	B_1	4
A_1	B_2	5
A_2	B_1	8
A_2	B_2	3

⇒

X \ Y	B_1	B_2
A_1	4	5
A_2	8	3

(2) 자료에 대한 가정

독립성검정은 rc개 범주의 도수 $(N_{11}, N_{12}, \cdots, N_{rc})$에 대해 다항분포를 가정한다. 즉

$$(N_{11}, N_{12}, \cdots, N_{rc}) \sim m(n, p_{11}, p_{12}, \cdots, p_{rc})$$

이다. 이때 10.1절의 「다항분포의 성질 2.」에 의해 모든 (i,j)에 대해서 $n\,p_{ij} \geq 5$를 만족하면

$$V = \sum_{i=1}^{r}\sum_{j=1}^{c}\frac{(N_{ij} - np_{ij})^2}{np_{ij}} \approx \chi^2\,(rc-1)$$

이다.

모집단에서 각 범주(셀)에 속할 확률은 [표 10.2]와 같다.

표 10.2 독립성검정에서 모집단의 확률분포

X \ Y	B_1	B_2	$\cdots$	B_j	$\cdots$	B_c	합계
A_1	p_{11}	p_{12}	$\cdots$	p_{1j}	$\cdots$	p_{1c}	$p_{1\cdot}$
A_2	p_{21}	p_{22}	$\cdots$	p_{2j}	$\cdots$	p_{2c}	$p_{2\cdot}$
$\vdots$	$\vdots$	$\vdots$	$\ddots$	$\vdots$	$\ddots$	$\vdots$	$\vdots$
A_i	p_{i1}	p_{i2}	$\cdots$	p_{ij}	$\cdots$	p_{ic}	$p_{i\cdot}$
$\vdots$	$\vdots$	$\vdots$	$\ddots$	$\vdots$	$\ddots$	$\vdots$	$\vdots$
A_r	p_{r1}	p_{r2}	$\cdots$	p_{rj}	$\cdots$	p_{rc}	$p_{r\cdot}$
합계	$p_{\cdot 1}$	$p_{\cdot 2}$	$\cdots$	$p_{\cdot j}$	$\cdots$	$p_{\cdot c}$	1

여기서, 모집단의

$$p_{ij} = \text{범주 } A_i \text{ 와 } B_j\text{에 속할 확률} = P(X = A_i,\, Y = B_j)$$

$$p_{i\cdot} = \sum_{j=1}^{c} p_{ij} = \text{범주 } A_i\text{에 속하는 확률} = P(X = A_i)$$

$$p_{\cdot j} = \sum_{i=1}^{r} p_{ij} = \text{범주 } B_j\text{에 속하는 확률} = P(Y = B_j)$$

이다.

두 변수 (X, Y)가 독립이면, 모든 범주 (i, j)에 대해

$$P(X = A_i,\, Y = B_j) = P(X = A_i) \cdot P(Y = B_j)$$

즉,

$$p_{ij} = p_{i\cdot}\, p_{\cdot j}$$

이다($i = 1, 2, \cdots, r\,;\ j = 1, 2, \cdots, c$)(3.3절 확률변수의 독립 참고).

(3) 독립성검정의 절차

1) 가설

$$\begin{cases} H_0 : p_{ij} = p_{i.}\,p_{.j} \quad (i = 1, \cdots, r\,;\, j = 1, \cdots, c) \\ H_1 : H_0\text{가 참이 아니다.} \end{cases}$$

또는 $\begin{cases} H_0 : X\text{와 } Y\text{는 서로 관련이 없다.} \\ H_1 : X\text{와 } Y\text{는 서로 관련이 있다.} \end{cases}$

또는 $\begin{cases} H_0 : X, Y\text{는 독립이다.} \\ H_1 : X, Y\text{는 종속이다.} \end{cases}$

2) 검정통계량

귀무가설 $H_0 : p_{ij} = p_{i.}\,p_{.j}$이 참이면 모든 (i, j)에 대해 $p_{ij} = p_{i.}\,p_{.j}$이므로 $np_{ij} \geq 5$일 때, 10.1절의 「다항분포의 성질 2.」의 통계량 V에서 np_{ij} 대신 $np_{i.}\,p_{.j}$를 대입하면

$$V = \sum_{i=1}^{r}\sum_{j=1}^{c}\frac{(N_{ij} - np_{i.}\,p_{.j})^2}{np_{i.}\,p_{.j}} \approx \chi^2(rc-1)$$

이 된다. 이 통계량 V는 알려지지 않은 확률 $p_{i.}$ 와 $p_{.j}$을 포함하고 있다. 따라서 이 통계량 V에서 $p_{i.}$ 과 $p_{.j}$ 대신 이 확률들의 추정량을 대입한다.

크기 n인 확률표본에서, 범주 A_i에 속하는 자료수는 $N_{i.}$ 이고 범주 B_j에 속하는 자료수는 $N_{.j}$이므로

$p_{i.}$ 의 추정량은 $\hat{p}_{i.} = \dfrac{N_{i.}}{n}$

$p_{\cdot j}$의 추정량은 $\hat{p}_{\cdot j} = \dfrac{N_{\cdot j}}{n}$

이다. 따라서 $\hat{p}_{i\cdot}$ 와 $\hat{p}_{\cdot j}$을 통계량 V에 대입한 통계량이 독립성검정의 검정통계량이 된다. 이때

$$n\hat{p}_{i\cdot}\hat{p}_{\cdot j} = n\left(\frac{N_{i\cdot}}{n}\right)\left(\frac{N_{\cdot j}}{n}\right) = \frac{N_{i\cdot}N_{\cdot j}}{n}$$

이고, 주로 E_{ij}로 나타낸다.

그러므로 모든 (i,j)에 대해 $n\,p_{ij} \geq 5$일 때, 독립성검정의 검정통계량과 검정통계량의 분포는 다음과 같다.

독립성검정

- 검정통계량: $\chi_0^2 = \displaystyle\sum_{i=1}^{r}\sum_{j=1}^{c}\frac{(N_{ij}-E_{ij})^2}{E_{ij}}$, $\left(\text{단, } E_{ij} = \dfrac{N_{i\cdot}N_{\cdot j}}{n}\right)$
- 귀무가설 $H_0 : p_{ij} = p_{i\cdot}p_{\cdot j}$가 참일 때, 검정통계량의 분포는 다음과 같다.

$$\chi_0^2 \approx \chi^2((r-1)(c-1))$$

독립성검정의 검정통계량 χ_0^2의 분포는 χ_0^2을 계산하는 과정에서 $(r-1)$개의 $\hat{p}_{i\cdot}$과 $(c-1)$개의 $\hat{p}_{\cdot j}$를 추정하여 사용하기 때문에 앞에서 언급한 통계량 V의 자유도 $rc-1$에서 $(r-1)+(c-1)$개의 자유도를 잃는다. 그 결과 독립성검정의 검정통계량 χ_0^2의 자유도는

$$rc-1-\{(r-1)+(c-1)\} = (r-1)(c-1)$$

이 된다. 이때 $\displaystyle\sum_{i=1}^{r}\hat{p}_{i\cdot} = 1$이므로 $(\hat{p}_{1\cdot}, \hat{p}_{2\cdot}, \cdots, \hat{p}_{r\cdot})$ 중에서 $(r-1)$개만 알면 나머지 하나는 저절로 결정된다. 따라서 $(r-1)$개의 $\hat{p}_{i\cdot}$만 추정하면 된다. $\hat{p}_{\cdot j}$의 경우도 마찬가지이다.

3) 기각역

10.1절의 「다항분포의 성질 1.」에 의해, ij번째 셀 도수 N_{ij}의 분포와 평균(기댓값)은

$$N_{ij} \sim B(n, p_{ij})\text{ 이고, } E(N_{ij}) = np_{ij}$$

이다. $H_0 : p_{ij} = p_{i}\,.\,p_{\,.\,j}$가 참일 때, 모든 (i, j)에 대해서 $E(N_{ij}) = np_{i}\,.\,p_{\,.\,j}$이므로 관찰도수와 기대도수의 차인

$$N_{ij} - E(N_{ij}) = N_{ij} - np_{i}\,.\,p_{\,.\,j} \approx 0$$

이 될 것이다. 또 $(p_{i}\,.\,, p_{\,.\,j})$ 대신 추정량을 대입한

$$N_{ij} - E_{ij} = N_{ij} - \frac{N_{i}\,.\,N_{\,.\,j}}{n} \approx 0$$

임을 기대할 수 있다. 여기서 $N_{ij} - E_{ij}$는 검정통계량 χ_0^2에서 분자를 구성하는 값들로 이 값이 작아지면 검정통계량도 작아질 것이다.

그러나 H_0가 참이 아니라면 적어도 한 (i, j)에 대해

$$N_{ij} - E_{ij} = N_{ij} - \frac{N_{i}\,.\,N_{\,.\,j}}{n} \not\approx 0$$

일 것이고, $N_{ij} - E_{ij}$가 0에서 멀어지게 되면 검정통계량 χ_0^2의 값도 커진다. 그러므로 $\chi_0{}^2$이 크면 귀무가설 $H_0 : p_{ij} = p_{i}\,.\,p_{\,.\,j}$을 기각한다. 따라서 기각역은 다음과 같다.

독립성검정의 기각역

유의수준 α에서 H_0의 기각역: $\chi_0^2 \geq \chi_\alpha^2((r-1)(c-1))$

이때 $\chi_\alpha^2((r-1)(c-1))$는 자유도가 $(r-1)(c-1)$인 카이제곱분포의 상위 $100\alpha\%$ 백분위수이다.

예제 2 C대학은 신입생의 합격유형과 대학성적이 서로 관련이 있는지를 확인하기 위해 신입생 200명을 무작위로 추출하여 합격유형과 1학년 성적을 조사하여 다음 결과를 얻었다. 합격유형과 대학 1학년 성적은 서로 관련이 있다고 할 수 있는지를 유의수준 5%에서 검정하라.

합격유형 (X)	1학년 성적(Y)			합계
	상	중	하	
수시	25	40	31	96
가군	18	15	21	54
다군	16	21	13	50
합계	59	76	65	200

풀이

① 가설:

H_0 : 합격유형과 대학 1학년 성적은 서로 관련이 없다.

H_1 : 합격유형과 대학 1학년 성적은 서로 관련이 있다.

② 검정통계량의 계산

위 표본자료에서 각 셀의 기대빈도 $e_{ij} = \dfrac{n_i . n_{.j}}{n}$를 계산하여 정리하면 다음 [표 10.3]과 같다. 예를 들어, $e_{11} = (96 \times 59)/200 = 28.32$이다. 참고로 $(n_i . , n_{.j}, e_{ij})$는 확률변수 $(N_i . , N_{.j}, E_{ij})$의 표본 관찰값이다.

표 10.3 $E_{ij} = N_i . N_{.j}/n$의 표본 관찰값 $e_{ij} = n_i . n_{.j}/n$

합격유형 (X)	1학년말 성적(Y)			합계
	상	중	하	
수시	28.32	36.48	31.20	96.00
가군	15.93	20.52	17.55	54.00
다군	14.75	19.00	16.25	50.00
합계	59.00	76.00	65.00	200.00

9개의 각 셀에 대해 $v_{ij} = \dfrac{(n_{ij} - e_{ij})^2}{e_{ij}}$ 을 계산하여 정리하면 [표 10.4]와 같다. 예를 들면, $v_{11} = \dfrac{(n_{11} - e_{11})^2}{e_{11}} = \dfrac{(25 - 28.32)^2}{28.32} \fallingdotseq 0.389$ 이다.

▎표 10.4 $(N_{ij} - E_{ij})^2/E_{ij}$의 표본 관찰값 $v_{ij} = (n_{ij} - e_{ij})^2/e_{ij}$

합격유형	1학년말 성적(Y)			합계
(X)	상	중	하	
수시	0.389	0.340	0.001	0.730
가군	0.269	1.485	0.678	2.432
다군	0.106	0.211	0.650	0.967
합계	0.764	2.036	1.329	**4.129**

그러므로

$$\chi_0^2 = \sum_{i=1}^{3}\sum_{j=1}^{3} \frac{(n_{ij} - e_{ij})^2}{e_{ij}} \fallingdotseq 4.129 \text{이다.}$$

③ 기각역

$r = c = 3$, $\alpha = 0.05$ 이므로 기각값은 $\chi^2_{0.05}(4) = 9.4877$ 이다. 따라서

H_0의 기각역: $\chi_0^2 \geq 9.4877$

④ 검정결과

관찰된 검정통계량의 값 $\chi_0^2 = 4.129$는 기각역에 포함되지 않으므로 H_0을 기각하지 못한다. 따라서 유의수준 5%에서 입학유형과 1학년 성적은 관계가 있다고 할 수 없다. ■

10.3 동일성검정

하나의 범주형변수가 여러 모집단에서 동시에 측정되었을 때, 그 변수에 대한 여러 모집단들의 분포가 같은지를 검정하는 것을 동일성검정(또는 동질성검정, test of homogeneity)이라고 한다. 이 절에서는 범주형자료의 동일성검정을 살펴보자.

(1) 동일성검정의 자료구조

서로 독립인 k개의 부차모집단 $(P_1, P_2, \cdots, P_k)$으로부터 각각 표본크기가 n_i인 확률표본을 추출한다고 하자($i = 1, 2, \cdots, k\,;\, k \geq 2$). 또, 확률변수 X는 r개의 범주 $(A_1, A_2, \cdots, A_r)$로 구성된 범주형변수라고 하자($r \geq 2$). 이때 각 모집단들과 범주들은 서로 겹치는 부분이 없어야 한다. 아래 분할표는 동일성검정을 위한 자료구조이다.

표 10.5 동일성검정의 자료구조

부차모집단 \ X	A_1	A_2	$\cdots$	A_j	$\cdots$	A_r	합계
P_1	N_{11}	N_{12}	$\cdots$	N_{1j}	$\cdots$	N_{1r}	n_1
P_2	N_{21}	N_{22}	$\cdots$	N_{2j}	$\cdots$	N_{2r}	n_2
$\vdots$	$\vdots$	$\vdots$	$\ddots$	$\vdots$	$\ddots$	$\vdots$	$\vdots$
P_i	N_{i1}	N_{i2}	$\cdots$	N_{ij}	$\cdots$	N_{ir}	n_i
$\vdots$	$\vdots$	$\vdots$	$\ddots$	$\vdots$	$\ddots$	$\vdots$	$\vdots$
P_k	N_{k1}	N_{k2}	$\cdots$	N_{kj}	$\cdots$	N_{kr}	n_k
합계	$N_{\cdot 1}$	$N_{\cdot 2}$	$\cdots$	$N_{\cdot j}$	$\cdots$	$N_{\cdot r}$	n

여기서,

$N_{ij} = i$ 번째 표본에서 범주 A_j에 속하는 표본 자료수

$N_{\cdot j} = \sum_{i=1}^{k} N_{ij} =$ 전체 표본에서 범주 A_j에 속하는 표본 자료수

$n_i = i$ 번째 모집단의 표본크기

이다. 이때 $n_i(i=1,2,\cdots,k)$는 미리 정해진 값으로 상수이고, N_{ij}와 $N_{.j}$들은 확률변수이다($i=1,2,\cdots,k\,;\,j=1,2,\cdots,r$).

(2) 자료에 대한 가정

동일성검정은 각 표본별로 다항분포를 가정한다. 즉, i 번째 모집단 P_i에서 추출된 크기 n_i인 확률표본에 대해

$$(N_{i1}, N_{i2}, \cdots, N_{ir}) \sim m(n_i, p_{i1}, p_{i2}, \cdots, p_{ir})$$

이다($i=1,2,\cdots,k$).

이때 모집단별로 각 범주에 속할 확률은 다음과 같다.

표 10.6 동일성검정에서 모집단의 확률분포

부차모집단 \ X	A_1	A_2	$\cdots$	A_j	$\cdots$	A_r	합계
P_1	p_{11}	p_{12}	$\cdots$	p_{1j}	$\cdots$	p_{1r}	1
P_2	p_{21}	p_{22}	$\cdots$	p_{2j}	$\cdots$	p_{2r}	1
$\vdots$	$\vdots$	$\vdots$	$\ddots$	$\vdots$	$\ddots$	$\vdots$	$\vdots$
P_i	p_{i1}	p_{i2}	$\cdots$	p_{ij}	$\cdots$	p_{ir}	1
$\vdots$	$\vdots$	$\vdots$	$\ddots$	$\vdots$	$\ddots$	$\vdots$	$\vdots$
P_k	p_{k1}	p_{k2}	$\cdots$	p_{kj}	$\cdots$	p_{kr}	1

(3) 동일성검정의 절차

동일성검정의 귀무가설은, 모든 부차모집단에서 각 범주에 속할 확률이 모두 같다는 것이다. 검정절차를 정리하면 다음과 같다.

1) 가설

$$\begin{cases} H_0 : \text{각 범주 } j\text{에 대해 } p_{1j} = p_{2j} = \cdots = p_{kj} (= p_j) \\ H_1 : H_0 \text{가 참이 아니다(적어도 한 부차모집단} P_i \text{에서 } p_{ij} \neq p_j) \end{cases}$$

이 귀무가설을 자세히 풀어쓰면 다음과 같다.

$$\begin{aligned} H_0 : p_{11} &= p_{21} = \cdots = p_{k1} = p_1, \ (\text{범주 } A_1 \text{에 대해}) \\ p_{12} &= p_{22} = \cdots = p_{k2} = p_2, \ (\text{범주 } A_2 \text{에 대해}) \\ &\vdots \qquad\qquad \vdots \\ p_{1j} &= p_{2j} = \cdots = p_{kj} = p_j, \ (\text{범주 } A_j \text{에 대해}) \\ &\vdots \qquad\qquad \vdots \\ p_{1r} &= p_{2r} = \cdots = p_{kr} = p_r \ (\text{범주 } A_r \text{에 대해}) \end{aligned}$$

이 귀무가설을 표로 나타내면 다음과 같다.

표 10.7 동일성검정에서 귀무가설이 참일 때 모집단의 확률분포

부차모집단 \ X	A_1	A_2	$\cdots$	A_j	$\cdots$	A_r
P_1	p_{11}	p_{12}	$\cdots$	p_{1j}	$\cdots$	p_{1r}
	$\Vert$	$\Vert$		$\Vert$		$\Vert$
P_2	p_{21}	p_{22}	$\cdots$	p_{2j}	$\cdots$	p_{2r}
	$\Vert$	$\Vert$		$\Vert$		$\Vert$
$\vdots$	$\vdots$	$\vdots$	$\cdots$	$\vdots$	$\cdots$	$\vdots$
	$\Vert$	$\Vert$		$\Vert$		$\Vert$
P_k	p_{k1}	p_{k2}	$\cdots$	p_{kj}	$\cdots$	p_{kr}
	$\Vert$	$\Vert$		$\Vert$		$\Vert$
	p_1	p_2	$\cdots$	p_j	$\cdots$	p_r

2) 검정통계량

귀무가설 H_0이 참일 때, 모든 부차모집단 P_i에 대해

$$(p_{i1}, p_{i2}, \cdots, p_{ir}) = (p_1, p_2, \cdots, p_r)$$

이므로, i번째 부차모집단 P_i에서 추출한 크기 n_i인 확률표본의 분포는

$$(N_{i1}, N_{i2}, \cdots, N_{ir}) \sim m(n_i, p_1, p_2, \cdots, p_r)$$

이 된다. 따라서 모든 범주 j에 대해 $n_i p_j \geq 5$일 때, 10.1절의 「다항분포의 성질 2.」에 의해

$$V_i = \sum_{j=1}^{r} \frac{(N_{ij} - n_i p_j)^2}{n_i p_j} \approx \chi^2(r-1)$$

이다($i = 1, 2, \cdots, k$).

카이제곱분포의 가법성에 의해

$$V = V_1 + V_2 + \cdots + V_k = \sum_{i=1}^{k} \sum_{j=1}^{r} \frac{(N_{ij} - n_i p_j)^2}{n_i p_j} \approx \chi^2(k(r-1))$$

이다(10.1절 참고). 이 통계량 V는 알려지지 않은 모비율 $p_j(j = 1, 2, \cdots, r)$를 포함하고 있다. 따라서 표본으로부터 p_j를 추정하여 사용한다.

귀무가설 H_0이 참일 때, 모든 부차모집단에서 j번째 범주에 속할 확률은 p_j로 동일하다. 따라서 p_j는 전체 표본크기 $n = \sum n_i$ 중에서 범주 A_j에서 속한 표본자료수를 사용하여 $\hat{p}_j = N_{.j}/n$로 추정한다. 이 추정량 $\hat{p}_j$를 통계량 V에 대입한 결과가 동일성검정의 검정통계량이다. 이때

$$n_i \hat{p}_j = \frac{n_i N_{.j}}{n}$$

이고, 주로 E_{ij}로 나타낸다.

그러므로 모든 (i, j)에 대해 $n_i p_{ij} \geq 5$일 때, 동일성검정의 검정통계량과 검정통

계량의 분포는 다음과 같다.

동일성검정

- 검정통계량: $\chi_0^2 = \sum_{i=1}^{k}\sum_{j=1}^{r}\frac{(N_{ij}-E_{ij})^2}{E_{ij}}$,　$\left(\text{단, } E_{ij} = \frac{n_i N_{.j}}{n}\right)$
- 귀무가설 H_0가 참일 때, 검정통계량의 분포는 다음과 같다.

$$\chi_0^2 \approx \chi^2((k-1)(r-1))$$

동일성검정의 검정통계량 χ_0^2의 분포는, χ_0^2을 계산하는 과정에서, $\hat{p}_1+\hat{p}_2+\cdots+\hat{p}_r = 1$이므로 $(r-1)$개의 $\hat{p}_j = N_{.j}/n$를 추정해서 사용하므로 앞에서 언급한 통계량 V의 자유도 $r(k-1)$에서 $(r-1)$개의 자유도를 잃는다. 그 결과 동일성검정의 검정통계량 χ_0^2의 자유도는

$$k(r-1)-(r-1) = (k-1)(r-1)$$

이 된다.

3) 기각역

10.1절의 「다항분포의 성질 1.」에 의해, ij번째 셀 도수 N_{ij}의 분포와 평균(기댓값)은

$$N_{ij} \sim B(n_i, p_{ij})\text{이고, } E(N_{ij}) = n_i p_{ij}$$

이다. 귀무가설 H_0가 참일 때 $E(N_{ij}) = n_i p_j$이므로, 모든 (i, j)에 대해 관찰도수와 기대도수의 차이

$$N_{ij} - E(N_{ij}) = N_{ij} - n_i p_j \approx 0$$

일 것이고 추정량을 대입한

$$N_{ij} - E_{ij} = N_{ij} - \frac{n_i \, N_{\cdot j}}{n} \approx 0$$

임을 기대할 수 있다. 이때 $N_{ij} - E_{ij}$는 검정통계량의 분자를 구성하는 값들로, 이 값이 작아지면 검정통계량도 작아질 것이다.

그러나 H_0가 참이 아니라면 적어도 한 (i, j)에 대해 $p_{ij} \neq p_j$이고 이때

$$N_{ij} - E(N_{ij}) = N_{ij} - n_i \, p_j \not\approx 0$$

일 것이다. 또 p_j의 추정량을 대입한

$$N_{ij} - E_{ij} = N_{ij} - \frac{n_i \, N_{\cdot j}}{n} \not\approx 0$$

일 것이고, $N_{ij} - E_{ij}$가 0에서 멀어지게 되면 검정통계량 χ_0^2의 값도 커질 것이다. 그러므로 χ_0^2의 값이 크면 귀무가설 H_0를 기각한다. 따라서 기각역은 다음과 같다.

동일성검정의 기각역

유의수준 α에서 H_0의 기각역: $\chi_0^2 \geq \chi_\alpha^2((k-1)(r-1))$

예제 3 A 대학은 재학생의 출신지역별로 학교에 대한 만족의 정도가 다르다고 할 수 있는지를 확인하기 위해 각 출신지역별로 재학생 200명씩을 무작위추출하여 조사한 결과가 다음과 같다. 출신지역별로 재학생들의 만족도가 다르다고 할 수 있는지를 유의수준 1%에서 검정하라.

지역	만족도			합계
	만족	보통	불만족	
가	99	61	40	200
나	56	80	64	200
다	66	75	60	200
합계	221	216	164	600

풀이

① 가설:

H_0 : 출신지역과 상관없이 재학생의 학교에 대한 만족도는 동일하다.

H_1 : 출신지역별로 재학생의 학교에 대한 만족도는 다르다.

② 검정통계량의 계산

위 표본자료에서 각 셀의 기대빈도 $e_{ij} = \dfrac{n_i\, n_{\cdot j}}{n}$ 를 계산하여 정리하면 다음 [표 10.8]과 같다. 여기서 $(n_{\cdot j}, e_{ij})$는 확률변수 $(N_{\cdot j}, E_{ij})$의 표본 관찰값이다. 예제에 주어진 표에서 $n_{\cdot 1} = 221$ 이고, $n_{\cdot 2} = 216$ 이므로

$$e_{11} = \frac{n_1\, n_{\cdot 1}}{n} = \frac{200 \times 221}{600} \fallingdotseq 73.67$$

$$e_{12} = \frac{n_1\, n_{\cdot 2}}{n} = \frac{200 \times 216}{600} \fallingdotseq 72.00$$

이다.

표 10.8 $E_{ij} = n_i N_{\cdot j} / n$ 의 표본 관찰값 $e_{ij} = n_i\, n_{\cdot j} / n$

지역	만족도			합계
	만족	보통	불만족	
가	73.67	72.00	54.67	200.34
나	73.67	72.00	54.67	200.34
다	73.67	72.00	54.67	200.34
합계	221.01	216.00	164.01	601.02

[표 10.9]는 각 셀별로 $v_{ij} = (n_{ij} - e_{ij})^2 / e_{ij}$ 을 계산한 결과이다. 여기서 e_{ij} 는 [표 10.8]에 제시된 값이다. 예를 들면, [표 10.8]에서 $e_{11} = 73.67$ 이므로

$$v_{11} = \frac{(n_{11} - e_{11})^2}{e_{11}} = \frac{(99 - 73.67)^2}{73.67} \fallingdotseq 8.71$$

이다.

표 10.9 $(N_{ij}-E_{ij})^2/E_{ij}$의 표본 관찰값 $v_{ij}=(n_{ij}-e_{ij})^2/e_{ij}$

지역	만족도			합계
	만족	보통	불만족	
가	8.71	1.68	3.94	14.33
나	4.24	0.89	1.59	6.72
다	0.80	0.13	0.52	1.45
합계	13.75	2.70	6.05	22.50

그러므로

$$\chi_0^2 = \sum_{i=1}^{3}\sum_{j=1}^{3}\frac{(n_{ij}-e_{ij})^2}{e_{ij}} = \sum_{i=1}^{3}\sum_{j=1}^{3} v_{ij} \fallingdotseq 22.50 \text{ 이다.}$$

③ 기각역

$r=c=3$ 이고, $\alpha=0.01$ 이므로 기각값은 $\chi^2_{0.01}(4)=13.2767$ 이다. 따라서

H_0 의 기각역: $\chi_0^2 \geq 13.2767$

④ 검정결과

관찰된 검정통계량의 값 $\chi_0^2=22.50$ 은 기각역에 포함되므로 H_0 을 기각한다. 따라서 유의수준 1%에서 출신지역별로 재학생의 학교에 대한 만족도는 다르다고 할 수 있다. ■

10.4 기타 논의

(1) 독립성검정과 동일성검정의 관계

앞에서 설명한 독립성검정과 동일성검정은

① 검정통계량, 귀무가설 H_0 이 참일 때 검정통계량이 분포, 기각역이 모두 같다.

② 그러나 앞에서 설명한 바와 같이 검정을 위한 자료구조와 가설은 다르다. 즉, 독립성검정은 전체 표본크기 n만 고정되어 있고, 모든 (i, j)에 대해 $(N_{ij}, N_{i.}, N_{.j})$들은 확률변수이다. 반면에 동일성검정은 각 모집단별로 표본크기 n_i가 고정되어 있고, $(N_{ij}, N_{.j})$들만 확률변수이다.

(2) 소표본일 때의 분할표 검정

이 장에서 소개한 독립성검정과 동일성검정은 표본크기가 충분히 커서 모든 셀(범주(A_i, B_j))의 기대도수들이 $n\,p_{ij} \geq 5$ 또는 $n_i\,p_{ij} \geq 5$의 조건을 만족할 때 사용할 수 있는 분할표 검정방법이다. 이때 p_{ij}를 알지 못하므로 $\hat{p}_{ij}$을 사용한다. 따라서 독립성검정과 동일성검정에 대해 동일하게, 모든 (i, j)에 대해서

$$E_{ij} = \frac{(i\text{번째 행의 합}) \times (j\text{번째 열의 합})}{\text{전체 표본크기}} \geq 5$$

임을 확인한다. 모든 셀이 이 조건을 만족하면 이 장에서 설명한 독립성검정 또는 동일성검정을 사용할 수 있다.

그러나 이 조건을 만족하지 못할 때는 가설검정의 정확도가 떨어진다. 그러므로 표본크기가 크다면 인접한 범주들을 병합하여 새로운 범주를 만들어 이 조건을 만족하게 한 후 가설검정을 실시하면 된다.

한편, 표본크기가 작아서 인접한 범주들을 병합한 후에도 이 조건을 만족하지 못하는 경우에는 그 때는 피셔의 정확검정(Fisher's exact test)과 같은 비모수적 검정을 사용한다. 피셔의 정확검정은 참고문헌의 비모수적 검정 관련 문헌을 참고하기 바란다.

마지막으로 이 장에서 기술된 수식들을 다 암기할 필요까지는 없으나 가능하면 이해하는 것이 좋다. 또한, 정확한 분석을 위해서는 자료의 기본가정이나 결과의 해석방법들을 숙지할 것을 추천한다.

연습문제

1. 한 대학교 부근의 오래된 A 중국집은 짜장면, 짬뽕, 볶음밥 세 가지 메뉴를 제공한다. A 중국집은 경험을 통해, 방문한 손님들 중 50%는 짜장면, 30%는 짬뽕, 20%는 볶음밥을 주문하는 것을 알고 있다. 이 중국집을 방문한 10명의 단체손님 중에서

N_1 = 짜장면을 주문한 손님의 수

N_2 = 짬뽕을 주문한 손님의 수

N_3 = 볶음밥을 주문한 손님의 수

라고 하자.

① (N_1, N_2, N_3)의 분포를 제시하라.

② $(N_1 = 5, N_2 = 3, N_3 = 2)$일 확률을 구하라.

③ N_1의 분포를 쓰고, N_1의 평균과 분산을 구하라.

2. 다음은 20세 이상 남 · 여 1000명의 연령대별 음주빈도를 조사하여 정리한 결과이다. 연령과 음주빈도의 관련성이 있는지를 검정하려고 한다.

연령대 \ 음주 빈도	전혀 없음	월1회 이하	월2-4회	주2-3회	주4회 이상	합계
20 ~ 30대	32	101	109	63	19	324
40 ~ 50대	56	117	100	79	34	386
60대 이상	87	85	50	36	32	290
합계	175	303	259	178	85	1000

① 귀무가설과 대립가설을 제시하라.

② 유의수준 1%에서 가설검정을 실시하라.

3. C 대학에서 신입생 남 · 여 각 100 명씩을 대상으로 본인의 전공학과 결정에 가장 중요한 역할을 한 사람을 조사한 결과가 다음과 같다. 성별에 따라 전공학과 결정에 가장 중요한 역할을 한 사람의 분포가 다르다고 할 수 있는지를 검정하려고 한다.

	본인	가족	선생님	기타	합계
남학생	42	40	10	8	100
여학생	30	55	10	5	100

① 귀무가설과 대립가설을 제시하라.

② 유의수준 5%에서 가설검정을 실시하라.

참고문헌

1. 권성훈, 김상익, 김형문, 서한손, 안병진, 여성칠, 유규상 (2005). 통계학의 이해와 응용 (개정판), 민영사.
2. 김영원, 류제복, 박진우, 홍기학 (2006). 표본조사의 이해와 활용(제6판), 도서출판 영.
3. 김우철 (2012). 수리통계학, 민영사.
4. 김우철, 김재주, 박병욱, 박성현, 송문섭, 이상열, 이영조, 전종우, 조신섭 (2007). (제4개정판) 현대통계학, 영지문화사.
5. 류귀열, 박일렬, 최승두 (2007). 앤더슨 통계학, 한올출판사.
6. 박미경 (2013). 수학콘서트 플러스, 동아시아.
7. 박성현 (2002). 현대실험계획법, 민영사.
8. 박성현 (2003). 회귀분석(제3판), 민영사.
9. 보건복지부와 질병관리본부 (2016). 건강행태 및 만성질환 통계.
10. 신현호 (2013). 빅데이터를 지배하는 통계의 힘, 비젼코리아.
11. 오승재 (1995). 수학의 천재들, 경문사.
12. 이계오, 박진우, 이기재 (2013). 표본조사론(개정판), 한국방송통신대학교출판문화부.
13. 이명석 (2012). 논다는 것, 너머학교, 서울.
14. 이사빈, 이제학, 이민희 (2010). 죽기 전에 꼭 알아야 할 세상을 바꾼 발명품 1001, 마로니에북스, 서울.
15. 이우영, 신항균, 이홍결 (1996). 수학의 황제 가우스, 경문사.
16. 이재창. 이용구 (2000). 수리통계학개론(제5판), 경문사.
17. 장덕준, 허순영 (2008). 통계학의 이해와 활용, 창원대학교 출판부.
18. 장은진, 이재만, 고정환, 차영준 (2018). (R을 이용한) 정보통계학개론, 자유아카데미.
19. 조재근 (2005). 통계학의 역사, 한길사.
20. 톰슨성경 편찬위원회 (1990). 톰슨 II 주석성경, 기독지혜사.
21. 차영준, 송재기, 김달호, 이재만, 이우동, 김종태, 조장식, 강상길 (2004). 비모수통계학(개정판), 자유아카데미.
22. 한국데이터진흥원 (2016). (개정판) 데이터 분석 전문가 가이드, 동강프린텍.
23. 허민 (1995). 수학: 새로운 황금 시대, 경문사.

24. 허명회, 문승호 (1980). 탐색적 자료분석, 자유아카데미.
25. 허명회 (2011). R을 활용한 탐색적 자료분석, 자유아카데미.
26. Bax, J. F. (1980). R.A. Fisher and the Design of Experiment, 1922–1926, The American Statistician, 1980, Vol. 34 (1), 1–7.
27. Casella, G. and Berger, B. L. (1990). Statistical Inference, Brooks/Cole, California.
28. Conover, W. J. (1980). Practical Nonparametric Statistics(2nd ed.), Wiley, New York.
29. Derman, C. Gleser, L. J. and Olkin, I. (1973). A Guide to Probability Theory and Application, New York.
30. Feller, W. (1957). An Introduction to Proability Theory and Its Applications, Vol. 1(3rd ed.), John Wiley & Sons, New York.
31. Freedman, D., Pisani, R. and Purves, R. (1998). Statistics(3rd ed.), Norton & Company, Inc., New York.
32. Freund, J. E. (1992). Mathematical Statistics(5th ed.), Prentice–Hall International, Inc., New Jersey.
33. Freund, J. E. and Walpole, R. E. (1980). Mathematical Statistics(3rd ed.), Prentice–Hall International, New Jersey.
34. Gonick, L., and Smith, W. (1993). The Cartoon Guide to Staitistics, HarperPerennial, U.S.A.
35. Gosset, W. S. (필명: Student) (1908). The Probable Error of a Mean. Biometrika, Vol. 6 (1), 1–25.
36. Guenther, W. C. (1968). Concepts of Probability, McGraw–Hill, Inc.
37. Hocking, R. R. (1983). Developments in Linear Regression, Technometrics, 25(3), 219–244.
38. http://it.chosun.com/site/data/html_dir/2018/04/10/2018041085018.html
39. https://www.biography.com/people/jonas–salk–9470147
40. Neter, J., Wasserman, W. and Kutner, M. H. (1985). Applied Linear Statistical Model, Richard D. Irwin, Inc..
41. Pfanzagl, J. and Sheynin, O. (1996). Studies in the history of probability and statistics XLIV. A forerunner of the t–distribution, Biometrika, Vol.

83 (4), 891 - 898.

42. Stigler, S. M. (1999). Statistics on the Table: The History and Statistical Concepts and Methods, Harvard University Press, London.
43. The economist (2010.2). The data deluge, United Kingdom.
44. Tijms, H. (2007). Understanding Probability(2nd ed.), Cambridge Press.
45. Tukey, J. W. (1977). Exploratory Data Analysis, Addison-Wesley publishing company, Inc.
46. 위키피디아. t 분포, 윌리엄 고셋.

부 록

표 1. 표준정규분포표

표 2. t분포표

표 3. 카이제곱분포표

표 4. F분포표

부록

▌표 1. 표준정규분포표

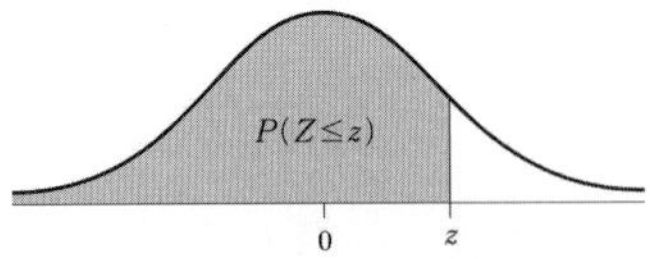

* 표 안의 숫자는 z보다 작거나 같은 확률을 나타낸다.

z	0.00	0.01	0.02	0.03	0.04	0.05	0.06	0.07	0.08	0.09
0.0	0.5000	0.5040	0.5080	0.5120	0.5160	0.5199	0.5239	0.5279	0.5319	0.5359
0.1	0.5398	0.5438	0.5478	0.5517	0.5557	0.5596	0.5636	0.5675	0.5714	0.5753
0.2	0.5793	0.5832	0.5871	0.5910	0.5948	0.5987	0.6026	0.6064	0.6103	0.6141
0.3	0.6179	0.6217	0.6255	0.6293	0.6331	0.6368	0.6406	0.6443	0.6480	0.6517
0.4	0.6554	0.6591	0.6628	0.6664	0.6700	0.6736	0.6772	0.6808	0.6844	0.6879
0.5	0.6915	0.6950	0.6985	0.7019	0.7054	0.7088	0.7123	0.7157	0.7190	0.7224
0.6	0.7257	0.7291	0.7324	0.7357	0.7389	0.7422	0.7454	0.7486	0.7517	0.7549
0.7	0.7580	0.7611	0.7642	0.7673	0.7704	0.7734	0.7764	0.7794	0.7823	0.7852
0.8	0.7881	0.7910	0.7939	0.7967	0.7995	0.8023	0.8051	0.8078	0.8106	0.8133
0.9	0.8159	0.8186	0.8212	0.8238	0.8264	0.8289	0.8315	0.8340	0.8365	0.8389
1.0	0.8413	0.8438	0.8461	0.8485	0.8508	0.8531	0.8554	0.8577	0.8599	0.8621
1.1	0.8643	0.8665	0.8686	0.8708	0.8729	0.8749	0.8770	0.8790	0.8810	0.8830
1.2	0.8849	0.8869	0.8888	0.8907	0.8925	0.8944	0.8962	0.8980	0.8997	0.9015
1.3	0.9032	0.9049	0.9066	0.9082	0.9099	0.9115	0.9131	0.9147	0.9162	0.9177
1.4	0.9192	0.9207	0.9222	0.9236	0.9251	0.9265	0.9279	0.9292	0.9306	0.9319
1.5	0.9332	0.9345	0.9357	0.9370	0.9382	0.9394	0.9406	0.9418	0.9429	0.9441
1.6	0.9452	0.9463	0.9474	0.9484	0.9495	0.9505	0.9515	0.9525	0.9535	0.9545
1.7	0.9554	0.9564	0.9573	0.9582	0.9591	0.9599	0.9608	0.9616	0.9625	0.9633
1.8	0.9641	0.9649	0.9656	0.9664	0.9671	0.9678	0.9686	0.9693	0.9699	0.9706
1.9	0.9713	0.9719	0.9726	0.9732	0.9738	0.9744	0.9750	0.9756	0.9761	0.9767
2.0	0.9772	0.9778	0.9783	0.9788	0.9793	0.9798	0.9803	0.9808	0.9812	0.9817
2.1	0.9821	0.9826	0.9830	0.9834	0.9838	0.9842	0.9846	0.9850	0.9854	0.9857
2.2	0.9861	0.9864	0.9868	0.9871	0.9875	0.9878	0.9881	0.9884	0.9887	0.9890
2.3	0.9893	0.9896	0.9898	0.9901	0.9904	0.9906	0.9909	0.9911	0.9913	0.9916
2.4	0.9918	0.9920	0.9922	0.9925	0.9927	0.9929	0.9931	0.9932	0.9934	0.9936
2.5	0.9938	0.9940	0.9941	0.9943	0.9945	0.9946	0.9948	0.9949	0.9951	0.9952
2.6	0.9953	0.9955	0.9956	0.9957	0.9959	0.9960	0.9961	0.9962	0.9963	0.9964
2.7	0.9965	0.9966	0.9967	0.9968	0.9969	0.9970	0.9971	0.9972	0.9973	0.9974
2.8	0.9974	0.9975	0.9976	0.9977	0.9977	0.9978	0.9979	0.9979	0.9980	0.9981
2.9	0.9981	0.9982	0.9982	0.9983	0.9984	0.9984	0.9985	0.9985	0.9986	0.9986
3.0	0.9987	0.9987	0.9987	0.9988	0.9988	0.9989	0.9989	0.9989	0.9990	0.9990
3.1	0.9990	0.9991	0.9991	0.9991	0.9992	0.9992	0.9992	0.9992	0.9993	0.9993
3.2	0.9993	0.9993	0.9994	0.9994	0.9994	0.9994	0.9994	0.9995	0.9995	0.9995
3.3	0.9995	0.9995	0.9995	0.9996	0.9996	0.9996	0.9996	0.9996	0.9996	0.9997
3.4	0.9997	0.9997	0.9997	0.9997	0.9997	0.9997	0.9997	0.9997	0.9997	0.9998
3.5	0.9998	0.9998	0.9998	0.9998	0.9998	0.9998	0.9998	0.9998	0.9998	0.9998

▌표 2. t 분포표

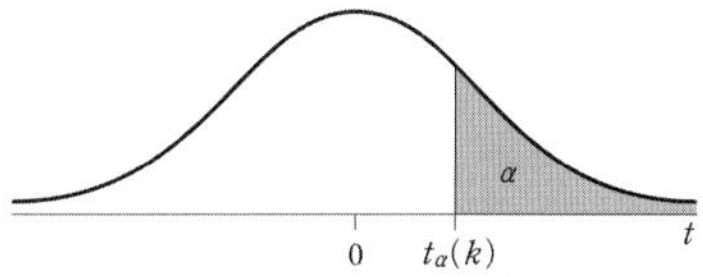

* 표 안의 숫자는 주어진 α값에 대한 $t_\alpha(k)$의 값을 나타낸다.

자유도(k)	α					
	0.25	0.1	0.05	0.025	0.01	0.005
1	1.000	3.078	6.314	12.706	31.821	63.657
2	0.816	1.886	2.920	4.303	6.965	9.925
3	0.765	1.638	2.353	3.182	4.541	5.841
4	0.741	1.533	2.132	2.776	3.747	4.604
5	0.727	1.476	2.015	2.571	3.365	4.032
6	0.718	1.440	1.943	2.447	3.143	3.707
7	0.711	1.415	1.895	2.365	2.998	3.499
8	0.706	1.397	1.860	2.306	2.896	3.355
9	0.703	1.383	1.833	2.262	2.821	3.250
10	0.700	1.372	1.812	2.228	2.764	3.169
11	0.697	1.363	1.796	2.201	2.718	3.106
12	0.695	1.356	1.782	2.179	2.681	3.055
13	0.694	1.350	1.771	2.160	2.650	3.012
14	0.692	1.345	1.761	2.145	2.624	2.977
15	0.691	1.341	1.753	2.131	2.602	2.947
16	0.690	1.337	1.746	2.120	2.583	2.921
17	0.689	1.333	1.740	2.110	2.567	2.898
18	0.688	1.330	1.734	2.101	2.552	2.878
19	0.688	1.328	1.729	2.093	2.539	2.861
20	0.687	1.325	1.725	2.086	2.528	2.845
21	0.686	1.323	1.721	2.080	2.518	2.831
22	0.686	1.321	1.717	2.074	2.508	2.819
23	0.685	1.319	1.714	2.069	2.500	2.807
24	0.685	1.318	1.711	2.064	2.492	2.797
25	0.684	1.316	1.708	2.060	2.485	2.787
26	0.684	1.315	1.706	2.056	2.479	2.779
27	0.684	1.314	1.703	2.052	2.473	2.771
28	0.683	1.313	1.701	2.048	2.467	2.763
29	0.683	1.311	1.699	2.045	2.462	2.756
30	0.683	1.310	1.697	2.042	2.457	2.750
40	0.681	1.303	1.684	2.021	2.423	2.704
60	0.679	1.296	1.671	2.000	2.390	2.660
120	0.677	1.289	1.658	1.980	2.358	2.617
∞	0.674	1.282	1.645	1.960	2.326	2.576

▌표 3. 카이제곱분포표

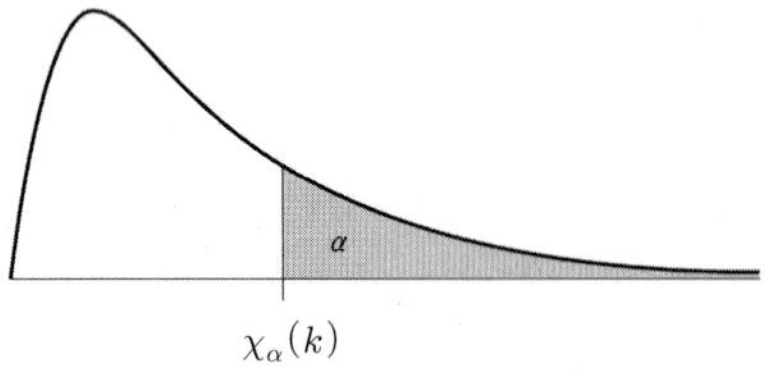

* 표 안의 숫자는 주어진 α값에 대한 $\chi_\alpha(k)$의 값을 나타낸다.

자유도(k)	α							
	0.995	0.99	0.975	0.95	0.05	0.025	0.01	0.005
1	0.0000	0.0002	0.0010	0.0039	3.8415	5.0239	6.6349	7.8794
2	0.0100	0.0201	0.0506	0.1026	5.9915	7.3778	9.2103	10.5966
3	0.0717	0.1148	0.2158	0.3518	7.8147	9.3484	11.3449	12.8382
4	0.2070	0.2971	0.4844	0.7107	9.4877	11.1433	13.2767	14.8603
5	0.4117	0.5543	0.8312	1.1455	11.0705	12.8325	15.0863	16.7496
6	0.6757	0.8721	1.2373	1.6354	12.5916	14.4494	16.8119	18.5476
7	0.9893	1.2390	1.6899	2.1673	14.0671	16.0128	18.4753	20.2777
8	1.3444	1.6465	2.1797	2.7326	15.5073	17.5345	20.0902	21.9550
9	1.7349	2.0879	2.7004	3.3251	16.9190	19.0228	21.6660	23.5894
10	2.1559	2.5582	3.2470	3.9403	18.3070	20.4832	23.2093	25.1882
11	2.6032	3.0535	3.8157	4.5748	19.6751	21.9200	24.7250	26.7568
12	3.0738	3.5706	4.4038	5.2260	21.0261	23.3367	26.2170	28.2995
13	3.5650	4.1069	5.0088	5.8919	22.3620	24.7356	27.6882	29.8195
14	4.0747	4.6604	5.6287	6.5706	23.6848	26.1189	29.1412	31.3193
15	4.6009	5.2293	6.2621	7.2609	24.9958	27.4884	30.5779	32.8013
16	5.1422	5.8122	6.9077	7.9616	26.2962	28.8454	31.9999	34.2672
17	5.6972	6.4078	7.5642	8.6718	27.5871	30.1910	33.4087	35.7185
18	6.2648	7.0149	8.2307	9.3905	28.8693	31.5264	34.8053	37.1565
19	6.8440	7.6327	8.9065	10.1170	30.1435	32.8523	36.1909	38.5823
20	7.4338	8.2604	9.5908	10.8508	31.4104	34.1696	37.5662	39.9968
21	8.0337	8.8972	10.2829	11.5913	32.6706	35.4789	38.9322	41.4011
22	8.6427	9.5425	10.9823	12.3380	33.9244	36.7807	40.2894	42.7957
23	9.2604	10.1957	11.6886	13.0905	35.1725	38.0756	41.6384	44.1813
24	9.8862	10.8564	12.4012	13.8484	36.4150	39.3641	42.9798	45.5585
25	10.5197	11.5240	13.1197	14.6114	37.6525	40.6465	44.3141	46.9279
26	11.1602	12.1981	13.8439	15.3792	38.8851	41.9232	45.6417	48.2899
27	11.8076	12.8785	14.5734	16.1514	40.1133	43.1945	46.9629	49.6449
28	12.4613	13.5647	15.3079	16.9279	41.3371	44.4608	48.2782	50.9934
29	13.1211	14.2565	16.0471	17.7084	42.5570	45.7223	49.5879	52.3356
30	13.7867	14.9535	16.7908	18.4927	43.7730	46.9792	50.8922	53.6720
40	20.7065	22.1643	24.4330	26.5093	55.7585	59.3417	63.6907	66.7660
50	27.9907	29.7067	32.3574	34.7643	67.5048	71.4202	76.1539	79.4900
60	35.5345	37.4849	40.4817	43.1880	79.0819	83.2977	88.3794	91.9517
100	67.3276	70.0649	74.2219	77.9295	124.3421	129.5612	135.8067	140.1695

▌표 4. F 분포표

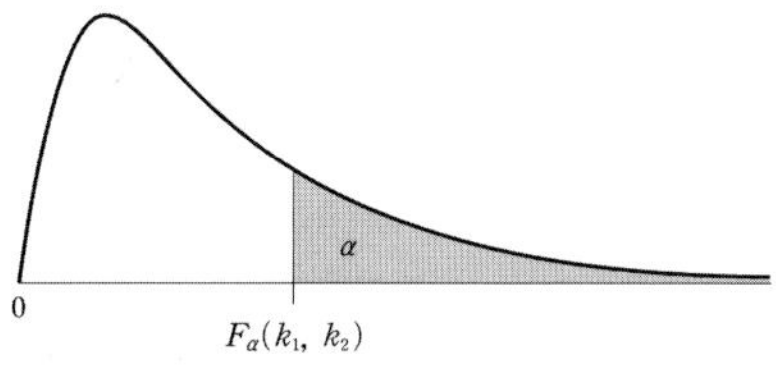

$\alpha=0.10$

* 표 안의 숫자는 주어진 α값에 대한 $F_\alpha(k_1,\ k_2)$의 값을 나타낸다.

k_2 \ k_1	1	2	3	4	5	6	7	8	9	10	15	20	25	30	50	100
1	39.86	49.50	53.59	55.83	57.24	58.20	58.91	59.44	59.86	60.19	61.22	61.74	62.05	62.26	62.69	63.01
2	8.53	9.00	9.16	9.24	9.29	9.33	9.35	9.37	9.38	9.39	9.42	9.44	9.45	9.46	9.47	9.48
3	5.54	5.46	5.39	5.34	5.31	5.28	5.27	5.25	5.24	5.23	5.20	5.18	5.17	5.17	5.15	5.14
4	4.54	4.32	4.19	4.11	4.05	4.01	3.98	3.95	3.94	3.92	3.87	3.84	3.83	3.82	3.80	3.78
5	4.06	3.78	3.62	3.52	3.45	3.40	3.37	3.34	3.32	3.30	3.24	3.21	3.19	3.17	3.15	3.13
6	3.78	3.46	3.29	3.18	3.11	3.05	3.01	2.98	2.96	2.94	2.87	2.84	2.81	2.80	2.77	2.75
7	3.59	3.26	3.07	2.96	2.88	2.83	2.78	2.75	2.72	2.70	2.63	2.59	2.57	2.56	2.52	2.50
8	3.46	3.11	2.92	2.81	2.73	2.67	2.62	2.59	2.56	2.54	2.46	2.42	2.40	2.38	2.35	2.32
9	3.36	3.01	2.81	2.69	2.61	2.55	2.51	2.47	2.44	2.42	2.34	2.30	2.27	2.25	2.22	2.19
10	3.29	2.92	2.73	2.61	2.52	2.46	2.41	2.38	2.35	2.32	2.24	2.20	2.17	2.16	2.12	2.09
11	3.23	2.86	2.66	2.54	2.45	2.39	2.34	2.30	2.27	2.25	2.17	2.12	2.10	2.08	2.04	2.01
12	3.18	2.81	2.61	2.48	2.39	2.33	2.28	2.24	2.21	2.19	2.10	2.06	2.03	2.01	1.97	1.94
13	3.14	2.76	2.56	2.43	2.35	2.28	2.23	2.20	2.16	2.14	2.05	2.01	1.98	1.96	1.92	1.88
14	3.10	2.73	2.52	2.39	2.31	2.24	2.19	2.15	2.12	2.10	2.01	1.96	1.93	1.91	1.87	1.83
15	3.07	2.70	2.49	2.36	2.27	2.21	2.16	2.12	2.09	2.06	1.97	1.92	1.89	1.87	1.83	1.79
16	3.05	2.67	2.46	2.33	2.24	2.18	2.13	2.09	2.06	2.03	1.94	1.89	1.86	1.84	1.79	1.76
17	3.03	2.64	2.44	2.31	2.22	2.15	2.10	2.06	2.03	2.00	1.91	1.86	1.83	1.81	1.76	1.73
18	3.01	2.62	2.42	2.29	2.20	2.13	2.08	2.04	2.00	1.98	1.89	1.84	1.80	1.78	1.74	1.70
19	2.99	2.61	2.40	2.27	2.18	2.11	2.06	2.02	1.98	1.96	1.86	1.81	1.78	1.76	1.71	1.67
20	2.97	2.59	2.38	2.25	2.16	2.09	2.04	2.00	1.96	1.94	1.84	1.79	1.76	1.74	1.69	1.65
21	2.96	2.57	2.36	2.23	2.14	2.08	2.02	1.98	1.95	1.92	1.83	1.78	1.74	1.72	1.67	1.63
22	2.95	2.56	2.35	2.22	2.13	2.06	2.01	1.97	1.93	1.90	1.81	1.76	1.73	1.70	1.65	1.61
23	2.94	2.55	2.34	2.21	2.11	2.05	1.99	1.95	1.92	1.89	1.80	1.74	1.71	1.69	1.64	1.59
24	2.93	2.54	2.33	2.19	2.10	2.04	1.98	1.94	1.91	1.88	1.78	1.73	1.70	1.67	1.62	1.58
25	2.92	2.53	2.32	2.18	2.09	2.02	1.97	1.93	1.89	1.87	1.77	1.72	1.68	1.66	1.61	1.56
26	2.91	2.52	2.31	2.17	2.08	2.01	1.96	1.92	1.88	1.86	1.76	1.71	1.67	1.65	1.59	1.55
27	2.90	2.51	2.30	2.17	2.07	2.00	1.95	1.91	1.87	1.85	1.75	1.70	1.66	1.64	1.58	1.54
28	2.89	2.50	2.29	2.16	2.06	2.00	1.94	1.90	1.87	1.84	1.74	1.69	1.65	1.63	1.57	1.53
29	2.89	2.50	2.28	2.15	2.06	1.99	1.93	1.89	1.86	1.83	1.73	1.68	1.64	1.62	1.56	1.52
30	2.88	2.49	2.28	2.14	2.05	1.98	1.93	1.88	1.85	1.82	1.72	1.67	1.63	1.61	1.55	1.51
40	2.84	2.44	2.23	2.09	2.00	1.93	1.87	1.83	1.79	1.76	1.66	1.61	1.57	1.54	1.48	1.43
60	2.79	2.39	2.18	2.04	1.95	1.87	1.82	1.77	1.74	1.71	1.60	1.54	1.50	1.48	1.41	1.36
120	2.75	2.35	2.13	1.99	1.90	1.82	1.77	1.72	1.68	1.65	1.55	1.48	1.44	1.41	1.34	1.28

▍표 4. F 분포표(계속)

$\alpha = 0.05$

k_2 \ k_1	1	2	3	4	5	6	7	8	9	10	15	20	25	30	50	100
1	161.4	199.5	215.7	224.6	230.2	234.0	236.8	238.9	240.5	241.9	245.9	248.0	249.3	250.1	251.8	253.0
2	18.51	19.00	19.16	19.25	19.30	19.33	19.35	19.37	19.38	19.40	19.43	19.45	19.46	19.46	19.48	19.49
3	10.13	9.55	9.28	9.12	9.01	8.94	8.89	8.85	8.81	8.79	8.70	8.66	8.63	8.62	8.58	8.55
4	7.71	6.94	6.59	6.39	6.26	6.16	6.09	6.04	6.00	5.96	5.86	5.80	5.77	5.75	5.70	5.66
5	6.61	5.79	5.41	5.19	5.05	4.95	4.88	4.82	4.77	4.74	4.62	4.56	4.52	4.50	4.44	4.41
6	5.99	5.14	4.76	4.53	4.39	4.28	4.21	4.15	4.10	4.06	3.94	3.87	3.83	3.81	3.75	3.71
7	5.59	4.74	4.35	4.12	3.97	3.87	3.79	3.73	3.68	3.64	3.51	3.44	3.40	3.38	3.32	3.27
8	5.32	4.46	4.07	3.84	3.69	3.58	3.50	3.44	3.39	3.35	3.22	3.15	3.11	3.08	3.02	2.97
9	5.12	4.26	3.86	3.63	3.48	3.37	3.29	3.23	3.18	3.14	3.01	2.94	2.89	2.86	2.80	2.76
10	4.96	4.10	3.71	3.48	3.33	3.22	3.14	3.07	3.02	2.98	2.85	2.77	2.73	2.70	2.64	2.59
11	4.84	3.98	3.59	3.36	3.20	3.09	3.01	2.95	2.90	2.85	2.72	2.65	2.60	2.57	2.51	2.46
12	4.75	3.89	3.49	3.26	3.11	3.00	2.91	2.85	2.80	2.75	2.62	2.54	2.50	2.47	2.40	2.35
13	4.67	3.81	3.41	3.18	3.03	2.92	2.83	2.77	2.71	2.67	2.53	2.46	2.41	2.38	2.31	2.26
14	4.60	3.74	3.34	3.11	2.96	2.85	2.76	2.70	2.65	2.60	2.46	2.39	2.34	2.31	2.24	2.19
15	4.54	3.68	3.29	3.06	2.90	2.79	2.71	2.64	2.59	2.54	2.40	2.33	2.28	2.25	2.18	2.12
16	4.49	3.63	3.24	3.01	2.85	2.74	2.66	2.59	2.54	2.49	2.35	2.28	2.23	2.19	2.12	2.07
17	4.45	3.59	3.20	2.96	2.81	2.70	2.61	2.55	2.49	2.45	2.31	2.23	2.18	2.15	2.08	2.02
18	4.41	3.55	3.16	2.93	2.77	2.66	2.58	2.51	2.46	2.41	2.27	2.19	2.14	2.11	2.04	1.98
19	4.38	3.52	3.13	2.90	2.74	2.63	2.54	2.48	2.42	2.38	2.23	2.16	2.11	2.07	2.00	1.94
20	4.35	3.49	3.10	2.87	2.71	2.60	2.51	2.45	2.39	2.35	2.20	2.12	2.07	2.04	1.97	1.91
21	4.32	3.47	3.07	2.84	2.68	2.57	2.49	2.42	2.37	2.32	2.18	2.10	2.05	2.01	1.94	1.88
22	4.30	3.44	3.05	2.82	2.66	2.55	2.46	2.40	2.34	2.30	2.15	2.07	2.02	1.98	1.91	1.85
23	4.28	3.42	3.03	2.80	2.64	2.53	2.44	2.37	2.32	2.27	2.13	2.05	2.00	1.96	1.88	1.82
24	4.26	3.40	3.01	2.78	2.62	2.51	2.42	2.36	2.30	2.25	2.11	2.03	1.97	1.94	1.86	1.80
25	4.24	3.39	2.99	2.76	2.60	2.49	2.40	2.34	2.28	2.24	2.09	2.01	1.96	1.92	1.84	1.78
26	4.23	3.37	2.98	2.74	2.59	2.47	2.39	2.32	2.27	2.22	2.07	1.99	1.94	1.90	1.82	1.76
27	4.21	3.35	2.96	2.73	2.57	2.46	2.37	2.31	2.25	2.20	2.06	1.97	1.92	1.88	1.81	1.74
28	4.20	3.34	2.95	2.71	2.56	2.45	2.36	2.29	2.24	2.19	2.04	1.96	1.91	1.87	1.79	1.73
29	4.18	3.33	2.93	2.70	2.55	2.43	2.35	2.28	2.22	2.18	2.03	1.94	1.89	1.85	1.77	1.71
30	4.17	3.32	2.92	2.69	2.53	2.42	2.33	2.27	2.21	2.16	2.01	1.93	1.88	1.84	1.76	1.70
40	4.08	3.23	2.84	2.61	2.45	2.34	2.25	2.18	2.12	2.08	1.92	1.84	1.78	1.74	1.66	1.59
60	4.00	3.15	2.76	2.53	2.37	2.25	2.17	2.10	2.04	1.99	1.84	1.75	1.69	1.65	1.56	1.48
120	3.92	3.07	2.68	2.45	2.29	2.18	2.09	2.02	1.96	1.91	1.75	1.66	1.60	1.55	1.46	1.37

표 4. F 분포표(계속)

$\alpha = 0.025$

k_2 \ k_1	1	2	3	4	5	6	7	8	9	10	15	20	25	30	50	100
1	647.8	799.5	864.2	899.6	921.8	937.1	948.2	956.7	963.3	968.6	984.9	993.1	998.1	1001	1008	1013
2	38.51	39.00	39.17	39.25	39.30	39.33	39.36	39.37	39.39	39.40	39.43	39.45	39.46	39.46	39.48	39.49
3	17.44	16.04	15.44	15.10	14.88	14.73	14.62	14.54	14.47	14.42	14.25	14.17	14.12	14.08	14.01	13.96
4	12.22	10.65	9.98	9.60	9.36	9.20	9.07	8.98	8.90	8.84	8.66	8.56	8.50	8.46	8.38	8.32
5	10.01	8.43	7.76	7.39	7.15	6.98	6.85	6.76	6.68	6.62	6.43	6.33	6.27	6.23	6.14	6.08
6	8.81	7.26	6.60	6.23	5.99	5.82	5.70	5.60	5.52	5.46	5.27	5.17	5.11	5.07	4.98	4.92
7	8.07	6.54	5.89	5.52	5.29	5.12	4.99	4.90	4.82	4.76	4.57	4.47	4.40	4.36	4.28	4.21
8	7.57	6.06	5.42	5.05	4.82	4.65	4.53	4.43	4.36	4.30	4.10	4.00	3.94	3.89	3.81	3.74
9	7.21	5.71	5.08	4.72	4.48	4.32	4.20	4.10	4.03	3.96	3.77	3.67	3.60	3.56	3.47	3.40
10	6.94	5.46	4.83	4.47	4.24	4.07	3.95	3.85	3.78	3.72	3.52	3.42	3.35	3.31	3.22	3.15
11	6.72	5.26	4.63	4.28	4.04	3.88	3.76	3.66	3.59	3.53	3.33	3.23	3.16	3.12	3.03	2.96
12	6.55	5.10	4.47	4.12	3.89	3.73	3.61	3.51	3.44	3.37	3.18	3.07	3.01	2.96	2.87	2.80
13	6.41	4.97	4.35	4.00	3.77	3.60	3.48	3.39	3.31	3.25	3.05	2.95	2.88	2.84	2.74	2.67
14	6.30	4.86	4.24	3.89	3.66	3.50	3.38	3.29	3.21	3.15	2.95	2.84	2.78	2.73	2.64	2.56
15	6.20	4.77	4.15	3.80	3.58	3.41	3.29	3.20	3.12	3.06	2.86	2.76	2.69	2.64	2.55	2.47
16	6.12	4.69	4.08	3.73	3.50	3.34	3.22	3.12	3.05	2.99	2.79	2.68	2.61	2.57	2.47	2.40
17	6.04	4.62	4.01	3.66	3.44	3.28	3.16	3.06	2.98	2.92	2.72	2.62	2.55	2.50	2.41	2.33
18	5.98	4.56	3.95	3.61	3.38	3.22	3.10	3.01	2.93	2.87	2.67	2.56	2.49	2.44	2.35	2.27
19	5.92	4.51	3.90	3.56	3.33	3.17	3.05	2.96	2.88	2.82	2.62	2.51	2.44	2.39	2.30	2.22
20	5.87	4.46	3.86	3.51	3.29	3.13	3.01	2.91	2.84	2.77	2.57	2.46	2.40	2.35	2.25	2.17
21	5.83	4.42	3.82	3.48	3.25	3.09	2.97	2.87	2.80	2.73	2.53	2.42	2.36	2.31	2.21	2.13
22	5.79	4.38	3.78	3.44	3.22	3.05	2.93	2.84	2.76	2.70	2.50	2.39	2.32	2.27	2.17	2.09
23	5.75	4.35	3.75	3.41	3.18	3.02	2.90	2.81	2.73	2.67	2.47	2.36	2.29	2.24	2.14	2.06
24	5.72	4.32	3.72	3.38	3.15	2.99	2.87	2.78	2.70	2.64	2.44	2.33	2.26	2.21	2.11	2.02
25	5.69	4.29	3.69	3.35	3.13	2.97	2.85	2.75	2.68	2.61	2.41	2.30	2.23	2.18	2.08	2.00
26	5.66	4.27	3.67	3.33	3.10	2.94	2.82	2.73	2.65	2.59	2.39	2.28	2.21	2.16	2.05	1.97
27	5.63	4.24	3.65	3.31	3.08	2.92	2.80	2.71	2.63	2.57	2.36	2.25	2.18	2.13	2.03	1.94
28	5.61	4.22	3.63	3.29	3.06	2.90	2.78	2.69	2.61	2.55	2.34	2.23	2.16	2.11	2.01	1.92
29	5.59	4.20	3.61	3.27	3.04	2.88	2.76	2.67	2.59	2.53	2.32	2.21	2.14	2.09	1.99	1.90
30	5.57	4.18	3.59	3.25	3.03	2.87	2.75	2.65	2.57	2.51	2.31	2.20	2.12	2.07	1.97	1.88
40	5.42	4.05	3.46	3.13	2.90	2.74	2.62	2.53	2.45	2.39	2.18	2.07	1.99	1.94	1.83	1.74
60	5.29	3.93	3.34	3.01	2.79	2.63	2.51	2.41	2.33	2.27	2.06	1.94	1.87	1.82	1.70	1.60
120	5.15	3.80	3.23	2.89	2.67	2.52	2.39	2.30	2.22	2.16	1.94	1.82	1.75	1.69	1.56	1.45

❙ 표 4. F 분포표(계속)

$\alpha = 0.01$

k_2 \ k_1	1	2	3	4	5	6	7	8	9	10	15	20	25	30	50	100
1	4052	4999	5403	5625	5764	5859	5928	5981	6022	6056	6157	6209	6240	6261	6303	6334
2	98.50	99.00	99.17	99.25	99.30	99.33	99.36	99.37	99.39	99.40	99.43	99.45	99.46	99.47	99.48	99.49
3	34.12	30.82	29.46	28.71	28.24	27.91	27.67	27.49	27.35	27.23	26.87	26.69	26.58	26.50	26.35	26.24
4	21.20	18.00	16.69	15.98	15.52	15.21	14.98	14.80	14.66	14.55	14.20	14.02	13.91	13.84	13.69	13.58
5	16.26	13.27	12.06	11.39	10.97	10.67	10.46	10.29	10.16	10.05	9.72	9.55	9.45	9.38	9.24	9.13
6	13.75	10.92	9.78	9.15	8.75	8.47	8.26	8.10	7.98	7.87	7.56	7.40	7.30	7.23	7.09	6.99
7	12.25	9.55	8.45	7.85	7.46	7.19	6.99	6.84	6.72	6.62	6.31	6.16	6.06	5.99	5.86	5.75
8	11.26	8.65	7.59	7.01	6.63	6.37	6.18	6.03	5.91	5.81	5.52	5.36	5.26	5.20	5.07	4.96
9	10.56	8.02	6.99	6.42	6.06	5.80	5.61	5.47	5.35	5.26	4.96	4.81	4.71	4.65	4.52	4.41
10	10.04	7.56	6.55	5.99	5.64	5.39	5.20	5.06	4.94	4.85	4.56	4.41	4.31	4.25	4.12	4.01
11	9.65	7.21	6.22	5.67	5.32	5.07	4.89	4.74	4.63	4.54	4.25	4.10	4.01	3.94	3.81	3.71
12	9.33	6.93	5.95	5.41	5.06	4.82	4.64	4.50	4.39	4.30	4.01	3.86	3.76	3.70	3.57	3.47
13	9.07	6.70	5.74	5.21	4.86	4.62	4.44	4.30	4.19	4.10	3.82	3.66	3.57	3.51	3.38	3.27
14	8.86	6.51	5.56	5.04	4.69	4.46	4.28	4.14	4.03	3.94	3.66	3.51	3.41	3.35	3.22	3.11
15	8.68	6.36	5.42	4.89	4.56	4.32	4.14	4.00	3.89	3.80	3.52	3.37	3.28	3.21	3.08	2.98
16	8.53	6.23	5.29	4.77	4.44	4.20	4.03	3.89	3.78	3.69	3.41	3.26	3.16	3.10	2.97	2.86
17	8.40	6.11	5.18	4.67	4.34	4.10	3.93	3.79	3.68	3.59	3.31	3.16	3.07	3.00	2.87	2.76
18	8.29	6.01	5.09	4.58	4.25	4.01	3.84	3.71	3.60	3.51	3.23	3.08	2.98	2.92	2.78	2.68
19	8.18	5.93	5.01	4.50	4.17	3.94	3.77	3.63	3.52	3.43	3.15	3.00	2.91	2.84	2.71	2.60
20	8.10	5.85	4.94	4.43	4.10	3.87	3.70	3.56	3.46	3.37	3.09	2.94	2.84	2.78	2.64	2.54
21	8.02	5.78	4.87	4.37	4.04	3.81	3.64	3.51	3.40	3.31	3.03	2.88	2.79	2.72	2.58	2.48
22	7.95	5.72	4.82	4.31	3.99	3.76	3.59	3.45	3.35	3.26	2.98	2.83	2.73	2.67	2.53	2.42
23	7.88	5.66	4.76	4.26	3.94	3.71	3.54	3.41	3.30	3.21	2.93	2.78	2.69	2.62	2.48	2.37
24	7.82	5.61	4.72	4.22	3.90	3.67	3.50	3.36	3.26	3.17	2.89	2.74	2.64	2.58	2.44	2.33
25	7.77	5.57	4.68	4.18	3.85	3.63	3.46	3.32	3.22	3.13	2.85	2.70	2.60	2.54	2.40	2.29
26	7.72	5.53	4.64	4.14	3.82	3.59	3.42	3.29	3.18	3.09	2.81	2.66	2.57	2.50	2.36	2.25
27	7.68	5.49	4.60	4.11	3.78	3.56	3.39	3.26	3.15	3.06	2.78	2.63	2.54	2.47	2.33	2.22
28	7.64	5.45	4.57	4.07	3.75	3.53	3.36	3.23	3.12	3.03	2.75	2.60	2.51	2.44	2.30	2.19
29	7.60	5.42	4.54	4.04	3.73	3.50	3.33	3.20	3.09	3.00	2.73	2.57	2.48	2.41	2.27	2.16
30	7.56	5.39	4.51	4.02	3.70	3.47	3.30	3.17	3.07	2.98	2.70	2.55	2.45	2.39	2.25	2.13
40	7.31	5.18	4.31	3.83	3.51	3.29	3.12	2.99	2.89	2.80	2.52	2.37	2.27	2.20	2.06	1.94
60	7.08	4.98	4.13	3.65	3.34	3.12	2.95	2.82	2.72	2.63	2.35	2.20	2.10	2.03	1.88	1.75
120	6.85	4.79	3.95	3.48	3.17	2.96	2.79	2.66	2.56	2.47	2.19	2.03	1.93	1.86	1.70	1.56

연습문제 해답

연습문제 해답

1장 자료의 정리와 요약

1. ① $\sum_{i=1}^{m} z_i$ ② $\sum_{i=1}^{m}(z_i - 10)$

③ $\sum_{j=1}^{l} y_j^2$ ④ $\sum_{j=1}^{l}(y_j - 10)^2$

2. ① 평균 $= 385{,}259.28$,

모분산 $\sigma^2 \fallingdotseq 15{,}562{,}848{,}409.48$, 모표준편차 $\sigma \fallingdotseq 124{,}751.15$

② 중앙값 $Q_2 = 38{,}220$, 제1사분위수 $Q_1 = 322{,}587$,

제3사분위수 $Q_3 = 462{,}500$,

사분위범위 $= 139{,}913$

③ 도수분포표: (단위: 10만)

계급	도수	상대도수
1 ~ 2	2	0.08
2 ~ 3	3	0.12
3 ~ 4	9	0.36
4 ~ 5	6	0.24
5 ~ 6	4	0.16
6 ~ 7	1	0.04
합계	25	1.00

* 각 계급에서 A~B는 A 이상 B 미만이다.

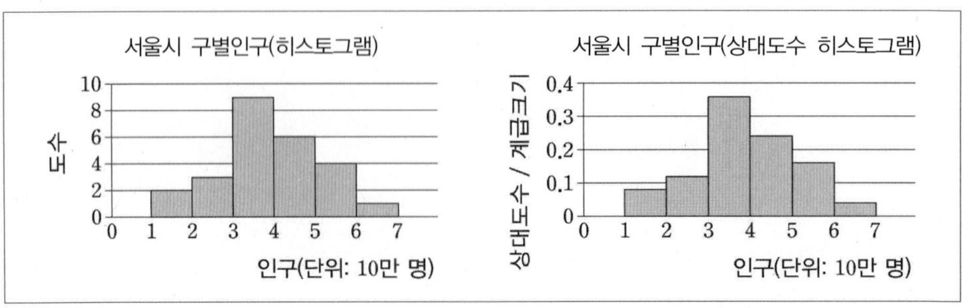

④ $(1.5)IQR = 1.5 \times 139{,}913 = 209{,}869.5$ 이고, 아래쪽 수염 w_l 과 위쪽 수염 w_u 는 $w_l = Q_1 - (1.5)IQR = 112{,}718$, $w_u = Q_3 + (1.5)IQR = 672{,}370$ 이다. 그러므로 상자그림은 다음과 같다.

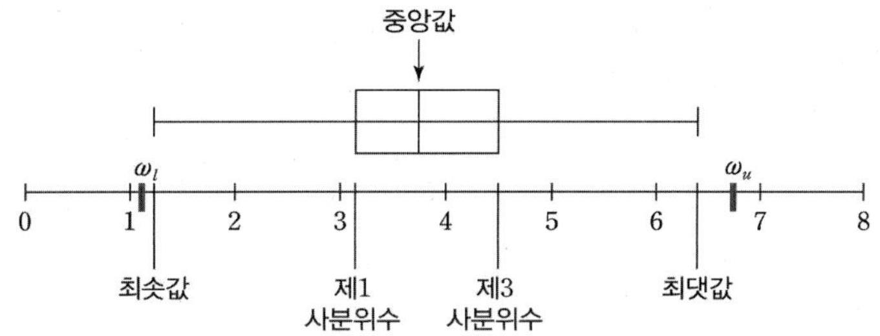

3.

(단위: 만)

	도수	줄기	잎
	(2)	1	2 5
	(3)	2	2 3 9
	(9)	3	1 2 4 5 6 6 7 9 9
	(6)	4	0 0 5 5 6 7
	(4)	5	1 2 4 8
	(1)	6	4
합계	(25)		

4. ① 평균 $\overline{x} ≒ 43.34$

② 중앙값 $= 40$

③ 최빈값 $= 60$

④ 범위 $R = 110$

⑤ 표본분산 $s^2 ≒ 559.73$

⑥ 표본표준편차 $s = \sqrt{s^2} ≒ 23.66$

⑦ 제1사분위수 $Q_1 = 25$, 제3사분위수 $Q_3 = 60$

⑧ 사분위범위 $IQR = 35$ [상자그림 생략]

5. [생략]

2장 확률

1. ① $B \cap C = \{8\}$ ② $A^c \cap C = \{7, 8\}$

③ $B \cup C^c = \{1, 2, 3, 4, 5, 6, 8\}$ ④ $(B \cap C) \cup D = \{1, 3, 8, 9\}$

2. ① 종속사상이고 배반사상 ② 종속사상이고 배반사상

③ 종속사상이고 배반사상 아님 ④ 종속사상이고 배반사상 아님

3. ① $S_1 = \{x+y \mid x = 1, 2, 3, 4, 5, 6\,;\, y = 1, 2, 3, 4, 5, 6\}$

$= \{2, 3, \cdots, 12\}$

② $S_2 = \{xy \mid x = 1, 2, 3, 4, 5, 6\,;\, y = 1, 2, 3, 4, 5, 6\}$

$= \{1, 2, \cdots, 6, 8, 9, 10, 12, 15, 16, 18, 20, 24, 25, 30, 36\}$

③ 게임1에서 이길 확률은 1/6, 질 확률은 1/12

게임2에서 이길 확률은 1/9, 질 확률은 1/6

그러므로 첫 번째 게임이 유리하다.

4. ① 첫 번째 게임에서 이길 확률: 약 0.518 (51.8%)

② 두 번째 게임에서 이길 확률: 약 0.491 (49.1%)

5. 3/48510

3장 확률변수와 확률분포

1. ① $k = 1/10$

② $E(X) = 3$, $V(X) = 1$, $SD(X) = 1$

③ $E(Y) = 8$, $V(Y) = 9$, $SD(Y) = 3$

2. ① 0.0477 ② 0.00477 ③ 0.000477 ④ 0.0000477

3. $f(y)$는 확률질량함수이다. [증명 생략]

4. ① $k = 1$

② $E(X) = 11/2$, $V(X) = 27/4$, $SD(X) = \sqrt{27/2}$

③ $P(3 \le X \le 6) = 1/3$

5. ① $c = 1/36$

② $E(X) = 7/3$, $V(X) = 5/9$, $SD(X) = \sqrt{5/9}$

③ $E(Y) = 7/3$, $V(Y) = 5/9$, $SD(Y) = \sqrt{5/9}$

④ 모든 쌍 (x,y)에 대해 $P(X=x, Y=y) = P(X=x) \cdot P(Y=y)$가 성립하므로 X, Y는 독립이다.

⑤ $V(X-3Y) = 50/9$

6. [증명 생략]

① $E(XY) = E(X)E(Y)$이 성립한다.

② $V(X-Y) = V(X) + V(Y)$이 성립한다.

4장 자주 사용되는 확률분포

1. ① $X \sim B(20, 1/5)$

② $E(X) = 4$, $V(X) = 3.2$, $SD(X) = \sqrt{3.2}$

③ 약 0.175

④ 약 0.9885

2. 확률변수 X는 공정한 주사위를 300회 던질 때 나온 눈의 수가 3의 배수가 되는 횟수이다.

① $X \sim B(300, 1/3)$

② $E(X) = 100$, $V(X) = 200/3$

③ 약 0.0721

3. ① 0.3174 ② 0.0456 ③ 0.0026

4. ① 0.9772　② 0.4987　③ 0.617　④ 0.3174
⑤ 1.96　⑥ 0　⑦ 1.16　⑧ 0.51

5. ① 82.85 점　② 73.85 점

6. ① $X_1 \sim N(1000, 100^2)$, $X_2 \sim N(1000, 100^2)$
② 2.28%
③ $E(X_1 + X_2) = 200$, $V(X_1 + X_2) = 2 \times 100^2$
④ 약 0.0002 (0.2%)

7. ① $E(X) = 74.4$, $V(X) = 44.64$
② 약 0
③ 풍토병 사망자수에 대한 표본비율 $\hat{p} = 38/186 \fallingdotseq 0.2043$
④ 약 0.0367 (3.67%)

5장 표본분포

1. ① X_i들이 독립이고 동일한 분포를 따른다.
② 확률표본

2. ① $\mu = 4$, $\sigma^2 = 5$
②

번호	x_1	x_2	$(x_1+x_2)/2$	번호	x_1	x_2	$(x_1+x_2)/2$
1	1	1	1	9	5	1	3
2	1	3	2	10	5	3	4
3	1	5	3	11	5	5	5
4	1	7	4	12	5	7	6
5	3	1	2	13	7	1	4
6	3	3	3	14	7	3	5
7	3	5	4	15	7	5	6
8	3	7	5	16	7	7	7

$(x_1+x_2)/2$	도수	상대도수
1	1	1/16
2	2	2/16
3	3	3/16
4	4	4/16
5	3	3/16
6	2	2/16
7	1	1/16
합계	16	1

③ $E(\overline{X})=4$, $V(\overline{X})=2.5$

3. ① $\overline{X} \sim N(203, 9)$ ② 0.9544 ③ 0.0013

4. ① $\overline{X} \approx N(1.5, 0.002^2)$ ② 0.0124

5. k가 일정할 때 α가 작아질수록 $t_\alpha(k)$는 커지고, α가 일정할 때 k가 증가할수록 $t_\alpha(k)$는 작아진다. 또 $t_\alpha(\infty)$와 z_α와 동일하다.

자유도 (k)	α			
	0.05	0.025	0.01	0.005
5	2.015	2.571	3.365	4.032
10	1.812	2.228	2.764	3.169
15	1.753	2.131	2.602	2.947
30	1.697	2.042	2.457	2.750
60	1.671	2.000	2.390	2.660
∞	1.645	1.960	2.326	2.576

6. ① 1.812 ② -3.365 ③ -1.341 ④ 1.753
⑤ 2.845 ⑥ 1.645

7. ① 4.39 ② 약 0.43 ③ 6.26 ④ 2.06
⑤ 약 0.35

6장 신뢰구간

1. ① 4

② $(\overline{X}-1, \overline{X}+1)$

③ $(\overline{X}-2, \overline{X}+2)$, 87.5% 신뢰구간이 62.5% 신뢰구간보다 더 길다.

2. ① $(1785.8, 1864.2)$ ② 39.2

3. ① $(49.04, 52.96)$

② $(49.335, 52.645)$, 95% 신뢰구간이 90% 신뢰구간보다 더 길다.

4. ① $(0.12, 0.36)$ ② 약 7007명

5. 385개

7장 가설검정

1. ① 기각함 ② 기각함 ③ 기각하지 못함

2. ① 가설: $H_0 : \mu \le 45$, $H_1 : \mu > 45$

② 기각역: $Z_0 \ge 2.326$

③ 검정통계량의 값: $z_0 = \dfrac{47-45}{3.5/\sqrt{25}} \fallingdotseq 2.86$

귀무가설을 기각한다. 그러므로 유의수준 1%에서 설문 평균 응답시간은 45분보다 더 많이 걸린다고 할 수 있다.

3. ① 가설: $H_0 : \mu \le 420$, $H_1 : \mu > 420$

② 기각역: $T_0 \ge 1.714$

③ 검정통계량의 값: $t_0 = \dfrac{445-420}{75/\sqrt{24}} \fallingdotseq 1.633$

귀무가설을 기각하지 못한다. 그러므로 유의수준 5% 에서 농장의 주장이 옳다고 할 수 없다.

4. ① 가설: $H_0 : \mu \geq 800$, $H_1 : \mu < 800$

② 기각역: $Z_0 \leq -1.645$

③ 검정통계량의 값: $z_0 = \dfrac{796 - 800}{70/\sqrt{36}} \fallingdotseq -0.34$

귀무가설을 기각하지 못한다. 그러므로 유의수준 5% 에서 전구의 표기는 과장되었다고 할 수 없다.

5. ① 가설: $H_0 : p \geq 0.70$, $H_1 : p < 0.70$

② 기각역: $Z_0 \leq -1.645$

③ 검정통계량의 값: $z_0 = \dfrac{0.62 - 0.70}{\sqrt{(0.70)(0.30)/100}} \fallingdotseq -1.75$

유의수준 5% 에서 귀무가설을 기각한다. 그러므로 유의수준 5%에서 이 회사 광고는 과장되었다고 할 수 있다.

8장 상관과 회귀분석

1. ①

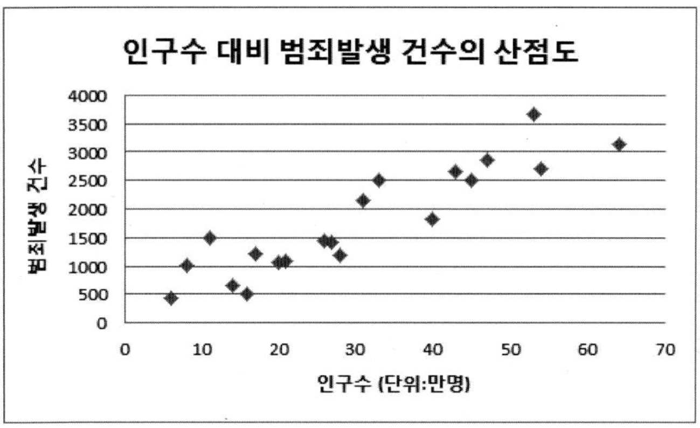

② $r \fallingdotseq 0.91$

③ ⓐ 적합된 회귀식: $\hat{y} = 240.44 + 50.78x$

ⓑ 가설: $H_0 : \beta_1 = 0$, $H_1 : \beta_1 \neq 0$

기각역: $F_{0.01}(1, 18) = 8.29$ 이므로 기각역은 $F_0 \geq 8.29$

검정결과: 유의수준 1%에서 회귀직선은 유의하다.

❙ 분산분석표

요인	제곱합	자유도	제곱평균	검정통계량 F_0
회귀	13,680,033.28	1	13,680,033.28	85.03
잔차	2,896,000.72	18	160,888.93	
계	16,576,034.00	19		

ⓒ 오차분산 추정값: $\hat{\sigma}^2 = 160,888.93$

ⓓ 결정계수: $R^2 = \dfrac{13,680,033.28}{16,576,034} ≒ 0.83$

④ 약 2779 건

2. ①

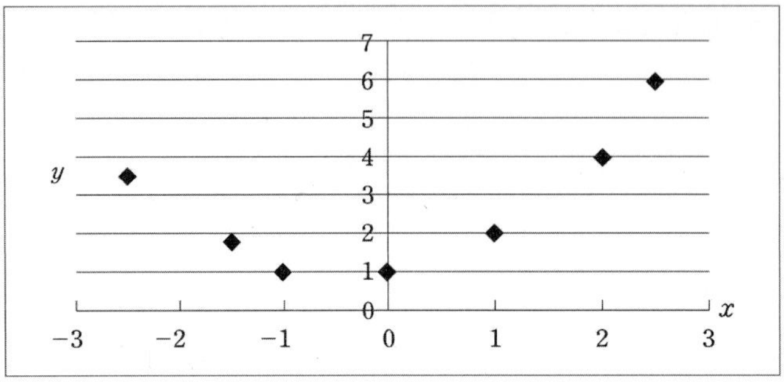

② $r ≒ 0.545$

③ 적합된 회귀식: $\hat{y} = 2.719 + 0.539x$

가설: $H_0 : \beta_1 = 0$, $H_1 : \beta_1 \neq 0$

기각역: $F_{0.05}(1, 5) = 6.61$이므로 기각역은 $F_0 \geq 6.61$

검정결과: $2.110 < 6.61$ 이므로 유의수준 5%에서 회귀직선은 유의하지 않다.

❙ 분산분석표

요인	제곱합	자유도	제곱평균	검정통계량 F_0
회귀	6.018	1	6.018	2.110
잔차	14.259	5	2.852	
계	20.277	6		

④

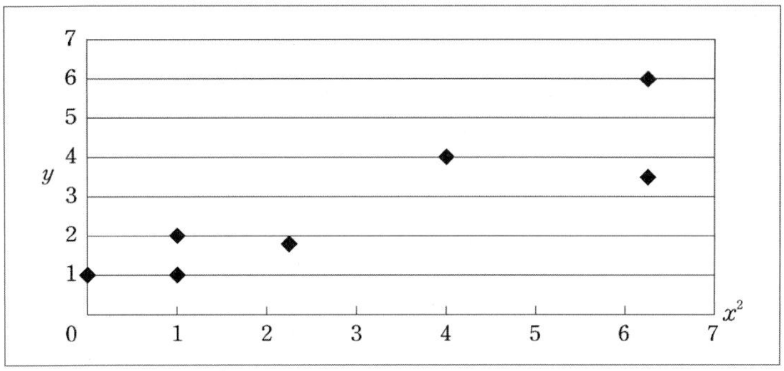

x^2과 y의 표본상관계수: $r \fallingdotseq 0.89$

⑤ 적합된 회귀식: $\hat{y} = 0.875 + 0.635x^2$

가설: $H_0 : \beta_1 = 0$, $H_1 : \beta_1 \neq 0$

기각역: $F_{0.05}(1, 5) = 6.61$이므로 기각역은 $F_0 \geq 6.61$

검정결과: $18.713 > 6.61$이므로 유의수준 5%에서 회귀직선은 유의하다.

❙ 분산분석표

요인	제곱합	자유도	제곱평균	검정통계량 F_0
회귀	16.000	1	16.000	18.713
잔차	4.277	5	0.855	
계	20.277	6		

3. [힌트] $\hat{y}_i = \bar{y} + b_1(x_i - \bar{x})$를 이용.

4. [힌트] ② 정규방정식의 첫 번째 식 $\sum y_i = nb_0 + b_1 \sum x_i$ 이용.

9장 분산분석

1. ① 가설

$$\begin{cases} H_0 : \text{미세먼지 차단효과에 유의한 차이가 없다.} \\ H_1 : \text{미세먼지 차단효과에 유의한 차이가 있다.} \end{cases}$$

② 분산분석표

요인	제곱합	자유도	제곱평균	검정통계량 F_0
처리	520	2	260	1560/17
잔차	34	12	17/6	
계	554			

③ 기각값 $F_{0.05}(2,12) = 3.89$이므로 기각역은 $F_0 \geq 3.89$이다. 분산분석표의 검정통계량값이 약 91.8으로 기각역에 포함되므로 귀무가설을 기각한다. 따라서 유의수준 5%에서 미세먼지 차단율에 유의한 차이가 있다고 할 수 있다.

④ 마스크1: $81.36 \leq \mu_1 \leq 84.64$

마스크2: $91.36 \leq \mu_2 \leq 94.64$

마스크3: $95.36 \leq \mu_3 \leq 98.64$

2. ① 분산분석표

요인	제곱합	자유도	제곱평균	검정통계량 F_0
처리	0.937	2	0.4685	6.164
잔차	0.912	12	0.0760	
계	1.849	14		

② 기각값 $F_{0.05}(2,12) = 3.89$이므로 기각역은 $F_0 \geq 3.89$이다. 분산분석표에서 검정통계량값은 약 6.164로 기각역에 포함되므로 귀무가설을 기각한다. 따라서 유의수준 5%에서 콜레스테롤 함량에 유의한 차이가 있다고 할 수 있다.

③ 종류1: $3.636 \leq \mu_1 \leq 4.324$

종류2: $3.105 \leq \mu_2 \leq 3.775$

종류3: $3.613 \leq \mu_3 \leq 4.307$

④ 종류1: $3.711 \leq \mu_1 \leq 4.249$

종류2: $3.171 \leq \mu_2 \leq 3.709$

종류3: $3.691 \leq \mu_3 \leq 4.229$

⑤ 동일한 신뢰수준하에 MSE를 사용한 신뢰구간의 길이가 더 짧다.

3.

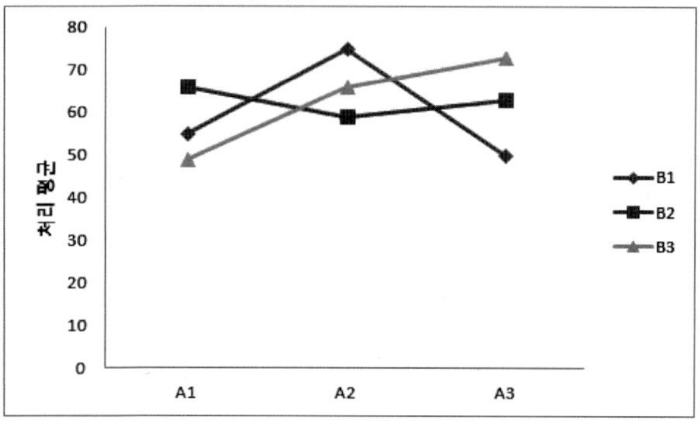

10장 범주형 자료의 분석

1. ① 다항분포 $(N_1, N_2, N_3) \sim m(10, 0.5, 0.3, 0.2)$

② 0.08505

③ $N_1 \sim B(10, 0.5)$, 이고 $E(N_1) = 5$, $V(N_1) = 2.5$

2. ① H_0 : 연령과 음주빈도는 서로 관련이 없다.

H_1 : 연령과 음주빈도는 서로 관련이 있다.

② 기각역은 $\chi_0^2 \geq 20.0902$ 이고 검정통계량의 값은 $\chi_0^2 = 66.34$ 이므로 귀무가설을 기각한다.

3. ① H_0 : 전공학과 결정에 가장 중요한 역할을 한 사람의 분포가 남 · 여가 동일하다.

H_1 : 전공학과 결정에 가장 중요한 역할을 한 사람의 분포가 남 · 여가 다르다.

② 기각역은 $\chi_0^2 \geq 7.8147$ 이고, 검정통계량의 값은 $\chi_0^2 = 5.0608$ 이므로 H_0 를 기각하지 못한다.

찾아보기

ㅊ

ㅋ

ㅌ

ㅍ

ㅎ

저자 소개

허순영

미국 Texas A&M 통계학 (박사)
현) 창원대학교 통계학과 교수

풀어 쓴 통계학

저　　자　허순영
발 행 인　김지영
발 행 처　자유아카데미
주　　소　경기도 파주시 회동길 37-42
　　　　　파주출판도시
전　　화　031-955-1321
팩　　스　031-955-1322
홈페이지　www.freeaca.com
전자우편　main@freeaca.com (대표)
　　　　　editor@freeaca.com (편집)
　　　　　crm@freeaca.com (영업)
등　　록　제406-2003-017호, 1980. 7. 12
제1판1쇄　2018년 12월 26일 발행
정　　가　20,000원

저자와의
협의하에
인지생략

ISBN 979-11-5808-209-3　93310